核工业标准化基础

核工业标准化研究所　编著

中国原子能出版社

图书在版编目(CIP)数据

核工业标准化基础/核工业标准化研究所编著．—北京：中国原子能出版社，2011.9

ISBN 978-7-5022-5324-0

Ⅰ．①核…　Ⅱ．①核…　Ⅲ．①原子能工业—标准化—教材　Ⅳ．①TL-65

中国版本图书馆CIP数据核字(2011)第185626号

内 容 简 介

本书介绍了核工业标准化工作的基础知识。前3章为标准化的一般常识，内容包括标准化概论、国际和国外及中国标准化现状及发展趋势。第4章和第5章涉及中国核工业标准化，介绍了核工业的专业领域、核工业标准化管理体制和运行机制以及工作程序，并对核工业法规和标准进行了简要描述。第6～8章简要介绍了研究开发、设计和生产标准化。第9章介绍了ITER(国际热核聚变实验反应堆)标准化工作的现状。

本书主要用于核工业标准化基础知识的培训，也可供对标准化和核工业感兴趣的人员参考。

核工业标准化基础

出版发行　中国原子能出版社(北京市海淀区阜成路43号　100048)
责任编辑　孙凤春
技术编辑　冯莲凤
责任印制　潘玉玲
印　　刷　保定市中画美凯印刷有限公司
经　　销　全国新华书店
开　　本　787mm×1092mm　1/16
印　　张　13　**字　数**　324千字
版　　次　2011年9月第1版　2011年9月第1次印刷
书　　号　ISBN 978-7-5022-5324-0
定　　价　60.00元

网址：http://www.aep.com.cn　**E-mail：atomep123@126.com**
发行电话：010-68452845

《核工业标准化基础》编审委员会

主　编　龚　俊

副主编　康椰熙

编　委　熊正隆　李运文　杨卫东

陈学刚　李士模　王继东

宓培庆　杨丛松　许晓蔚

前　言

本书主要是在国际热核聚变实验堆(ITER)培训教材的基础上编撰而成。

ITER组织计划建造、运行一个托卡马克型聚变实验堆,用来验证聚变反应堆的工程技术可行性。我国参加了该计划。2008年ITER计划专项的国内配套研究项目中立项了标准化研究项目《ITER中国采购包标准化研究》。

由于我国在磁约束核聚变领域的标准化研究和标准制定方面还处于起步阶段,为了帮助我国从事磁约束核聚变领域工作的人员更好地了解标准的重要性,了解标准化工作的具体内涵,熟悉标准的编写流程及方法,并促进今后标准制定和研究的更顺利开展,核工业标准化研究所结合我国核聚变研究现阶段实际情况,具有针对性地编写了培训教材,并组织了多次培训。

目前国内标准化方面的书籍数量众多,但主要局限于介绍基础性、通用性的知识,结合我国核工业实践,全面论述核行业标准化的参考书尚属空白。当前,标准在科研、设计、生产、管理等诸多活动中的作用日益显现,而随着核能的广泛应用,安全和质量对标准提出了更高的要求,广大核行业从业人员迫切希望能系统地学习标准化知识,企事业单位希望能培养更加专业的标准化工作者,标准化科研人员希望更好地推进今后标准化工作的开展,基于上述因素的考虑,应培训学员要求,核工业标准化研究所特将培训教材编写成书,供业内相关人员和标准化爱好者参考,也希望能给其他读者带来帮助。

本书由龚俊担任主编,康椰熙担任副主编。本书编写人员如下:龚俊(第1章)、康椰熙(第2章)、熊正隆(第3章)、李运文(第4章)、杨卫东(第5章)、陈学刚(第6章)、李士模(第7章)、王继东(第8章)、宓培庆(第9章);杨丛松、许晓蔚统稿。

培训教材于2009年完成初稿,并在2009年到2011年培训中进行了试用,后又根据培训反馈情况,对该教材按书籍模式做了多次讨论和修改,最终于2011年8月定稿。

本书在编制过程中参阅了大量有关标准化方面的书籍、论文,从中吸取、借鉴了许多有价值的观点和资料,在此对这些文章的作者表示衷心感谢。

在本书编制过程中,编制组作了最大努力,但由于本书篇幅长、内容多、专业范围广,并涉及许多国际前沿技术的内容,同时也由于自身理论水平和标准化实践经验的限制,本书难免存在疏漏和不妥之处,敬请使用本书的同行专家和广大读者提出宝贵意见,以便今后进一步修改。

目　录

第1章 标准化概论

1.1 标准化发展历程

标准化历史久远，可分为远古时代标准化、古代标准化、近代工业标准化和现代标准化阶段。

1.1.1 远古时代标准化

1.1.1.1 人类无意识的标准化行为

从世界各地出土的文物中，许多文物(例如石刀、石斧等)的形状均惊人的相似，但当时不可能有人去作统一规定，是什么决定了古人类有如此相近的思路和手法去做这些工具呢？是实践，是人们在长期的生产实践中，经过共同的摸索、磋商和相互模仿，形成了某些约定俗成的方法和概念。这就是人类无意识的标准化行为。

1.1.1.2 人类有意识的标准化活动

古人类通过长期的与大自然的斗争和适应过程，大脑越来越发达，手脚分工越来越明确，许多原来无意识的行为逐渐转化成有意识的活动，例如十进制计数的产生，现在人们推想可能是因为人类有十个手指的原因，当时的人们将这一计数法推而广之。在所有这些标准化过程中，都需要不断地总结和统一人们的意识，形成统一的规范和规矩，形成标准化活动。

原始人在长期群居生活和同大自然搏斗中，通过实践、相互交流和模仿，学会了制作工具；通过约定俗成，产生了语言等。这些对事物、概念的统一，并在实践中不断改进的活动，体现了人类初期朴素的标准化行为。其中最突出的成果表现在：

(1) 创造了文字

人类出于对积累经验和进行交流的需要，开始有了语言。出于对重要的实践活动过程进行记录，对具体事物、概念进行描述的需要，于是符号、记号相继出现，进而发展成文字。

(2) 制作原始工具

根据人类学提供的资料，早在200万年前人类就已开始制造工具。中国云南发现的元谋猿人化石，距今已170万年，他们打制的石器同蓝田猿人、北京猿人用的石器很相似。

1.1.2 古代标准化

从旧石器时代到铁器时代，人类社会经历了畜牧业与农业分离、手工业与农业分离以及商业的出现这三次社会大分工。分工使人类的创造性和劳动技巧更加熟练，约定俗成的标准化就贯穿在古代人类的劳动生产和产品交换过程中。如：制陶术、动物驯养和植物种植法；由天然铜(红铜)发展到用青铜(铜锡合金)制造武器和工具；制造有轮子的车和帆船；象形文字的广泛应用；进而产生了货币、文字、度量衡器等。

秦始皇统一中国后，先后用政令、律令对文字、货币、道路、兵器等进行了全国规模的统一化，“车同轨，书同文”成为史书上的重要典故，这是世界古代标准化方面的杰出范例。

中国北宋时期毕升在1041年至1048年间发明的活字印刷术，用现代标准化理论加以分析，可以说它成功地应用了标准件、互换性、分解组合、重复利用等方法，这一发明包含了近代标准化的方法和原理。

北宋时期(960年至1127年)是经济发展的高峰，把唐代发明的雕版印刷术推进到了活字印刷术并得到应用，故产生的典籍更多。如由官方组织编写的110卷《军器法式》中，有74卷是军器制造规范，有1卷是材料标准。曾公亮的《武经总要》40卷，其中包含有兵器制造和火药配方的规范。李诫的《营造法式》是中国古代一部完整的建筑专著，全书34卷，分释名、各作制度、功限、料例和图样5个部分。明代李时珍所著《本草纲目》共52卷，书成于1578年。书中收载了1 892种药物和方剂11 000多个，并附1 100余幅药物形态图。对每种药物的名称、产地、栽培及采集方法、炮制法以及药物的性味和功用等皆有详细说明。宋应星所著的《天工开物》初刊于1537年，系一部重要的科学技术文献，分三篇，共18卷，全面地记述了中国古代农业和手工业的生产技术和经验，对操作技术和工具等均用数字进行精确描述，并附有大量插图。清代雍正十二年(1734年)，由工部会同内务府主编的《工程做法则例》，共74卷，其内容和体例与现今的标准更为接近。其中有27卷是关于大殿、厅堂、楼阁等建筑物的规定，对构件尺寸、榫卯结构等均有严格的规定。方观承绘制的《棉花图》、陈琮辑录的《烟草谱》是指导棉花和烟草生产的技术规范。

可以说，在古代标准化领域，中国是走在世界前列的。

1.1.3 近代工业标准化

18世纪末，首先在英国出现的纺织工业革命标志着工业化时代的开始。大机器工业生产方式促使标准化发展成为有明确目标和有系统组织的社会性活动。

1.1.3.1 生产分工专业化、产品零件标准化

1798年，美国的E.惠特尼发明了工序生产方法，并设计了专用机床和工装用以保证加工零件的精度，首创了生产分工专业化、产品零件标准化的生产方式，惠氏因此而被誉为“美国现代工业标准化之父”。

运用零部件通用互换这一原理，引发了一系列新的研究和发明。如对通用机械零部件(如紧固件)及其结构要素统一制式的研究；对制造通用零部件的机床和机械工具的研究；合理地规定通用零部件精度等级的研究；简化零件品种规格的研究等。

1841年，英国J.惠特沃思提出了被称为“惠氏螺纹”的统一制式的螺纹标准，因其具有明显的优越性，很快被英国和欧洲采用。接着，英国瑟韦特瓦尔提出统一螺钉和螺母的形式和尺寸，为进一步实现互换性创造了有利条件。

1.1.3.2 行业标准化

19世纪末开始，各种学术团体、行业协会等民间组织纷纷成立，致力于解决行业技术统一的问题，制定和发布各种行业标准或团体标准。如英国的机械、土木、造船、钢铁、电气工程协会，美国的土木、机械工程师、锅炉商协会以及材料试验学会等。工业标准化初期的实践，使科技工作者、企业家乃至政府官员越来越认识到标准化对国家工业化的必要性。

1.1.3.3 作业和管理标准化

20世纪初，美国的F.泰勒首创了作业方法和管理标准化，被称为“泰勒制”。泰勒被称为“科学管理之父”。美国的H.福特，运用零件标准化和生产专业化，首创了被称为“福特制”的流水线式的生产组织形式，使生产效率极大提高。1911年，美国工程师弗兰克·吉尔布雷斯和夫人莉莲·吉尔布雷斯在理论上提出“动素”等新概念，他们的研究成果对制定作业标准有直接的指导作用。

“泰勒制”和“福特制”标志着标准化引起了生产组织形式的根本变革，出现了推动时代前进的大量流水生产，这是标准化对工业化社会的重大贡献。

1.1.3.4 国家标准化

1901年，英国工程标准委员会(ESC，1931年改名为现在的英国标准学会(BSI))成立，这是世界上第一个国家级标准化组织。同年，美国国家标准局成立，并于1918年成立了美国工程标准委员会[美国国家标准化学会(ANSI)的前身]，专门负责组织制定美国国家标准和协调全国的标准化活动。此后，其他工业国家也纷纷成立了国家级标准化机构，依次有荷兰(1916年)、德国(1917年)、瑞士(1918年)、法国(1918年)、瑞典(1919年)、比利时(1919年)、奥地利(1920年)、日本(1921年)、苏联(1925年)等。到1932年，已有25个国家成立了国家标准化机构，标志着标准化活动已上升到国家级的高度。

第一次世界大战结束后，更多的国家建立起国家标准化机构，并在战后恢复期(1922年至1930年)先后开展了以标准化为重要内容的“产业合理化运动”，德国和美国成果最为突出。德国仅用10年时间，就使经济恢复到战前水平。美国将55种铺砖简化至7种；将电灯的式样从55 000种简化为342种；切削工具种类减少75%；蒸汽锅炉由130种简化为13种，等等。英、法等国的情况亦大体如此。各国各行业通过标准化，提高了产量和质量，降低了售价。

第二次世界大战后的日本，学习美国军需生产中的统计质量控制方法(SQC)，确立了日本式的全面质量管理(TQC)；20世纪50年代又学习美国在导弹生产中开展的无缺点(ZD)运动，迅速在国内普及。标准化与质量管理的紧密结合，使日本在20世纪80年代一跃而成为世界经济大国，这是亚洲国家在标准化与质量工作的成果和国力增长上领先于西方国家的突出范例。国际上一些专家认为，把标准化同质量管理、质量认证及计量工作、实验室认可等结合起来，是强化标准化工作的有力措施；国际标准化组织(ISO)称之为“集成标准化”，并作为一种模式向发展中国家推荐。

1.1.3.5 国际标准化

1865年5月17日，法、德、俄等20个国家的代表在巴黎召开会议，成立了第一个国际标准化组织——国际电报联盟。1904年，在美国圣路易斯召开的国际电气大会上，采纳了英国的提议，决定组织一个常设的国际机构制定国际电气标准。1906年6月，英国、法国、美国、日本等13个国家的代表集会于伦敦，正式成立了国际电工委员会(IEC)。一个有计划、有步骤地推行国际标准化的组织的诞生，标志着人类自觉的标准化活动由行业、国家扩展到世界规模。中国于1957年8月被接纳为IEC成员国。国际贸易和国际科技交流活动的增加，促进了国际标准化活动的发展。

1921年，在英国、美国等七国标准化机构秘书联席会议上，达成了定期交换标准情报的协议。1928年成立了国家标准化协会国际联合会(ISA)，并成立了几十个技术委员会，协调和促进各国标准的统一，研究标准化的有关原则。最早制定的国际标准有滚珠轴承、螺纹、螺栓、螺帽、等比标准数等。1944 年成立的联合国标准协调委员会(UNSCC)取代了 ISA，为期 2 年。1945 年 10 月 8 日，联合国标准协会在纽约召开会议，参加会议的有中国、英国、美国、苏联、法国、比利时、澳大利亚、加拿大、墨西哥、挪威、丹麦、新西兰、南非等国的代表 20 多人，商讨成立永久国际标准机构问题。1946 年 10 月 14 日，来自 25 个国家的 54 名代表在伦敦开会决定成立新的国际标准化机构——国际标准化组织(ISO)。1947 年 2 月，ISO 章程获得 15 个国家标准化机构的批准而正式成立。这标志着国际标准化活动开始进入新的发展阶段。

1969 年，ISO 理事会决议将 10 月 14 日定为“世界标准日”。翌年 10 月 14 日，由 ISO 发起，在世界各地举行了隆重的第一届“世界标准日”纪念活动。

中国于 1978 年 9 月 1 日被重新接纳为 ISO 正式成员，1982 年中国当选为 ISO 理事会成员。

1.1.4 现代标准化

20 世纪 60 年代，随着新技术革命的深入发展以及电子计算机的普及应用，给社会生产力带来一系列的飞跃。

在现代化企业中，由于生产过程高度现代化、专业化、综合化，一项产品的生产或工程的施工，往往涉及多个行业、多个企业和许多门科学技术。高新技术的飞速发展，使产品更新换代速度明显加快，产品结构趋于复杂，性能要求多，高质量、高可靠性要求对现代标准化提出了新的要求，再靠制定单个标准已远远不适应了，这就要求标准化发生变革，进入现代标准化阶段。

尽管现代标准化还在继续发展之中，但从近 30 年来的现代标准化实践可以初步看到它具有下列 6 个方面的特性：

1）系统性。用系统的观点处理和分析标准化工作中的问题。

2）广泛性。现代标准化的对象遍及国民经济各行业和各个方面。如工业、农业、商业、学校、医院及军政机关，又覆盖人类的衣、食、住、行、游。

3）国际性。国际贸易的蓬勃发展，使各国企业纷纷走出国界，走上国际大市场。采用国际标准成为各国标准化工作的重要方针战略和政策。

4）动态性。高新技术的层出不穷、产品频繁的更新换代，使现代标准化一直处于动态发展之中，否则就不能适应客观需要和环境。

5）超前性。现代标准化的对象不仅是实际存在的问题，而且还有潜在的问题，对标准化对象规定高于实际水平要求的标准化。

6）经济性。使标准化与经济建设更紧密地结合在一起。

在人类社会发展的进程中，标准化经历了从自发到自觉、从经验到科学的逐步飞跃，它产生于农业时代，成熟于工业化时代，拓展于现代化时代，在推动社会生产力飞速发展中发挥了重要作用。

1.2　标准与标准化

1.2.1　标准

国家标准 GB/T 20000.1—2002《标准化工作指南 第 1 部分:标准化和相关活动的通用词汇》对"标准"给出了下述定义:

"为了在一定的范围内获得最佳秩序,经协商一致制定并由公认机构批准,共同使用和重复使用的一种规范性文件。"

在该定义后有如下一条附注:"标准宜以科学、技术和经验的综合成果为基础,以促进最佳的共同效益为目的。"

从这个定义中我们可以认为标准应具备如下四个特征,也就是说只有具备这四个特征才能称其为标准:

(1) 标准是一种规范性文件。

可以说文件是标准的表现形式,我们可以广义地将文件理解为记录信息的各种媒体。标准必须以文件的形式来表现,无论是纸质的还是电子形式的文件。也就是说,标准必须通过其载体达到有据可查。既然标准是一种规范性文件,其文件的形式也必须规范,并且具有区别于其他文件的特殊文件形式。为了统一标准文件的编写和形式,我国发布了国家标准 GB/T 1.1—2009《标准化工作导则 第 1 部分:标准的结构和编写规则》。对标准的结构、编写、格式及印刷等内容进行统一,既可保证标准的编写质量,又便于文件的管理,同时又体现了标准文件的严肃性。

(2) 这种文件必须具有共同使用和重复使用的性质。

"共同使用"和"重复使用"两个条件必须同时具备,也就是说,只有大家共同使用并且要多次反复使用,标准这种文件才有存在的必要。

(3) 标准的制定需要有一定的程序,要有协商一致的过程,并且要由公认机构批准发布。

国际上以及各国的标准化组织都规定了制定各类标准的程序,制定标准时必须严格按照程序去做。为了规范标准的制定程序,我国针对国家标准、行业标准、地方标准和企业标准分别颁布了《国家标准管理办法》、《行业标准管理办法》、《地方标准管理办法》和《企业标准化管理办法》。这些办法对标准的制定、审查、发布等作出了明确的规定。标准能否最后通过并发布,要看协商一致的结果。只有相关各方都认可,公认机构批准发布才能成为标准。

(4) 制定标准的目的,是为了在一定的范围内获得最佳秩序。

这种最佳秩序的获得是有一定范围的,即在一定的范围内获得最佳秩序。

"一定范围"有两层含义,包括适用的人群和相应的事物。所谓"适用的人群"可以是全球范围的、某个区域的、某个国家的、某个地方的、某个行业的、某个企业或集团的等。具体适用的人群取决于在哪个范围的人群中达到了协商一致;适用的人群不一样,其影响的范围也不同。因此,一个标准可以在国际、区域、国家、企业的范围内具有影响力。所谓"相应的事物"是指条款涉及的内容,这些内容可以是有形的、无形的、硬件或软件,例如有关安全的、环保的、能耗的、产品的、方法的等。

最佳秩序：生产秩序、技术秩序、安全秩序、管理秩序等。

对象不同目的不同：品种的控制、适用性、兼容性、互换性、安全性、环保性、经济效能、贸易等。

最大的和最终的目的：取得最佳的共同效益。

总之，特定的人群针对某些事物，为了获得最佳秩序，经过协商一致的程序并由公认机构批准，才能制定出标准。

从标准定义的注释中我们可看出，标准制定的基础是科学、技术和经验的综合成果。标准之所以被制定并被使用，其动力来源于市场需求与共同的利益。这一动力促使利益各方聚在一起经过协商一致形成各类标准；这一动力同时也促使各方自愿使用标准。标准被自愿使用的程度如何，可以作为评价标准实施效果好坏的重要指标之一。

1.2.2 标准化

国家标准 GB/T 20000.1—2002 对标准化的确切定义：

"标准化是为了在一定范围内获得最佳秩序，对现实问题或潜在问题制定共同使用和重复使用的行为规范的活动"。

这个定义同时也是 ISO、IEC 对标准化给出的确切定义。

仔细分析这个定义，我们可以看出：标准化是一项制定和实施规范的活动；所制定的规范应具备的特点是共同使用和重复使用；其内容是现实问题或潜在问题；制定规范的目的是在一定范围内获得最佳秩序。

这些行为规范将构成规范性文件，也就是说，标准化的结果是形成条款，一组相关的条款就形成规范性文件。如果这些规范性文件符合制定标准的程序，经过公认机构发布，就成为标准。所以标准是标准化活动的结果之一。

标准化一般经过哪些活动？如：起草过程、征求意见过程、审查发布过程、贯彻实施过程、复审、修订过程等。

标准化不是一项孤立静止的行为和结果，而是一个发展变化的过程。这个过程不是一次就完成的，而是一个不断循环、螺旋式上升的运动过程。每完成一次循环，标准将得到进一步的完善，也将及时地反映当今技术发展的水平。

标准化的效果只有标准实施后，才能表现出来。制定出的标准再多、再好，如果没有被运用，那么什么效果也谈不上。因此，标准化的全部活动中，实施标准是个非常重要的环节，这一环节中断了，标准化的循环发展过程也就中断了，标准化的"化"也就无从谈起。

总之，标准化是一个不断循环的活动过程，这一过程中的任何环节都不能缺失。活动的结果是不断产生新的标准，以便达到获得最佳秩序的目的。

1.2.3 与标准相关的几个概念

1.2.3.1 技术规范

除了标准之外，我们还常常接触到"技术规范"这一说法。

首先我们来看一看技术规范的准确定义：技术规范是"规定产品、过程或服务应满足的技术要求的文件"。

从这个定义我们可看出，技术规范也是一种文件，是规定技术要求的文件。它和标准的区别在于，这种文件没有经过制定标准的程序。它和标准又是有联系的。首先，标准中的一些技术要求可以引用技术规范，这样的技术规范或技术规范中的某些内容就成为标准的一部分。其次，如果技术规范本身经过了标准制定程序，由一个公认机构批准，则这个技术规范就可以成为标准了。

1.2.3.2　规程

与“标准”、“技术规范”使用频率接近的还有“规程”。

GB/T 20000.1—2002 对规程的定义为：为设备、构件或产品的设计、制造、安装、维护或使用而推荐的惯例或程序的文件。

从这个定义可以看出，规程同样是一种文件，这种文件给出的是惯例或程序，而不是技术要求（技术规范给出的是技术要求）；这种惯例或程序给出的是“过程”而不是“结果”，而技术规范规定的是一种“结果”。另外，规程是“推荐”惯例或程序，而技术规范为“规定”技术要求。因此，从内容和力度上来看，规程和技术规范存在着明显的差异。

规程和标准的区别为：这种文件没有经过制定标准的程序。它和标准的联系表现在：首先，标准中的一些技术要求可以引用规程，这样的规程就成为标准的一部分；其次，如果规程本身经过了标准制定程序，由一个公认机构批准，则这个规程就可以成为标准。从上面介绍可看出，规程在其和标准的区别与联系这一点上和技术规范是类似的。

1.3　标准的种类

人们从不同的目的和角度出发，依据不同的准则，可以对标准进行不同分类，由此形成不同的标准种类。如：国际标准、区域标准、国家标准、行业标准、地方标准和企业标准；技术标准、管理标准和工作标准；强制性标准和推荐性标准。

1.3.1　按标准制定的主体划分的标准种类

按标准制定的主体，标准分为国际标准、区域标准、国家标准、行业标准、地方标准和企业标准。

1.3.1.1　国际标准

国际标准是指国际标准化组织（ISO）、国际电工委员会（IEC）和国际电信联盟（ITU）制定的标准，以及国际标准化组织确认并公布的其他国际组织制定的标准。即国际标准包括两大部分：第一部分是三大国际标准化机构制定的标准，分别称为 ISO 标准、IEC 标准和 ITU 标准；第二部分是其他国际组织制定的标准。

所谓“国际标准化组织确认并公布的其他国际组织制定的标准”有两方面含义：

第一，可以制定国际标准的“其他国际组织”必须经过 ISO 认可并公布。

第二，只有经过 ISO 确认并列入 ISO 国际标准年度目录中的标准才是国际标准。

在上述正式的国际标准以外，一些国际组织、专业组织和跨国公司制定的标准在国际经济技术活动中客观上起着国际标准的作用，人们将其称为“事实上的国际标准”。这些标准在形式上、名义上不是国际标准，但在事实上起着国际标准的作用。

例如，美国率先提出的HACCP食品危害分析和关键控制点标准已发展成为国际食品行业普遍采用的食品安全管理标准，作为食品企业质量安全体系认证的依据。英国标准协会(BSI)、挪威船级社(DNV)等13个组织提出的OHSAS职业健康安全管理体系标准，作为企业职业健康安全体系认证的依据。

目前国际上权威性行业(或专业)组织的标准主要有：美国材料与试验协会(ASTM)标准、美国机械工程师协会(ASME)标准、英国石油协会(IP)标准、英国劳氏船级社(LR)《船舶入级规范和条例》、德国电气工程师协会(VDE)标准等。

跨国公司或国外先进企业标准若能成为"事实上的国际标准"，一定是能在某个领域引领世界潮流的产品标准、技术标准或管理标准，其标准水平的先进性得到国际公认和普遍采用。

1.3.1.2 区域标准

由区域标准化机构通过并公开发布的标准，称为区域标准。

区域标准的种类通常按制定区域标准的组织进行划分。如：欧洲标准化委员会(CEN)标准，欧洲电工标准化委员会(CENELEC)标准，欧洲电信标准学会(ETSI)标准，独联体跨国标准化、计量与认证委员会(EASC)标准，太平洋地区标准会议(PASC)标准，非洲地区标准化组织(ARSO)标准。

1.3.1.3 国家标准

由国家标准机构通过并公开发布的标准，称为国家标准。

对我国而言，国家标准由国务院标准化行政主管部门制定，国家标准代号为GB或GB/T，简称国标或国标(推荐)。

1.3.1.4 行业标准

在国家的某个行业通过并公开发布的标准，称为行业标准。

对我国而言，是指当没有国家标准而又需在全国某个行业范围内统一的技术要求，可以制定行业标准。行业标准由国务院有关行政主管部门制定，并报国务院标准化行政主管部门备案，在公布国家标准之后，该项行业标准即行废止。

1.3.1.5 地方标准

在国家的某个地区通过并公开发布的标准，称为地方标准。

对我国而言，是指当没有国家标准和行业标准而又需要在省、自治区、直辖市范围内统一的技术要求，可以制定地方标准。地方标准由省、自治区、直辖市标准化行政主管部门制定，并报国务院标准化行政主管部门和国务院有关行政主管部门备案，在公布国家标准或者行业标准之后，该项地方标准即行废止。

1.3.1.6 企业标准

对企业范围内需要协调、统一的技术要求、管理要求和工作要求所制定，并由企业法人代表或其授权人批准、发布的标准，称为企业标准。

企业生产的产品没有国家标准和行业标准的，应当制定企业标准，作为组织生产的依据。企业的产品标准须报当地政府标准化行政主管部门和有关行政主管部门备案。已有国家标准或者行业标准的，国家鼓励企业制定严于国家标准或者行业标准的企业标准，在企业内部适用。

企业标准是企业科学管理的基础，也是企业新产品开发、组织生产和经营活动的依据。

1.3.2　按标准化对象的基本属性划分的标准种类

按标准化对象的基本属性，标准分为技术标准、管理标准和工作标准。

1.3.2.1　技术标准

技术标准是指对标准化领域中需要协调统一的技术事项所制定的标准。

技术标准的形式可以是标准、技术规范、规程等文件。技术标准量大、面广、种类繁多。如：技术基础标准、设计技术标准、产品标准、采购技术标准、工艺技术标准、半成品技术标准、设备技术标准、检验方法标准、检验设备技术标准、包装技术标准、安装交付技术标准、服务技术标准、能源技术标准、安全技术标准、职业健康技术标准、环境技术标准、信息技术标准等。

1.3.2.2　管理标准

管理标准是指对标准化领域中需要协调统一的管理事项所制定的标准。

管理标准与技术标准的区别只是相对的，一方面管理标准也会涉及技术事项；另一方面技术标准也用于管理。

管理标准种类繁多。如：管理基础标准、经营综合管理标准、设计开发管理标准、采购管理标准、生产管理标准、质量管理标准、设备管理标准、检验试验管理标准、包装运输管理标准、安装交付管理标准、服务管理标准、能源管理标准、安全管理标准、职业健康管理标准、环境管理标准、信息管理标准、体系评价管理标准、标准化管理标准等。

1.3.2.3　工作标准

工作标准是为实现整个工作过程的协调，提高工作质量和工作效率，对工作岗位所制定的标准。

工作标准包括：决策层工作标准、管理层工作标准、操作（一般）人员工作标准等。

1.3.3　按标准实施约束力划分的标准种类

按标准实施的约束力，我国标准分为强制性标准和推荐性标准。

1.3.3.1　强制性标准

强制性标准是指政府部门制定并强制执行的标准。

根据1988年发布的《中华人民共和国标准化法》（以下简称《标准化法》）第七条的规定：“国家标准、行业标准分为强制性标准和推荐性标准。保障人体健康，人身、财产安全的标准和法律、行政法规规定强制执行的标准是强制性标准，其他标准是推荐性标准。”第十四条规定：“强制性标准必须执行。不符合强制性标准的产品，禁止生产、销售和进口。”我国强制性国家标准的代号是GB。

在下述范围内需要强制执行的内容制定成强制性标准：

1）有关国家安全的技术要求；

2）保护人体健康和人身财产安全的要求；

3）产品及产品生产、储运和使用中的安全、卫生、环境保护等技术要求；

4）工程建设的质量、安全、卫生、环境保护要求及国家需要控制的工程建设的其他要求；

5）污染物排放标准和环境质量要求；

6）保护动植物生命安全和健康的要求；

7）防止欺骗、保护消费者利益的要求；

8）维护国家经济秩序的重要产品的技术要求。

一旦某些产品不符合相应的强制性标准的要求，就是违反了《中华人民共和国标准化法》的规定。对生产、销售、进口不符合强制性标准产品的，由法律、行政法规规定的行政主管部门依法进行处理，没有明确主管部门的，将由工商行政管理部门没收产品和违法所得，并处罚款；造成严重后果构成犯罪的，对直接责任人员依法追究刑事责任。

市场经济发达国家通常采用法律法规引用标准的形式强制执行相关的标准，这些标准为遵守法律法规相应要求提供了可操作性，支持了立法目标的实现。

1.3.3.2 推荐性标准

强制性标准以外的标准是推荐性标准。

我国推荐性国家标准的代号是GB/T。推荐性标准是倡导性、指导性、自愿性的标准。

推荐性标准没有权力要求所涉及的人员执行其要求，所涉及的人员也没有义务执行推荐性标准的要求。但是，通过下述途径推荐性标准将会得到广泛实施：

（1）市场的机制

由于推荐性标准是以科学、技术和经验的综合成果为基础，是在充分协商一致的基础上形成的。所以，它符合大多数人的利益，自然会被大多数人所自愿使用。这样，市场上符合标准的产品或服务将占据主要地位，形成主导产品，那些少数没有使用标准的利益方，为了适应这一主流市场，其产品和服务往往不得不使用已通过的标准，以便顺利打开市场。可见，标准首先是靠其形成的机制，靠市场的作用被广泛自愿性使用的。

（2）政府的引导

《标准化法》第十四条规定："推荐性标准，国家鼓励企业自愿采用。"国家往往通过一些鼓励企业使用标准的政策，促进企业实施标准；政府还可以要求，凡政府采购、国家重大工程招标等活动要以相关标准为依据，发挥标准的技术依据和基础支撑作用。

（3）法规的引用

在一些法规中，凡涉及技术问题、有技术标准可以作为依据的，采取法规引用标准的方式，使得在法规调整的范围内，推荐性标准的使用成为法规的要求。对于标准中涉及的知识产权问题，国际标准化组织、区域标准化组织和国家标准机构大多有相应的规定。

1.4 标准体系与标准体系表

1.4.1 标准体系

1.4.1.1 标准体系的定义

国家标准GB/T 13016—2009《标准体系表编制原则和要求》规定了标准体系表的编制原则、格式及要求，并对"标准体系"给出了下述定义：

“标准体系是指一定范围内的标准按其内在联系形成的科学的有机整体。”

“一定范围”可为国家、行业、地区、企业范围，也可以指产品、项目、技术、事务范围。

“有机整体”是指标准体系是一个整体，标准体系内各项标准之间具有内在的有机联系。

如，企业标准体系。它包括技术标准、管理标准和工作标准。技术标准、管理标准之间应相互协调一致。管理标准应能保证技术标准的实施，并成为企业管理的保障。工作标准应确保技术标准或管理标准的实施。

这一定义反映了标准体系的如下特征：

1）标准是标准体系的构成要素。单一的标准不成体系。标准体系要由许多标准构成。

2）标准之间的有机联系。标准体系的构成要素(标准)之间必定存在着相互关联、相互作用的关系。

3）体系是一个整体。按标准对象的内在联系形成的标准整体并非是个体标准的简单相加。对一个孤立的标准，人们往往关注该标准提出的具体要求是否合理。当把该标准置于标准体系之中后，人们才能看出，要实现该标准规定的要求，需要其他一系列标准相配合，如果标准体系不完备，该标准所规定的要求最终将难以保证实现。而这个整体所具备的功能是任何一个要素都不具备的。

4）体系必须有明确的目标。标准体系由哪些要素组成？要素之间形成怎样的联系？标准体系要具备怎样的功能等等都依从于标准体系的目标。没有明确的目标无法建体系。

5）通过实施结果的验证。标准体系是否成功，最终的判定准则是看其能否达到既定的目标。如果通过实施达到了既定目标，这个体系的建立就算成功了；如果实施的结果未能达到既定目标，这个体系就是一个不完善的体系，需要修改和完善。

具备上述这5个特征，满足这些条件的才是名符其实的标准体系，这5个条件缺一不可。现存的许多企业的标准体系，标准(要素)数量倒是很多。但标准(要素)之间的联系松散，体系目标不明确或根本就没有目标。未经实施验证或不顾实施效果，这都不能算是真正意义上的标准体系。

1.4.1.2 怎样建立标准体系

建立标准体系大体上有两种方式，即从局部到整体和从整体到局部。

(1) 从局部到整体——积累方式

现有的每个企业客观上都存在大大小小的标准体系，有的较完善，有的不够完善；这个体系是怎么形成的呢？是长期积累的结果，并且今后仍在继续积累，永无止境。

就大多数情况而言，无论是企业、行业和国家的标准体系，都不是先有系统总体设计，然后逐步实施，最终形成体系。而是根据每个时期的实际需要制定急需的标准，再根据新的需要增加新标准，渐渐形成一个小体系。如以产品标准为核心，以保证产品标准的实施为目的的标准体系，常常是许多组织最先建立的标准体系。随着标准化目标的扩展，又会开发出新的标准化领域，产生新的小体系以及为许多小体系所通用的基础标准、管理标准等。这些实施中的标准和局部的体系又在实践中接受检验，并根据客观的要求，不断地调整、修改、补充、完善。这个过程是无止境的，很难说到哪一天标准体系彻底建成了。它实际上是一个由不成体系的少数标准，到足够数量标准的累积过程；由标准之间联系不很密切到标准之间的联系更加紧密的调整、完善过程。到这种时候，可以说有了一个标准体系，但它仍不是最终和最好的。

世界各国的标准化都是沿着这样一条途径走过来的，越是高层次的标准，越是呈现这样的规律。

这种方式的优点：在系统中每增加一个要素(新标准)，都能集中精力对标准内容做认真研究和必要的验证，有较充分的时间与其他相关标准协调，使体系经常处于优化，稳定状态。

这种方式的缺点是应对特殊专项、紧急任务较为困难。

(2) 从整体到局部——突击方式

所谓"从整体到局部"指的是这样一种建立体系的途径，首先确立标准化目标，同时规划、设计实现该目标所需要的全套标准，然后，根据总体规划，制定出全部所需标准，形成一定规模、具备一定功能的标准体系。

实践证明，从整体到局部的体系建设，也是一种途径，它对于有限目标和小范围的局部标准体系是可行的。标准体系的覆盖面越宽，体系的要素越多、要素的更新越频繁，采用这种途径越困难。

这种方式的优点：

能及时应对特殊的、紧急的专项需求。有的企业不仅建体系的目标明确，而且规划也很认真，尤其能踏踏实实地分步骤、分阶段地进行，不仅制定好每一个标准，而且特别重视做好标准之间的协调和优化工作，从而建立起有较好功能的标准体系。

这种方式的缺点：

有的企业在建体系的目标尚不明确的情况下，或在为建体系而建体系的动机支配下，认为体系越大越好、越全越好，急于求成，图快、图省事，所定标准基本上是管理现状和工作实况的描述，未经优化便用标准把现状加以固定。

由于多为突击任务，常常受时间局限，使制标的前期的研究试验不充分(或被取消)，旧标准之间协调不够，从而降低了标准体系的效能，甚至使体系无法运行。

这种方式的典型是质量管理体系和环境管理体系。由于中国企业平时不按这种模式管理，缺少相关的标准积累，为了符合认证要求，只好采取突击方式，在短时间内把所要求的体系建立起来。

如果系统规模较小，系统的要素较少，协调和优化的难度不大，会收到较好效果；如果规划的体系越大、要素越多、要素间的关系越复杂，越难以在短时间内做好协调和优化工作，失败的可能性就越大。常常是体系越庞大，瘫痪越快，体系建的越快，寿命越短。可见，这种方式的缺点是较明显的。

1.4.2 标准体系表

1.4.2.1 标准体系表的定义

国家标准 GB/T 13016—2009《标准体系表编制原则和要求》对"标准体系表"给出了下述定义：

"标准体系表是指一定范围的标准体系内的标准按其内在联系排列起来的图表。"

标准体系表用以表达标准体系的构思、设想、整体规划，是表达标准体系概念的模型。

标准体系表是编制标准制定/修订规划和计划的依据之一，是一定范围内包括现有、应有和预计制定标准的蓝图；它将随着科学技术的发展而不断更新和充实。

1.4.2.2　标准体系表的编制原则

(1) 目标明确

标准体系表的编制，应首先明确建立标准体系的目标。不同的目标，可以编制出不同的标准体系表。

(2) 全面成套

标准体系表的全面成套应围绕着标准体系的目标展开，体现在体系的系统性，即体系的子体系及子子体系的全面成套和标准明细表所列标准的全面成套。

(3) 层次适当

列入标准明细表内的每一项标准都应安排在恰当的层次上。如基础标准、通用标准应安排在较高层次。

(4) 划分清楚

标准体系表内的子体系或类别的划分，主要应按行业、专业或门类等标准化活动性质的同一性，而不宜按行政机构的管辖范围划分。

1.4.2.3　标准体系表的格式及要求

标准体系表应包括标准体系结构图、标准明细表、标准统计表和编制说明。

(1) 标准体系结构图

标准体系结构图可由总结构方框图和若干个子方框图构成。标准体系的结构关系一般分为：上下层之间的“层次”关系，或按一定的逻辑顺序排列起来的“序列”关系；也可是由以上几种结构相结合的组合关系。每个方框可编上图号，并按图号编制标准明细表。

(2) 标准明细表

标准明细表的一般格式如表1-1所示。

表1-1　××(层次或序列编号)标准明细表

序号	标准体系表编号	标准号	标准名称	宜定级别	实施日期	国际和国外标准号及采用关系	被代替标准号或作废	备注

(3) 标准统计表

标准统计表的格式根据统计目的，可设置不同的标准类别及统计项，一般格式如表1-2所示。

(4) 编制说明

标准体系表应同时包括编制说明，其内容一般包括：

编制体系表的依据及要达到的目标；

国内外标准概括；

结合统计表，分析现有标准与国际、国外标准的差距和薄弱环节，明确今后的主攻方向；

专业划分依据和划分情况；

与其他体系交叉情况和处理意见；

需要其他体系协调配套的意见；

其他。

表 1-2 标准统计表

统计项	应有数(__个)	现有数(__个)	现有数/应有数(__%)
标准类别			
国家标准			
行业标准			
地方标准			
企业标准			
共计			
基础标准			
方法标准			
产品、过程、服务标准			
零部件、元器件标准			
原材料标准			
安全、卫生、环保标准			
其他			
共计			

1.5 标准化原理

标准化原理是指在标准化实践中，人们掌握了标准化的特性，并经理论概括，提炼为最基本的规律，使之成为指导标准化实践的理论依据。

标准化原理包含多种内容，具体有：

(1) 简化原理

简化是标准化的最一般的原理，标准化的本质就是简化。即化繁为简，去劣存优，以少胜多，使总体功能达到最佳状态。

(2) 统一原理

所谓统一，就是对大量的、重复的、同类型的事物作出科学合理的“统一”规定，使标准化对象的概念、形式、功能、技术特性形成一致。

统一原理被概括为：在一定时期、一定条件下，对标准化对象的形式、功能或其他技术特性所确立的一致性，应与被取代的事物功能等效。

这里的要点是：

一致性原则。即统一是为了获得一致。

时间和条件原则。标准化所说的统一是在一定的时间和空间实现的，过了这个时间、错过了这个环境，标准就不一定适用，就要重新研究或修订。

等效性原则。简化、统一、取得一致后的事物，必须与被简化、统一和取代前的事物在功能上具有等效性。钢铁的斧头取代石斧，钢斧必须具有石斧所具有的必要功能。树脂眼镜片取代玻璃眼镜片，前者也必须具有后者的必要功能，只有这样，标准化的活动才是成功的科学活动。

人类的标准化活动就是从统一化开始的。统一的范围越大，统一的程度越高，标准化活动的效果就越好。

(3) 协调原理

即通过标准化将不同专业、部门、企业及企业中各种生产环节之间联系统一起来，实现科学、紧密的衔接和配合，达到良好的效果。

一致性靠协调取得：标准本身就是协调的产物。所谓协调，原意是指协和一致、配合有力。在标准制定和实施标准化过程中，主要是指要做好相应的干预、说明、解释和配合工作。一项标准往往涉及许多利益相关方，简化也好、统一也好都不是轻而易举的事情，如果没有协调，标准化的工作就很难开展。

(4) 阶梯原理

所谓阶梯原理是标准化发展的动态形式的概括，即标准化的动态发展过程是一个阶梯式不断升高和发展的过程，并最终使现行标准尽可能达到当时的最高技术和管理水平。

(5) 优化原理

即按照一定的目标，在给定的限制条件下，采用科学技术方法和成果对标准化对象的构成要素及其关系有选择地设计和调整，使之达到最佳效果。

标准化的最终目的是取得最佳效益，因此在标准制定和实施过程中，一定要贯彻最优化原则。没有最优，就没有标准化。

标准化原理对提高管理水平和经济效果具有十分重要的作用：① 有利于建立正常的管理秩序；② 有利于岗位人员培训；③ 有利于定员工作；④ 有利于企业上层领导干部集中精力抓大事；⑤ 有利于为推广现代化管理方法创造条件。总之，灵活运用标准化原理，可以使企业生产更加标准化、科学化，使企业在市场竞争中立于不败之地。

1.6 标准化的主要作用

1.6.1 固化经验

做某件事情，把它分成若干步骤，找一位最优秀的人来做。记录他所做的过程、方法、质量，每一步所用的时间。然后，形成标准。这就是固化经验。

科研、设计、试验、生产、管理等方面的经验用标准将它固化下来，一个新员工看看标准就可以做了。新员工几个月掌握的东西，可能是前人摸索了许多年才摸索出来的，你不必再去摸索。

重复运行的流程、重复实施的工作用标准将它固化下来，你不必再去重新策划、设计，按照标准去做，节省时间、节省开支。

如，某研究单位承制的为重大型号配套生产的集成电路产品。在摸索中走完了为第一代型号任务配套生产研制的全过程，积累了十多年的经验，也有不少失败的教训。第二代型号设计工作即将开始。该所的科技人员正处在新老交替时期，许多老的设计人员逐渐退休，新同志将不得不面临从头开始，重新经历一个摸索过程。为了使第二代型号设计工作少走弯路，从而加速型号研制的全过程，该所决定全面开展《设计规范》编制工作，并把它作为一件保护国家宝贵知识财富的抢救性工作来抓。请老同志把型号设计过程中分散在大家头脑中的经验和教训集中起来，加以总结，提炼形成标准，使新同志在较短的时间内学到这些经验，在新产品研制过程中，直接采用总结形成的设计准则、设计方法、设计程序、设计数据等，以确保又快又好地完成产品设计任务。

在贯彻实施这一规范过程中，该单位混合集成电路的研制与生产出现了一个良好的局面，出色完成了型号研制任务，在检查验收时，一次性通过。同时，这条生产线的管理水平、产品质量、技术水平、人员素质也上了一个新台阶。

1.6.2 提升水平

1.6.2.1 通过制定标准提升科研、管理水平和生产能力

按照固化的经验对其他人进行培训。然后，所有人都这么做。这样做的人的水平、能力将大大提高。如果是科研工作，它就是最优秀的科研；如果是管理，它将提升我们的管理水平；如果是生产，这将大大提升我们的生产能力。

1.6.2.2 通过不断改进已有的标准提升水平

标准化的过程是一个不断完善的过程。在已有标准的基础上，在使用过程中，我们可以发现它的不足，进一步改进它，修改为新的标准，使我们的经验更加丰富，使我们的水平进一步提高。

1.6.3 提高质量

质量标准既是市场和用户需求的反映，又是企业质量管理的目标。这个目标一经树立，便可起到揭示质量差距、促进质量提高的作用。

企业生产的产品质量，取决于企业的质量保证能力。标准化不仅是建立企业质量保证体系不可缺少的基础工作，而且要贯穿于质量管理的全过程，通过全过程的质量管理，不断提高质量保证能力。

1.6.4 占领市场

市场经济条件下，特别是经济全球化趋势的当今世界，企业都把最大限度地占有市场作为追逐的目标。他们通过标准化来提高产量、降低售价，达到迅速占领市场的目的。

如，麦当劳。这个公司 1955 年成立，到 1985 年时，资产翻了 1 亿倍。到现在，店面分布在 6 大洲 121 个国家和地区，拥有 3 万多家连锁店。

它的发展，标准化起到了非常重要的作用。它有一本《管理手册》，目录达 600 页，详细

规定了2 000多项标准和规范，涉及店面选址、产品制作、日常运营管理、为顾客服务、品牌宣传、人才培养等各个方面。

事实上，成功的企业，标准化工作一定是做得非常好的。这样的例子很多。

当前，我国参与的国际热核聚变实验反应堆（ITER）计划项目也有市场化的问题。ITER国际组织的标准化工作组已经明确将按照标准化的产品来进行采购，能提供符合ITER标准化工作组规定的标准的产品的，将成为ITER的供货商。如果我国能够抓住这个机遇，努力使我国企业的产品符合ITER标准化工作组规定的标准，将有利于我国企业进入国际市场。

1.6.5　建立与消除贸易壁垒

贸易中也有壁垒。标准就是壁垒，没有标准的，就要吃亏。

20世纪80年代初，我国从日本进口甲醛超标的中长纤维2亿米，而我国当时还没有相关标准。甲醛超标的产品，在日本无疑已成了垃圾货，容许它进入我国市场，不仅使消费者受到损害，也冲击了我国的相关企业。

再如，日本针对大米的种植、加工、贮存都实现了标准化，制定标准100多个，其他国家的大米要想进入他的国家，必须符合他们的标准。我们中国的大米进入他们国家时曾经受到抵制。

他国有标准，我国没有标准，卖给他“条件苛刻”，卖给我“通行无阻”，在国际贸易中，这种建立在“自愿”基础上的“贸易”并不少见。受损害的是国内的生产厂家和广大的消费者，受益的是卖家和商家。可见，一个国家，如果放弃对标准的管理，后果将是十分严重的。

国际贸易间的摩擦和纠纷，从来就没有停息过，我国在这方面的教训尤为深刻。

如何消除壁垒，我们应采取积极的应对措施。一方面，广泛收集不断变化的进口国市场的相关技术法规、标准以及合格评定程序的相关信息，把先进国家或区域的现行标准消化为我国标准，以有利于国际间的认同。另一方面，努力提高出口产品的品质，使之符合进口国市场相关技术法规、标准的要求。

另外，如果出口企业认为进口成员方在制定、批准和实施相关技术性法规、标准以及合格评定程序的过程中的某些措施对我国出口产品造成了技术性贸易壁垒，或者存在歧视性待遇，要积极地采取贸易救济措施，维护自己的合法权益。

一个企业要想把产品打入国际市场，开展国际贸易，成为国际上有影响的企业，必须建立与相应国家法律法规相适应的标准体系。

例：温州打火机遭遇欧盟技术壁垒。

温州是“中国金属外壳打火机生产基地”，有500多家打火机生产企业，年产打火机6.4亿只，占世界金属外壳打火机市场份额的70%。

小小的打火机每年为温州带来几十亿产值。2006年2月8日，欧盟安全委员会通过CR法案草案，CR法案是儿童安全法案的英文简写。CR法案规定：

2元以下的打火机必须安装“防止儿童开启装置”，即安全锁；

豪华打火机必须具备5年以上的使用寿命；

限制玩具型打火机进入欧洲市场等。

这些规定对于温州打火机企业来说都是难以逾越的门槛:安全锁的相关专利已经被国外全部注册,温州企业没有相应的技术专利、标准和新技术材料等。

2008 年至 2010 年,每年出口额以 50%的速度下降。

由于欧盟法规、标准壁垒,使温州经济遭受惨重损失。

例:宁波打火机成功突破日本技术壁垒。

同前例一样,2010 年 10 月 5 日日本内阁正式通过了 CR 法案正令,并于 10 月 10 日发布。

宁波新海公司等企业,自主研发了电子打火机后推装置等多项防儿童开启装置,产品技术达到国际领先水平,完全达到了日本 CR 法案的各项要求。

2012 年一季度,宁波出口日本打火机类商品 1 300 多万美元,同比增加 130%。日本市场已成为宁波市打火机企业开拓的新增长点。

一个成熟的市场针对某一商品出台某一项技术法案后,既有可能让市场已占领者被迫退出该领域,也有可能让企业获得新一轮发展的机遇。而取决于两者之间的关键,则是企业能否应对这项技术壁垒,即建立起适应相应国家的法律法规的标准体系。

所以,想要成为国际性企业,不仅要建立起适合自己国家的法律法规的标准体系,维护自己的企业利益和自己国家的利益,还要研究建立起适应他国的法律法规的标准体系,消除别人的壁垒,开拓国际市场,把自己的企业做大、做强。

1.6.6 实现现代化的大规模生产

随着科学技术的发展,生产的社会化程度越来越高,生产规模越来越大,技术要求越来越严,分工越来越细,生产协作也越来越广泛。许多工业产品和工程建设往往涉及几十个甚至几百个、上千个企业,协作点遍布全国乃至世界各地。如,ITER 计划是我国迄今为止参加的最大的多边前沿国际合作项目。参与国有欧盟、美国、日本、中国、俄罗斯、印度等,工程量大,系统复杂,其涉及的部件数量和品种繁多。这种社会化、国际化的大生产,必定要以技术上高度的统一与广泛的协调为前提,而标准恰恰是实现这种统一与协调的手段。

这种手段之所以行之有效,除了它的科学性以外,还由于它是对人们活动的一种约束。

1)由于它能为人们的劳动过程建立最佳秩序、提供共同语言和相互了解的依据,人们会意识到它对任何人都是必要的。

2)它为人们的活动确立了必须达到的目标,它比一般行政规定更具有科学性,既能促进人们的活动不断地合理化,又受到人们的尊重。

3)这种约束是从全局出发,又考虑到各方面的利益,在充分协商的基础上确立的,它是一种无偏见的约束。因此,它既有规范效用,又有自我约束的作用。它的约束力甚至可以跨越地区或国家的界限。这种约束力就是一种权威,一种能够对现代化大生产从技术上和管理上进行协调和统一的权威,这是标准化很重要的社会功能。这种功能的发挥是和技术进步、管理现代化、社会生产力的增进密不可分的。因而这种功能所产生的巨大效益常常无法计算。

上面列举的标准化的作用可总结为"固化经验、提升水平、提高质量、占领市场、建立与消除壁垒、促进合作,实现现代化的大规模生产”。这只是针对产品或企业如何做大做强的举例。标准化的作用还可列举许多。它在工业、农业、国防、科学技术、安全、卫生、环保、服务和管理等各个方面和领域发挥着巨大的作用,推动着社会的文明和进步。

参考文献

[1] 李春田. 标准化概论. 北京:中国人民大学出版社,2004.

第2章　国际和国外标准化现状及发展趋势

2.1　国际标准化现状及发展趋势

2.1.1　国际标准和国外先进标准

国际标准是指：① ISO、IEC、ITU制定发布的标准；② 由ISO认可的国际组织制定发布并经ISO确认后并纳入ISO标准目录的标准。现认可的国际组织有49个，如IAEA、ICRP、ICRU、WHO等。国外先进标准是指：未被ISO认可的国际组织制定的标准（如：UN/FAO等）、区域性组织制定的标准（如：CEN等）、发达国家的国家标准（如ANSI、DIN、BS、NF、JIS等）、国际上权威专业团体或企业标准中的先进标准（如：ASTM、ASME、RCC等）。

2.1.2　国际标准化组织

国际标准化组织（International Organization for Standardization，ISO）是一个全球性的非政府国际组织，是世界上最大最具权威的国际标准化机构，成立于1947年2月23日，现有163个成员国（正式成员111＋通信成员47＋注册成员5）。总部设在瑞士日内瓦。ISO主要机构有全体大会、理事会、技术管理局、技术委员会和中央秘书处。目前已经发布18 500多项ISO标准，我国是ISO始创成员国之一，1978年9月1日重新加入ISO。目前ISO有225个技术委员会。

ISO的宗旨是在全世界促进标准化及有关活动的发展，以便于国际物资交流和服务，并扩大知识、科学、技术和经济领域的合作。主要任务是制定、发布和推广国际标准；协调世界范围内的标准化工作；组织各成员国和技术委员会进行信息交流；与其他国际组织共同研究有关标准化问题。

ISO在标准化发展战略（2002—2004）中，确定以下4点远景目标，5大战略措施，10项具体目标。ISO在2005—2010年的战略又进一步提出了“一个标准，一次检测，全球有效”的战略目标。

ISO在2011—2015年发布的战略规划中提出了愿景、4项使命、7个关键目标，并针对要达到的7个关键目标提出了37项具体措施。

ISO的愿景：成为世界领先的高品质国际标准提供者。

ISO的4项使命：

1）确保达成协商一致原则；

2）完全符合《ISO道德规范》中规定的核心准则，要求流程是开放、透明且公正的；

3）对发展中国家参与不断提供更多的便利和支持；

4）形成一致、有效、广泛认可和满足需要的标准。

ISO的7个关键目标：

1）应提供满足客户需求的使用文件；

2）ISO标准促进创新，并提供应对全球挑战的解决方案；

3）显著提高发展中国家参与国际标准化的能力和程度；

4）在联络以及吸引与利益相关方面要做得更好；

5）要加强与其他组织的伙伴关系，以进一步提高国际标准的价值和制定效率；

6）ISO自身及工作程序得到极大改善；

7）ISO及其自愿性国际标准的价值被客户、利益相关方和公众充分理解。

ISO/TC85为核能技术委员会（Nuclear energy）。到目前为止，正式成员21个，观察成员20个，发布ISO标准165个，秘书处设在法国的法国国家标准化组织（AFNOR）。中国是TC85的正式成员。TC85的工作范围是核能及其和平应用领域内的标准化。核能包括：发电的核反应堆、研究堆；给堆供料的核燃料；乏燃料后处理；放射性废物的处理、贮存和处置；放射性物质运输。TC85还涉及与放射性物质及电离辐射有关的（包括医学应用在内）辐射防护以及在材料辐射加工中的剂量测量、环境中放射性测量等。

ISO/TC85下设：

一个特别小组：TC85/AHG1（Ad hoc group）。

一个主席咨询组：TC85/CAG。

两个直属工作组：TC85/WG1术语、定义、单位与符号工作组（Terminology, definitions, units and symbols），秘书处设在美国的ANSI；TC85/WG3辐射加工剂量测量工作组，秘书处设在美国的ANSI。

三个分技术委员会：TC85/SC2辐射防护分技术委员会（Radiation protection）、TC85/SC5核燃料技术分技术委员会（Nuclear fuel technology）和TC85/SC6反应堆技术分技术委员会（Reactor technology）。

TC85/SC2辐射防护分技术委员会，除了负责制定通常核能利用过程中的辐射防护标准之外，还制定医学应用标准，秘书处设在法国的AFNOR；目前有13个工作组：

- WG 2 Reference radiations fields;
- WG 4 Apparatus for gamma radiography and irradiators;
- WG 11 Sealed sources;
- WG 13 Monitoring and dosimetry for internal exposure;
- WG 14 Air control and monitoring;
- WG 17 Radioactivity measurements;
- WG 18 Biological dosimetry;
- WG 19 Individual monitoring of external radiation;
- WG 20 Illicit trafficking in radioactive material;
- WG 21 Dosimetry for exposures to cosmic radiation in civilian aircraft;
- WG 22 Dosimetry and related protocols in medical applications of ionizing radiation;

- WG 23 Shielding and confinement systems for protection against ionizing radiation;
- WG 24 Remote handling devices for nuclear applications。

TC85/SC5 核燃料技术分技术委员会，负责制定燃料循环过程中核燃料各个阶段的规范和说明，也负责设计、运行和核燃料循环装置相关标准的制定，秘书处设在英国的 BSI；目前有 5 个工作组：

- WG 1 Analytical methodology in the nuclear fuel cycle;
- WG 4 Transportation of radioactive material;
- WG 5 Waste characterization;
- WG 8 Standardization of calculations, procedures and practices related to criticality safety;
- WG 13 Decommissioning。

TC85/SC6 反应堆技术分技术委员会，是 TC85 在 2004 年重新恢复的一个分技术委员会，主要负责制定反应堆技术标准，秘书处设在美国的 ANSI。目前有 3 个工作组：

- WG 1 Power reactor analysis and measurements;
- WG 2 Research and test reactors;
- WG 3 Power reactor siting and design。

TC85 在 2011 年发布的规划中提出了今后标准化工作的目标和战略方向。

短期目标：对现存的一整套标准进行维护，并制定急需的标准。

中期目标：制定一套新标准，给现有核活动以及电离辐射应用提供有效支持，为制定协调的标准、法规和条例作出贡献（IAEA、OECD）。

长期目标：制定与未来反应堆与辐射防护国际新技术同步的新标准。反应堆标准有两个方面的因素：反应堆技术方面——温度更高，中子辐射更强；组织机构方面——基于聚变的 ITER 工程，国际第四代核反应堆论坛（GIF）等。辐射防护方面的标准要考虑：① 科学技术的进步，如电离辐射对人类健康和环境的影响等；② 核技术与活动的发展。

2.1.3 国际电工委员会

国际电工委员会（International Electrotechnical Commission，IEC）是世界上最早的制定和发布电工电子标准的非政府国际组织，成立于 1906 年，现有 82 个成员国（其中正式成员 60 个，观察员 22 个），是联合国社会经济理事会的甲级咨询机构。总部设在瑞士日内瓦。主要负责电气、电子工程领域（包括电机、电器、电子、电信和原子能方面的电工技术）中的国际标准化工作。IEC 的组织机构主要由理事会、执行委员会、认证管理委员会、专门委员会和若干技术委员会组成。我国于 1957 年加入 IEC。目前 IEC 有 95 个技术委员会，80 个分委员会。

IEC 的宗旨是促进电工、电子工程领域中标准化及有关事项的国际合作，增进国际间的相互了解。为此，IEC 出版了包括国际标准在内的各种出版物，并希望各成员国在本国条件允许的情况下，在本国的标准化工作中使用这些标准。主要任务是议定共同的表达方法，如名词术语、电路图的图形符号、单位及其文字符号、电磁理论等；制定试验或说明性能的标准方法；制定产品质量或性能指标；议定影响机械或电器互换性的特性，简化品种，以便进行大批量的连续生产；制定有关人身安全的技术标准。

IEC为了使自己能在世界范围内成为本领域的重心，使所有市场的交易变得更为方便，在2005年提出了8项战略目标：

1）确保IEC标准的市场发展；

2）要持续不断地提高IEC标准在全球的认可度，促进IEC标准的使用；

3）要确保组织及其工作程序代表性；

4）要及时针对新技术的发展，制定世界领先的IEC标准；

5）减少标准制定参与者的成本；

6）提供满足市场需要的技术文件，优化现有资源，包括进一步加强与其他组织的合作；

7）改进和扩展系统方法、工作程序以及组织结构；

8）在不降低IEC标准质量的前提下，进一步提高工作效率。

IEC/TC45是核仪器分技术委员会(Nuclear instrumentation)，负责制定核能源以及其他使用电离辐射工业领域的电工电子设备标准以及探测和测量天然电离辐射方面的标准。到目前为止，TC45有正式成员22个，观察成员11个，发布IEC标准154个。TC45秘书处设在俄罗斯，下设两个直属工作组，两个分技术委员会，一个项目组，一个咨询组，分别为：

- TC45/WG1：分类与术语；
- TC45/WG9：辐射探测器和系统；
- TC45/SC45A：核设施仪表和控制；
- TC45/SC45B：辐射防护仪器；
- PT62495 Nuclear instrumentation-Portable X-ray fluorescence analysis equipment utilizing a miniature X-ray tube；
- AG15 CAG-Chairmen's advisory group。

TC45/SC45A核设备仪控分技术委员会，现有24个正式成员，8个观察成员，主要负责制定用于核能设施(核电厂、燃料转换和加工厂、乏燃料和核废物的中间和最终处置厂)仪控系统的电工电子及相关系统和设备的标准。这些标准覆盖了仪控系统的整个周期，从概念阶段到设计、制造、试验、安装、调试、运行、维护、老化管理和退役等，以提高设施的效率和安全性。TC45/SC45A秘书处设在法国，目前有7个工作组：

- WG A2：传感和测量技术；
- WG A3：核电厂安全相关的数字处理器的应用；
- WG A5：特殊工艺测量和辐射监测；
- WG A7：反应堆安全系统电子装置的可靠性；
- WG A8：控制室；
- WG A9：仪器系统；
- WG A10：核电厂仪控系统的升级换代。

TC45/SC45B辐射防护监测仪器分技术委员会，22个正式成员，12个观察成员，主要负责制定辐射防护仪器领域的标准，包括人体内外照射、工作场所、环境(包括食品)在正常状态或事故工况下的测量。TC45/SC45B秘书处设在法国，目前有6个工作组，两个项目组：

- WG5：环境辐射测量；
- WG8：袖珍灵敏的剂量当量(率)电子监测仪；
- WG9：核设施内辐射和放射性活度监测设备；

- WG10:氡和氡子体测量仪器;
- WG14:外部辐射监测(使用电子设备测量剂量的无源集成系统);
- WG15:使用光谱仪、个人电子剂量仪和便携式剂量率仪对违法交易进行监控的仪器;
- PT62461 Determination of uncertainty in measurement;
- PT62706 Environmental,electromagnetic and mechanical performance requirements。

IEC/TC45 在 2011 年战略声明中提出了战略目标:

- 继续满足技术需求,向其他国际组织(如 IAEA)推荐;
- 密切关注美国标准的发展,如坚固性测试标准非常重要,能够转换成 IEC 标准;
- 制定阻止核与放射性材料的非法贸易方面的标准,这对各成员国非常有益;
- 要注意到随着全球核能的复苏,特种核材料的核保障成为了最重要的任务,IEC/TC45 要特别关注应对这种挑战;
- 有些国家正在建设一些新的反应堆(如高温气冷堆、Pebble Bed Modular Reactor 以及其他功率更高或更低的反应堆),要注意为这些堆型的仪控系统和辐射监测系统制定适当的标准;
- 要认识到 IEC 标准全球的专家使用,要保证不仅由有限的专家组来制定。

2.1.4 国际原子能机构

国际原子能机构(International Atomic Energy Agency,IAEA)成立于 1957 年 10 月,是一个同联合国建立关系,并由世界各国政府在原子能领域进行科学技术合作的机构。总部设在奥地利维也纳。组织机构包括大会、理事会和秘书处。目前国际原子能机构共有 154 个成员国。中国于 1984 年 1 月成为 IAEA 的正式成员国。

IAEA 的宗旨是加速扩大原子能对全世界和平、健康和繁荣的贡献,并确保由机构本身、或经机构请求、或在其监督管制下提供的援助不用于推进任何军事目的。它始建时有一个简单的信条就是“让原子能为和平服务”。这意味着核技术应该安全地用于能源生产、健康、农业和水资源保护等为人类服务的和平目的。

IAEA 的一项重要职责是制定有关电离辐射防护的安全标准,为核动力堆、研究堆、核燃料循环活动及设施、辐射防护、放射性废物管理以及放射性物质运输的安全提供全面的指导。IAEA 目前已经发布了 111 项安全标准。IAEA 的安全标准分为安全基本法则(Safety Fundamentals)、安全要求(Safety Requirement)和安全导则(Safety Guides)三个层次,涉及核安全(NS)、辐射安全(RS)、运输安全(TS)、废物安全(WS)、一般安全(GS)以及上述 4 个领域中的两个或两个以上领域的安全等方面。

安全基本法则(F):提出防护和安全的目标、概念和原则,并为安全要求提供依据。

安全要求(R):制定为确保不仅现在而且在将来对人类和环境的保护必须满足的要求。这些要求用“必须”来表述,并受“安全基本法则”中提出的目标、概念和原则所规范,即如果不能满足这些要求,则必须采取措施以达到或恢复所要求的安全水平。“安全要求”出版物采用规章性语言,以便能将其纳入国家法律和条例。

安全导则(G):提供有关如何遵守安全要求的建议和指导。“安全导则”中的建议用“应当”来表述,意指需要采取所建议的措施或等效的替代措施。“安全导则”提出国际上的良好实践，并且日益反映最佳实践，以帮助用户努力实现高水平安全，每一“安全要求”出版物均辅以若干“安全导则”，在制定国家监管性导则时可以使用这些安全导则。

虽然 IAEA 安全标准是推荐性的标准，但实际上它已经被许多国家的审管机构采纳而成为国家法规，我国的核安全法规导则就是参照 IAEA 的安全标准建立起来的。

在 IAEA 2006—2012 年的中期发展战略中，提出的目标是要使 IAEA 的安全标准得到全球认可。该目标通过以下一些措施来实现：

- 为核电站的长期运行提供安全评价指导；
- 以 IAEA 安全标准为依据，支持对研究堆和核燃料循环设施的设计、建造和运行进行评审；
- 努力为创新和先进型反应堆的设计制定和实施安全准则；
- 支持使用国际核运输条例和运输安全评价规定；
- 与其他国际组织和专业机构合作制定指导方针，指导医疗实践中相关的受照人员使用 IAEA 安全标准；
- 为放射性废物管理、安全寿命周期管理和核设施（包括研究堆）退役以及保护公众和环境不受电离辐射（来自放射性核素，环境中排放或存在的包括天然放射性物质）影响等，制定与安全标准相一致的方法；
- 促进全球职业辐射防护标准的一致性和最优化。

2.1.5　ISO、IEC、IAEA 三者之间的关系

IEC 与 ISO 的共同之处：① 它们使用共同的技术工作导则，遵循共同的工作程序。② 在信息技术方面，ISO 与 IEC 成立了联合技术委员会（JTC1），负责制定信息技术领域中的国际标准。该委员会下设 20 多个分委员会，其制定的最有名的开放系统互联（OSI）标准，成为各计算机网络之间进行接口的权威技术，为信息技术的发展奠定了基础。③ IEC 与 ISO 使用共同的情报中心，为各国及国际组织提供标准化信息服务，它们相互之间的关系越来越密切。

IEC 与 ISO 最大的区别是工作模式的不同。ISO 的工作模式是分散型的，技术工作主要由各国承担的技术委员会秘书处管理，ISO 中央秘书处负责协商，只有到了国际标准草案（DIS）阶段 ISO 才予以介入。而 IEC 采取集中管理模式，即所有的文件从一开始就由 IEC 中央办公室负责管理。

ISO/TC85、IEC/TC45 的国际标准都遵守 IAEA 安全标准，三者在标准制定领域保持密切联系。

2.2　美国标准化现状及发展趋势

美国是世界上标准化工作发展最早的国家之一，早在 19 世纪就建立了一些民间标准化组织，如 1880 年成立了美国机械工程师协会（ASME），1898 年成立了美国试验与材料协会（ASTM）等。这些组织经过 100 多年的发展、壮大和完善，现在均已成为世界上最具影响的标准化机构和专业标准化团体之一，由他们制定的自愿性标准在世界范围内得到广泛应用。

在ITER前期设计中大量引用了美国制定的标准，比如核部件建造引用了ASME第Ⅲ卷，焊接引用了ASME第Ⅸ卷，无损检验引用了ASME第Ⅴ卷，工艺管道引用了ASME B31.3，材料及其分析检测则大量引用了ASTM的标准等。

2.2.1 美国标准体系

美国的标准体系以私营领域为主导，美国联邦政府充当着积极的参与者及合作伙伴的角色。美国联邦立法巩固了自愿性的标准体系，由此形成了灵活、适应性强大的体系结构。实践证明，自愿性标准体系符合美国的国情，具有很强的生命力，通过消除垄断、鼓励竞争，提高了科技竞争力，为美国的经济发展起到了积极促进作用。

2.2.1.1 私营领域为主的自愿性标准体系

美国采用自愿性标准体系，标准本身不具有强制性。美国的标准基本上划分为国家标准、团体标准和企业标准三个类型；标准文件的形式包括标准、技术手册、补遗和公告等。近年来又出现了协议标准和事实标准等新模式，充分体现了标准应尽快反映技术进步和市场需求的原则。同时美国的专业团体学会和协会在标准化工作中也发挥了主导作用。

参与美国国家标准制订的机构和团体可归纳为三类：

1）美国国家标准学会（ANSI），起着国家标准化工作协调中心的作用；

2）联邦政府机构的标准化机构，负责制定各自管辖范围的政府标准及有关工作；

3）民间标准化团体，负责制定本专业领域的标准。

美国国家标准主要是通过“认证＋推荐性标准”的方式建立的。ANSI作为一个资格认可机构对标准制定组织（SDO）所制定的标准或相关的产品进行认证。也就是说，美国各标准团体所制定的标准一旦要被批准成为美国国家标准，必须通过ANSI的认证。

2.2.1.2 美国政府的作用

美国政府在美国标准体系中不处于主导地位，但其作用至关重要。美国政府在制定国家技术法规体系时，一方面，在必须集中国家力量的重大领域制定技术法规（强制性标准）；另一方面，在立法中采用自愿性标准，使之具有强制执行力。在实施政府采购时，美国政府则利用合同引用来确立其采购标准的地位。美国标准技术研究院（NIST）作为美国政府中唯一的标准化官方机构，集中体现了政府对美国标准化进程提供的巨大技术支持。

2.2.2 美国标准战略

美国标准战略是由美国标准体系的各方共同制定的，体现了各方的均衡利益，也代表了美国国家利益。其要旨是：以企业协会为主体，以产业界自律、自治为特征，以自愿加入、自由竞争为其运作形式。政府一般不干预技术标准的制定，也不强制技术标准的执行，仅仅对在竞争中脱颖而出的民间协会和企业标准进行扶持，帮助其推广并推向国际市场。但对需要进行干预的领域，则坚决控制。

虽然ANSI在美国国内标准领域具有垄断性地位，但从法律上说，它并非美国国内唯一的标准制定者。事实上，在不少细分领域，其他企业和行业协会、甚至几个企业自发结成的联盟，也制定自己的标准。有些情况下，会形成多个标准在市场上共同竞争的局面。

政府干预的重点仅仅限于强制性标准，主要是关系到重大公众利益和公共资源的领域。具体可分为两类：一类像联邦通信委员会（FCC）执行的和无线电频谱管理有关的一些标准。

例如控制电子产品无线电泄漏能级的EMC认证标准。类似的强制标准还有环境保障署(EPA)执行的和环境保护有关的一些强制性标准,如汽车废气排放的34SULEV和ULEV标准等。这类标准的特征是:它们涉及对公共资源(如无线电频谱、大气)的占用。由于公共资源属于国家财产,因此,国家强制性发布和执行相应标准,是天经地义的。

另一类则是和生产安全和公众健康有关的标准。例如联邦药品和食品监督署(FDA)执行的新药上市标准。这类标准强制执行的理由是:违反有关标准造成的潜在危害难以挽回。如药品安全标准,违反的后果,可能是使用者丧失生命。由于生命的无价特性,不能任由企业自愿执行标准,必须由国家强制执行。

当不涉及危害公共利益或造成不可挽回的个体损失时,美国政府一般无权强制执行标准。但可以在实施政府采购时,和采购指南结合,提出指导性的技术标准。这种情况下政府就是用户,它当然完全有权提出采购标准。由于很多新技术、新发明和新产品,其诞生之初,唯一用户就是政府。政府采购时提出的指导性技术标准,企业界往往不得不接受,没有商量余地。

2000年8月,ANSI批准并发布《美国国家标准战略》(NSS),这是美国标准化进程中的第一个宣言性的纲领性文件。NSS由产业界、政府、贸易和专业协会以及消费者组织历时两年多时间共同制定完成,它为所有领域实现可靠的、市场驱动的标准提供了指南,并为美国标准化领域的一切活动制定了一个战略框架。

《美国国家标准战略》意在指导所有领域,以实现可信的、市场驱动的标准。它强调:无论在国内还是国外,美国将继续执行其“自愿标准化”的战略。它提供了一些关键原则,用于指导开发出符合社会需要和市场需求的标准,并对怎样在国内和国际上贯彻这些关键原则,提出了战略思路。这些原则包括:一致同意、开放性、平衡性、透明性、程序性、灵活性、及时性、一致性等。

一致同意原则:任何决定,都要建立在所有利益各方一致同意的基础上。

开放性原则:制定的过程应该向所有可能受到影响的利益主体开放,自愿加入。

平衡性原则:在相互竞争的利益各方之间要保持必要的平衡。

透明性原则:制定程序必须透明,有关信息必须直接可取得。

程序性原则:制定的程序必须保障所有有关意见都得到考虑,并且允许上诉。

灵活性原则:制定过程应有一定的灵活性,允许根据特殊的技术、产品和领域的需求,采取不同的方法论。

及时性原则:相关的行政管理措施必须服务于标准制定过程,不得因为行政管理的低效率而延误制定过程。

一致性原则:不同的标准化活动之间应当一致,不能重叠或互相冲突。

在国际合作方面,该战略强调把美国的“产业界自愿同意”的标准哲学,推广到全世界,改写世界建立标准的原则,并试图建立全球统一标准。到该报告发布时,美国国家标准学会已经成功地劝服了国际电信联盟(ITU)和北约组织(NATO)采纳“产业界自愿同意”原则,重新修订了其标准。美国目前拥有世界上最强大的民族产业,其他国家的产业界,在同美国产业界的完全“自愿”谈判中,是很难占上风的。可见,把“产业自愿原则”推向全球明显是有利于美国产业界的。具体来说,该报告设定了下述雄心勃勃的国际战略目标:

1) 在全世界范围内,对任何一种产品、流程或服务项目,只能有一个全球公认的标准和一种全球公认的测试方法，并执行统一的评估程序。

2）政府在管制和采购中，采纳产业界自愿达成一致的标准。

3）上述体系应有一定灵活性，以保障美国的产品和服务得到公平的待遇。

4）对一些技术领域，应当尽量通过 ISO 和 IEC 来实现全球标准的统一（二者均为美国国家标准学会对其有核心影响的组织）。其他技术领域可由其他标准组织来从事统一工作，美国将对所有国际标准化工作予以持续有效的支持。

5）应充分利用现代电子技术手段，再造标准制定和发布的过程。因为这将可能在加快工作进度的同时压缩成本，并使标准化的成果更方便、快捷地为人们所用。

在国内方面，该报告除重复“自愿一致”原则下的政府、企业界和社会各界的协商机制外，特别强调要增强美国国家标准学会的协调能力，以减少标准制定中的重复和重叠现象，并实现国内和国际标准的一致化。

2004 年，ANSI 对 NSS 进行修订；2005 年 12 月正式发布修订版，名称改为《美国标准战略》（USSS）。名字的变化体现全球化和对标准的需要，从满足利益相关者的需要出发制定标准而不受国家边界的影响。USSS 是美国标准体系内部各方合作和协调一致的产物，反映了美国利用其综合实力和标准体系的优势，大力推进美国标准的国际化，抢占全球市场的野心。

USSS 进一步强化了 NSS 中公开、透明、自愿一致等基本原则，同时在一些领域进行了侧重。在战略原则中，USSS 特别添加了“技术援助”原则，向发展中国家提供制定和应用标准上的援助。对于 12 项具体策略的描述，也有一些调整：

1）在自愿性标准制定过程中，进一步强化美国政府的参与；

2）致力于环境、健康和安全标准的开发；

3）改进标准系统对消费者意见和需要的反应机制；

4）积极为国际公认标准制定原则；

5）进一步鼓励政府利用自愿性标准，以满足管理需要；

6）致力于防止标准和标准应用成为对美国产品及服务的技术贸易壁垒；

7）加强国际扩大项目，进一步推广市场驱动、自愿一致的标准化进程；

8）继续改进高效的标准开发工具；

9）进一步促进美国标准体系内部的合作和一致性；

10）确立在美国私立、公立及学术部门中高度有效的标准教育；

11）提出为美国标准化体系维持稳定的投资模式；

12）致力于对标准的需要，以支持新出现的国家优先权。

USSS 为美国相关的利益团体提供一个框架性（原则性）文件，以促进全球贸易，提高消费者的健康和安全，不但满足美国国内利益相关方的需要，而且在地区和世界范围内传播美国的价值观。

2.2.3 标准制定机构和团体

美国标准制定机构与团体很多，与我们核工业密切相关的主要有美国国家标准学会（ANSI）、美国核管会（NRC）、美国能源部（DOE）、美国机械工程师协会（ASME）、美国材料与试验协会（ASTM）、美国核学会（ANS）、美国电气电子工程师学会（IEEE）等标准化组织。

另外,美国国家标准技术研究院(NIST)也在美国标准化工作中发挥着重要作用。因此,下面对这几个标准化组织作一个简单介绍。

2.2.3.1　美国国家标准学会

美国国家标准学会(ANSI)建立于 1918 年,是美国技术标准最重要的管理者和协调者,也是美国在世界标准组织(如 ISO 和 IEC)唯一正式代表。但是,这个地位不是由政府指定的,它制定的技术标准也不是由任何国家力量强制执行的。它是一个民间性质的非营利团体。ANSI 的地位和权威,完全是以商业运作的方式,一步一步建立起来的。

ANSI 虽然并非美国国内唯一的标准制定者,但是在美国国内标准领域具有垄断性的地位,各界标准化活动都围绕着它进行。ANSI 使政府有关系统和民间系统相互配合,起到了联邦政府和民间标准化系统之间的桥梁作用。ANSI 协调并指导美国全国标准化活动,给标准制定、研究和使用单位以帮助,提供国内外标准化情报;它又起着行政管理机关的作用。虽然 ANSI 在美国国内标准领域具有垄断性地位,但在不少分领域,其他企业和行业协会、甚至几个企业自发结成的联盟,也制定自己的标准。有些情况下,会形成多个标准在市场上共同竞争的局面。

ANSI 经联邦政府授权,作为美国自愿性国家标准体系的协调中心,其主要职能有:① 协调国内各机构、团体的标准化活动;② 审批美国国家标准;③ 代表美国参加国际标准化活动;④ 提供标准信息咨询服务;⑤ 与政府机构进行合作。

2.2.3.2　美国国家标准技术研究院

1901 年,美国就在国家层面上成立了美国标准局(现在的美国国家标准技术研究院,NIST)。NIST 是美国商务部领导下的计量、工程技术和基础科学的综合性研究机构,是专门从事标准和标准相关技术研究的非管理性的美国联邦机构,在美国科技界占有重要地位。NIST 的主要任务是:研究、保存和维护国家计量基准和标准,提供计量测试方法和手段;进行物理常数和材料特性的精密测量,研究材料结构、材料试验和设备的试验方法;与其他政府机构和民间组织合作制定各种标准及规程;向政府提供科技咨询服务和有关特殊设备,承担政府交给的研究任务。

根据 1995 年的《联邦技术转移促进法》,NIST 承担起和产业界合作的职能,促进技术、测量方法和标准的应用。NIST 是目前联邦政府中,唯一一个肩负着向产业界推广技术标准的政府职能部门。当然,NIST 没有强制执行能力,其协助开发和推广的技术标准,严格限于"产业界自愿采纳的标准"。该院的扶持原则是:在相互竞争的技术标准中,优先扶持美国标准的研究和开发。如果相互竞争的都是美国标准,原则上,该院可依据自己的判断,决定扶持推广其中任何一个。但实际上,为了避免不必要的政治麻烦,往往是都予以支持。

因此,NIST 虽然不批准美国国家标准,但它是美国标准化活动的强大技术后盾,对美国的标准化工作起着重要作用。

2.2.3.3　美国核管会

美国核管会(NRC)成立于 1974 年,负责管理美国国家范围内民用的特种核材料、源材料和副产品材料,以充分确保公众的健康和安全,促进共同防务和安保及保护环境。

NRC 成立后,进一步完善了民用核设施安全法规体系。NRC 首先制定了联邦法规的第 10 章——能源,即 10CFR。它所规定的全部内容,包括为和平利用原子能的通用的和特殊的原则要求与准则,也都具有法律效力,每个与核能事业有关的单位和商业公司都必须遵

守。这些法规至少每年要修订一次,定期公布。其中与核电厂设计建造关系最为密切的是:

10CFR20 放射性防护;

10CFR50 生产及应用设施的执照发放;

10CFR52 核电厂早期场址许可、标准设计确认及联合许可证;

10CFR55 运行者执照;

10CFR70 特殊核材料;

10CFR71 放射性材料运输与包装;

10CFR100 反应堆选址准则。

为了使核电厂许可证申请者满足 10CFR 的要求,NRC 颁布了一系列管理导则(RG)(美国核法规的第 3 层次),它们是 RG1. ××动力堆、RG2. ××研究试验堆、RG3. ××核燃料和材料设施、RG4. ××环境和选址、RG5. ××核材料和设施的保护、RG6. ××放射源、RG7. ××运输、RG8. ××职业保健、RG9. ××反托拉斯审评、RG10. ××总则。这些管理导则阐述了采用何种方法可以满足法规要求,因此管理导则对上层法规也是一种支撑。有些管理导则的内容十分详细,几乎与标准没有区别。在每个管理导则中都有如下说明,不同于管理导则的方法和决定是可接受的,条件是这些方法和决定可给 NRC 发放或延长许可证提供作出必要结论的依据。

美国核管会在其管理过程中自己会制定一些标准,也引用美国标准制定组织(SDO)发布的标准。其中 NRC 自己制定的标准是以 NRC 文件的形式发布。

NRC 正式出版的文件分为管理导则(RG)和 NUREG 系列出版物两种,其中 NUREG 系列出版物又细分为 NUREG-××××、NUREG/CR-××××和 NUREG/CP-××××三种。NRC 正式出版的文件构成示意图如图 2-1 所示。

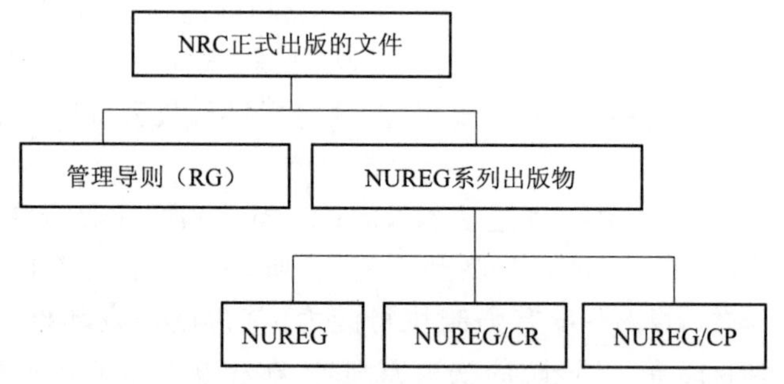

图 2-1 NRC 正式出版的文件

(1) 管理导则

管理导则(RG)中给出了 NRC 用于实施 NRC 规章具体内容的方法,叙述了工作人员在评估具体问题中使用的技术,并为申请方、许可证持有者或证书持有者提供指南。当执行 NRC 要求需要详细的导则时,就会编制管理导则,但是这些导则不是法规的代替品,因此,不需要按它们来做。

(2) NUREG 系列出版物

NUREG 系列出版物中包含下述类型的信息:

- 管理决定的支撑;

- 许可证申请行动的初步研究结果；
- 一般的管理或技术分析结果；
- 工作人员、工业和公众利益的管理的、计划性的或行政上的分析；
- 核工业普遍关心问题的决议；
- 具体主题的团队报告；
- 会议和研讨会的汇编。

尽管 NRC 可以在 NUREG 系列出版物中建议一系列的行动，但这些建议在法律上不具有约束力，管理机构可以使用满足管理要求的其他方案。具有法律约束力的管理要求仅在法律、NRC 规章、许可证(包括技术规格)或命令中进行规定。

每个 NRC 出版物通过唯一的字母和数字混编代号进行标识，例如 NUREG-1555 或 NUREG/CR-1666。字母代号“NUREG”，代表该出版物是 NRC 的出版物；字母代号后紧跟四位数字，或者紧跟两个字母(用于进一步确定报告的类型)和四位数字，构成完整的代号。

NUREG 系列出版物包括以下三种代号：

1) NUREG-××××，代表 NRC 工作人员编制的报告；

2) NUREG/CR-××××，代表承包商为 NRC 编制的报告；

3) NUREG/CP-××××，代表会议资料汇编，这些汇编可以由工作人员或 NRC 承包商编制。

2.2.3.4　美国能源部

美国能源部(DOE)成立于 1977 年，是美国最重要的联邦政府机构之一，主要负责美国核能研发和核安全工作、联邦政府能源政策制定、能源行业管理、能源相关技术研发、环保能源的生产和利用以及核武器研制、生产和维护等，其出台的任何政策和计划都备受关注。美国能源部工作重点一直随着国内外形势的变化而不断调整。20 世纪 70 年代末，其工作重心是能源开发和制定相关法律法规；到 80 年代，转为核武器的研发和生产；冷战结束后，转到了核武器的管理、防止核扩散、核设施环境的清理、能源效率与节能、能源可靠供应与运输等方面。

DOE 为配合其各项工作的开展，制定和发布了大量的行政指令，包括政策、法规、命令、通知、细则、手册等，每年还要修订部分指令。DOE 各下属办公室也会在能源部部门行政指令的框架下，制定各种标准的详细工作文件，如 DOE-STD-6003-96《磁约束核聚变设施的安全：指南》、DOE-STD-6002-96《磁约束核聚变设施的安全：要求》、DOE-HDBK 1129-2007《氚处理和安全贮存手册》等。此外，DOE 和 NRC 一样大量引用美国的标准制定团体(SDO)所制定的标准。DOE 制定以及引用的总标准目录参见 DOE-TSL-1-2007《DOE 技术标准目录》。

2.2.3.5　美国机械工程师协会

美国机械工程师协会(ASME)成立于 1880 年，是一家非营利性专业组织，它在世界各地建有分部，是一个有很大权威和影响的国际性学术组织。ASME 主要从事发展机械工程及其有关领域的科学技术，鼓励基础研究，促进学术交流，发展与其他工程学、协会的合作，开展标准化活动，制定机械规范和标准。目前，ASME 大约拥有 125 000 个成员，管理着全世界最大的技术出版署，主持每年 30 个技术会议，200 个专业发展课程，并制定了 500 项左右的工业和制造业领域的规范和标准，这些标准在全球90多个国家被采用。此外，ASME是ANSI的5个发起单位之一。ANSI的机械类标准，主要由它协助提出，并代表美国国家标准委员会技术顾问小组参加ISO的活动。

ASME与核能有关的标准主要有ASME锅炉与压力容器规范（ASME BPVC）、核电厂运行与维修（ASME OM）、核空气与气体处理系统（ASME AG-1）、核设备鉴定（ASME QME）、核设施质量保证要求（NQA）、核电厂概率风险评价应用标准（RA-S）、核用桥吊（ASME NOG）等。

ASME锅炉与压力容器规范是一部自成体系的标准，其总目录如下：

1）第Ⅰ卷 动力锅炉建造规则；

2）第Ⅱ卷 材料；

3）第Ⅲ卷 核设施部件建造规则；

4）第Ⅳ卷 采暖锅炉；

5）第Ⅴ卷 无损检测；

6）第Ⅵ卷 采暖锅炉维护和运行推荐规则；

7）第Ⅶ卷 动力锅炉维护推荐导则；

8）第Ⅷ卷 压力容器建造规则；

9）第Ⅸ卷 焊接和钎焊评定标准；

10）第Ⅹ卷 玻璃纤维增强塑料压力容器；

11）第Ⅺ卷 核动力装置设备在役检查规程；

12）第Ⅻ卷 运输罐建造和延续使用规则。

目前，第三代核电AP1000，主要按ASME核电规范与标准进行设计、制造、检测和建造。ITER装置的设计和建造中也参考大量的ASME规范和标准。

2.2.3.6 美国材料与试验协会

美国材料与试验协会（ASTM）成立于1898年6月16日，总部设在费城。ASTM在美国国内外设有许多分会，并在100多个国家拥有超过3万名的会员。ASTM从20世纪70年代起开始制定关于产品、系统和服务等领域的试验方法标准，目前ASTM大约有12 000个标准，其中近6 000个标准是试验方法标准。因其对试验方法以及统计方面的权威性，ASTM在全球标准化界占据了独特的地位。

经ANSI批准作为美国国家标准的ASTM标准约占ANSI标准总数的40%。虽然ASTM标准是非官方学术团体制定的标准，但由于其质量高，适应性好，从而赢得了美国工业界的广泛信赖，不仅被美国各工业界纷纷采用，而且被美国国防部（DOD）、美国能源部（DOE）、美国核管会（NRC）和其他联邦政府各部门机构采用。据统计，目前有2 500多种现行ASTM标准被美国国防部采用和认同。

ASTM标准现分为16册，各册所包含的卷数不同，标准分卷管理，共有76卷。与核能直接相关的标准主要集中在第十二册：核能、太阳能和地热能（共2卷）。通用的金属材料试验方法及分析程序、通用测试方法和仪器仪表等则集中在其他册里。

ASTM的技术委员会分七大类，共130多个。技术委员会下设分委员会，共设有两千多个分委员会。分委员会是ASTM标准制定系统的基本单位。分委员会根据标准的制定/修订情况，设定若干任务工作组，由工作组负责起草标准草案。技术委员会大多是由分委员会的成员组成,分委员会是由技术委员会活动范围中对某个具体领域感兴趣的 ASTM 会员组成,而工作组是由技术委员会的成员及在某技术领域有兴趣或专长的非 ASTM 成员组成。

ASTM 的众多技术委员会中与核行业直接相关的技术委员会有两个:

(1) 核燃料循环委员会(C26)

C26 委员会主要围绕核燃料循环材料、产品和工艺制定各种标准。截至 2009 年,C26 委员会下设 14 个分委员会,已经制定了 160 多项标准:

1) C26.01 编辑和术语;

2) C26.02 燃料和可转换材料规范;

3) C26.03 中子吸收材料规范;

4) C26.05 分析测试方法;

5) C26.06 统计应用;

6) C26.07 核废物;

7) C26.08 质量保证、统计应用和标准样品;

8) C26.09 核加工;

9) C26.10 无损分析;

10) C26.12 核保障应用;

11) C26.13 乏燃料和高放废物;

12) C26.14 遥控系统;

13) C26.90 行政执行;

14) C26.91 远景规划。

(2) 核技术与应用委员会(E10)

E10 委员会主要负责开发、维护与利用核技术有关的标准。E10 委员会的活动涵盖了几乎所有的民用核技术(有关核燃料循环的除外,C26 负责核燃料循环)。截至 2009 年,E10 委员会下设 12 个分委员会,已经制定了超过 105 项标准:

1) E10.01 辐射加工:剂量测量和应用;

2) E10.02 核结构材料的性能和使用;

3) E10.03 核设施及部件去污和退役的辐射防护;

4) E10.05 核辐射计量;

5) E10.07 材料和装置辐射效应的辐射剂量;

6) E10.08 中子辐照损伤模拟程序;

7) E10.90 行政执行;

8) E10.92 荣誉和奖励;

9) E10.93 编辑;

10) E10.94 会员;

11) E10.95 远景规划和国际活动;

12) E10.96 标准宣传。

2.2.3.7 美国核学会

美国核学会(ANS)成立于 1954 年,是非营利性的国际性、科学性、工程和教育组织。

目前 ANS 有 11 000 名会员，包括工程师、科学家、管理者和教育家，分别来自 1 600 多个公司、教育组织和政府机构。ANS 是 ANSI 认可的标准组织，负责核领域的标准制定工作，具体负责的技术领域如下：

1）核临界安全；

2）核领域使用的技术术语定义；

3）使用放射性同位素的设备和放射性物质的远程处理；

4）反应堆和危险设备研究；

5）反应堆物理学和放射性屏蔽；

6）核领域计算机程序的使用；

7）核设备的位置要求；

8）核电厂工厂设计，包括安全要求和工厂系统准则；

9）反应堆操作和操作者培训和选择；

10）燃料设计、处理和储存；

11）放射性废物管理；

12）裂变产品性能。

ANS 标准同其他标准组织制定的标准一样，是规定设备的设计、制造、操作要求的文件，也制定计算机固件和软件标准。所有的 ANS 标准都通过 ANSI 程序制定，都得到 ANSI 的批准，作为美国国家标准出版。目前，ANS 有 90 多个现行的美国国家标准。一些美国核管会的 RG 文件、联邦条例规范中都参照了 ANS 标准。

2.2.3.8 美国电气电子工程师学会

美国电气电子工程师学会(IEEE)是一个建立于 1963 年 1 月 1 日的国际性电子技术与信息科学工程师协会，亦是世界上最大的专业技术组织之一，已拥有来自 175 个国家的 36 万会员。IEEE 定位于“科学和教育，并直接面向电子电气工程、通信、计算机工程、计算机科学理论和原理研究的组织，以及相关工程分支的艺术和科学”。

目前，IEEE 编制了全世界电子和电气、计算机科学领域 30%的文献；另外，IEEE 还制定了超过 900 个现行工业标准，主要领域涉及电能、能源、生物技术和保健、信息技术、信息安全、通信、运输、航天技术和纳米技术。

IEEE 在核领域也发布了一系列的标准，如 IEEE 323《核电站 1E 级设备的质量鉴定》、IEEE 383《核电站用 1E 级电缆、现场接头和连接件型式试验》、IEEE 467《核电厂安全级仪表和电气设备设计和制造的质量保证大纲》等。

2.3 法国标准化现状及发展趋势

2.3.1 法国标准体系

法国的标准化机构经过多次改革，最后采取了官助民办、政府监督的办法。政府内设有标准化专署，代表政府指导、监督全国标准化工作，具体工作由民间团体——法国标准化协会(Association Francaise de Normalisation，AFNOR)负责。

2.3.1.1　标准的形式

法国标准原来分为四级：正式标准（HOM）、试行标准（EXP）、注册标准（ENR）和标准化参考文献（RE）。1983 年以后，取消四级标准体制，原来的四级标准统称为有效标准。法国除了 300 多个由政府法令规定为强制执行的标准外，其他全是自愿加入的标准，一般私营企业可执行，也可不执行，但如发生纠纷，法院则按有效标准进行裁决。

法国标准代号为 NF＋字母分类号＋组号＋标准序号，如果引用国际或国外标准，直接使用该国际或国外标准号，再在前面加上 NF。法国标准的表示方式：

NF L ×××-×××

NF EN ×××

NF ISO ××××

NF EN ISO ××××

2.3.1.2　标准的制定/修订和国际标准的采用

（1）标准制定/修订程序

法国每三年编制一次标准制定/修订计划，每年调整一次，平均每年制定/修订 1 000 个标准，制定周期一般为一年半左右，大致分为下列六个阶段：

1）确定需求：从两个方面分析新标准在技术和经济上的可行性，即这个标准的制定能否为本部门带来技术和经济“利益”；制定这个标准所需的知识是否够用。

2）技术准备阶段：经标准化专员批准，将制定标准项目列入计划，并委托某人或有资格的组织起草预备性文件。

3）标准草案准备阶段：由生产者、用户（包括消费者）、检验部门、政府机构、标准化协会及有资格人士代表组成一个委员会，审查预备性文件，进行讨论研究，包括做必要的试验，与国外标准对比，与现行标准协调并与国际和欧洲标准化组织进行必要的磋商，经委员会和 AFNOR 初步同意后，标准草案即告完成。

4）草案调查阶段：由标准化协会向各有关组织和个人分发标准草案，征求意见，其中包括欧洲标准化委员会的意见，同时，标准化专员向政府各部门征求意见，经调查和必要的修改后，拟成正式文件。

5）审批阶段：由标准化协会负责上报标准化专员审批，并由标准化协会颁布、出版新标准。

6）后续活动：标准化主管部门对标准在应用过程中的相关性进行定期评估，包括这个标准能否满足新的需求。

法国为加快标准的制定速度，提高法国标准的国际性，确定了积极采用国际标准的政策，积极采用国际标准。法国现制定标准约 20 000 个，采用国际标准约 60%。

（2）法国贯彻执行标准的条例

法国制定了贯彻执行标准的条例，条例规定：各省、市、国家机关和国家资助的企业，在其合同书、条例、说明书及拍卖条款中，必须说明标准，并准确介绍标准的实施方法。

私营企业可自愿采用标准，但如有明文规定应参考某标准时，该标准则为仲裁纠纷的依据，即便没有明文规定，一旦发生争议时，标准仍可作为分清责任界限的参考根据。

实行产品质量标志制度，带标志的产品应符合标志章程中的各项规定。

1941 年 5 月 24 日法令规定：“可宣布某项标准必须无条件的执行”。

有关机构可以把标准作为干涉某件事件的依据。有时，标准中的某些章、节可编入法律、条例。

产品质量标志制度的实行，表明这些产品的制造厂、销售商和装配厂都遵守了所颁布的规则。

(3) 标准化主要程序

AFNOR 在主要标准程序(GPN)的范围中进行技术工作。整个工作由指导计划委员会(COP)协调。

每个程序(除基础标准的 GPN)都由各个相关经济领域的主要决策者组成战略委员会(COS)进行指导。

COS 负责定义优先权，参加寻求资金，在资源和被接受的计划之间进行协调。COS 向标准化政策委员会及远景规划委员会(COP)提交方针，得到确认和(或)仲裁。COS 包括所有相关的参与者：生产者、厂商、终端用户、政府代表、当地权威和公共机构、消费者、社会合作者、环境保护协会。COS 主席任期三年，可以连任一次。秘书由 AFNOR 任命。

主要标准程序包括以下方面：建筑；工作健康和安全；能源电子工程和电子学；工业工程、设备和材料；气体；信息和通信；石油工业；管理和服务；环境；运动、休闲、生活消费品和服务；食品工业；运输和后勤；健康；水——环境和使用。

(4) 标准的批准发布

法国标准由行业标准化局或 AFNOR 设立的技术委员会制定。各行业的标准化局是由标准化专员在征求各方面意见后，经政府有关部门批准而设立的。标准化局是独立的专业性标准化机构，但与 AFNOR 关系密切，一般都不制定自己的专业标准，而是为 AFNOR 起草 NF 草案，然后交由 AFNOR 按照规定程序批准后，作为法国标准发布实施。目前，法国共有 31 个标准化机构(最多时达 39 个)，承担了 AFNOR 50%的标准制定/修订工作，其余 50%则由 AFNOR 直接管理的技术委员会来完成。

AFNOR 现有 1 300 多个技术委员会，近 35 000 名专家参与工作。

2.3.2 法国标准战略

法国标准化战略是在 AFNOR 理事会(由企业代表、贸易/工业协会、公共权力机构、消费者、社会工作者及地方权力机构组成)的赞助支持下起草拟定的，由 COP 做准备工作。COP 特意为此次标准化战略的制定扩大了规模。准备工作包括：作一项全国性的针对企业、地方权力机构及其他相关组织以及大量研究机构的调查；与地方权力机构、技术工作者、消费者、自然保护者及贸易联盟的咨询委员内部讨论；战略委员会内部讨论。

法国标准化战略遵循四条主要线路。

战略路线 1：有助于全球化控制

为响应参与者和市场全球化，第一项战略主旨包括采取行动以保证标准能以最可能的方式体现法国经济参与者对市场监管的期望，并促进在全球展望背景下制定法国标准化政策。

目前，百分之八十的法国新标准与其他 28 个欧洲邻国的标准相同。因此，在许多部门里，有关法国的世界利益的保护包括促进欧洲标准国际化、在世界基础上的直接行动、跟踪国际标准的全球关联性以及标准在全世界的应用等。

然而，根据基础部门的要求，法国参与者必须能够尽快创建一份代表各自观点和利益的国家文件，并在欧洲或直接在国际上以最可能的条件进行磋商。

其要点是：

(1) 符合全球化参与者的期望，加强国家和地区经济基础的联系。

部分行业只关注小部分全球化参与者，这些参与者已将他们的能力重心与国际水平联系起来，而不愿日益增加的委员会成员考虑他们的观点（欧洲标准化委员会成员从 2002 年的 18 个增加到 2005 年的 29 个；欧洲电工技术标准化委员会成员则从同期的 22 个增加到 28 个；国际标准化组织成员从 143 个增加到 155 个；国际电工技术委员会成员从 62 个增加到 65 个）。这一现象并不仅仅适用于大型公司，制造工程师学会和诸如非政府组织的当局也在制定其以世界范围为基础的行动计划。

法国标准化体系必须利用其自有的方法和行动影响欧洲和国际系统，并在继续服务于国家和当地经济基础的同时满足全球化参与者的期望。

(2) 考虑世界范围内工业和服务业新价值链的因素。

在新兴技术或新的组织结构影响下，部门之间的界线正在发生深刻变化。财富创造中服务业的份额正在快速增加，并且商品和服务之间的相互作用的关系变得更加密切。因此，应该定期对标准化组织的范围进行调整，以将这些发展纳入考虑范围，按需求进行协调活动，并针对变化情况（如针对消费者期望的标准、系统方法、数据交换等）确定适合于这些情况的标准化方法。

(3) 促成并获得法国在发展欧洲和国际标准中的地位。

为保证法国参与者行动尽可能有效，要求标准向所有其他国家开放，了解他们的推理方式、希望和决策制定过程。这主要包括在所有经济参与者和政府当局（尤其是法国以外的其他相关政府当局）的代表之间，在不同团体机构中形成更紧密的关系。这些不同团体主要是指欧洲和国际上的专业标准化和法规团体。为缩减成本和增加法国提议的影响力，合作性工作实践，特别是制造工程师学会之间以及法国国内的合作实践也需要得到支持，并组建联盟；最后，所有这些问题都应公诸于众，以保证资源的合理分配。

(4) 鼓励所有国家采用国际标准。

在欧洲由于国家标准的废止以及国家标准被欧洲标准所替代，所用的标准参考的数量大大减少。公司在欧洲市场开展业务的途径也因此而简化，这种情况在世界其他地区并不常见，而创造地区性标准化的主动性并不具有这样的影响力。在这种情况下，在世界范围内有效利用国际标准能简化公司开展其业务的方法。

对国际标准化组织战略的回应：

发展全球一致和多部门关联的国际标准。

战略路线 2：促进可持续发展的实施

可持续发展的目的主要是既满足目前需求又不使后人失去满足其需求的能力。发展的概念与诸如三元兼顾——财务评估、机构的社会和环境绩效等新概念相符。它通过扩展管理范围，尤其是环境和社会方面的问题，进一步发展了生产和消费模式。

受到可持续发展对环境问题贡献的鼓舞，标准化可向公司、国家、地方当局和其他关心三重绩效的人提供方法，以整合三大支柱——经济、环境和社会的可持续发展。

按照开放的传统惯例，标准化可通过召集所有利害关系者并在协商一致的基础上设立标准的方式对可持续发展作出其贡献，因为这些标准能推动相关国家经济的发展。这种对预防性原则的积极、可预料性的反应，将有助于提高解决方案的一致性和合理性。该解决方案的选择可保证市民的物质财富和世界储备。

其要点是：

(1) 有助于加快创新、地方经济发展和提高机构的业绩。

创新型公司必须能把标准化当做一种工具。这种工具可使他们的创新快速建立在市场基础上，同时也能有效保护他们的权利。这就要求在研究机构和标准化机构之间建立积极有效的合作和伙伴关系，以利用标准化加快创新、研发战略和过程的潜力的优势。同时，通过合作可加快知识和技术之间的转换速度，并增强他们在国际上的影响力。

全球化导致新的地方专业化。负责地方经济发展的相关人士期望能够预见到这些变化，保证公司及其股东做好相关准备。参与标准化可帮助提高地方发展战略，如竞争群。同时还可作为经济情报系统的一个信息来源。

对一个组织表现的评价可以从财政领域扩展到社会和环境领域。国际竞争可以使组织有更新的表现，同时也提出了新的管理标准，以及与利害关系者交流质量有关的标准。由于公共权力机构的参与，标准化可以在国家和国际法律框架以及自发行为之间建立起积极的关系，为学习有关知识提供资金，传播好的实践，并逐渐协调评估标准和方法。

(2) 突出产品和服务对环境影响的特点。

由于消费者对环境问题以及各组织对可持续发展的承诺越来越敏感，因此在产品和服务存在的不同阶段(设计、制造、销售、执行、试运行、维修、退回)，产品和服务对环境影响的描述和衡量需要得到完善。

(3) 形成所有利害关系者之间的互惠互利关系。

将所有利害关系者的安全性和可接近性、环保、卫生、资源保护和持久性与关于产品、服务或程序的标准结合考虑，标准化在公共或私营组织的活动中对建立生产者与消费者之间，消费者与供应商之间，以及各利害关系者之间的互惠互利关系作出了贡献。

标准化考虑了消费者协会、环保协会以及贸易联合会的呼声，使他们能对未来的法规施加影响。因此必须找到一种途径，更加便于这些机构的参与。他们需要明确的信息，以便决定其优先权，准备好如何参与。在制定标准时应将所有有关各方考虑在内，必须为那些希望证明其对可持续发展有贡献的利害关系者的参与提供支持机制。

必须与法语国家和新参与的国家开展积极的合作，联合这些合作伙伴在标准化方面的能力，使他们更加熟悉国际标准，了解他们的想法，从而使适用的标准在全世界得到发展。

对国际标准化组织战略的回应：

确保利益相关者的参与；

提高发展中国家的认识和能力。

战略路线 3:提高其他参考文件标准的价值

公司在开展业务时要使用参考文件，在某种程度这些文件有助于制定内部规范、标准和规章制度。对于标准化来说，一个理想的定位必须是提高标准的质量，针对特定问题提供有效的解决办法，同时确保总体上的一致性。

其要点是：

(1) 阐述标准的自发性质及其与规章制度的关系。

针对许多亟待解决的问题，规章制度正在将重点重新放在基本公共政策目标上。在标准化的过程中，监管部门发现由从业者制定的可靠的经过检验的技术解决方案，以及这些解决方案在有关领域有效应用的证据。在欧洲实施的将政府监管的重点放在基本目标上并依靠标准化提供技术解决方案的做法，在实践上证明是有效的，可以在法国推行。

在某些部门，标准化甚至可以被当做一种有效的自我管理的手段。为提供这种协作的有效性和避免重复劳动，必须要在有关各方之间就标准化与监管之间的关系达成一致意见，标准化与规章制度之间必须要形成互动，优先考虑参与这个过程各个阶段的主管部门。

(2) 促进标准化、论坛标准和合作体标准之间的互补性。

目前越来越多的地方在制定技术参考文件，企业都想参与到这个过程中来。在这种情况下，从业者越来越容易看清楚这类论坛显示的风险或商机。他们需要密切关注这些通常活跃在国际社会上的新建机构、俱乐部、论坛和财团的目标和参与者。必须要建立起防止混乱和无序的联络和合作机制，以便通过促使这些参考文件上升标准的方式将有关各方的利益形成互补。

(3) 为标准化过程提供最佳服务。

必须定期对标准化的有效性进行评估，并与其他用于制定规则的机构进行比较。企业和所有相关从业者必须根据自己的资源和需求制定一个有效的过程。必须控制最终期限，以便确保在市场需要的时候及时出台标准。标准草案的各种发展阶段的持续时间必须取决于有关产品或过程以及市场预期。

(4) 提供适用于市场和从业者的解决方案。

标准的使用期限根据所适用产品的有效期或变化特征的不同而不同。从地理分布来看，产品或服务的市场无非是全球性或地方性。所要达到的目标，即竞争优势、决定最低共同核心、符合规章制度的要求都可能有很大的不同。这就是为什么从业者必须要认真实施战略，为什么必须根据不同部门制定关于过程、发展时间和要求的程序，同时不影响法国标准化总体框架确保的总体一致性。

对国际标准化组织战略的回应：

向合作各方公开以便有效地制定国际标准；

促进自发性标准的使用，以此代替技术法规制度或作为对技术法规制度的补充；

制定有效的程序和工具以促进各种标准的出台。

战略路线 4：阐明标准化体系及其产品

由于制定标准的目的是要解决各种类型的问题，因此标准有各种目标。

这种多样性给标准化带来了宝贵的价值，但多样性和广泛使用也带来了复杂性。如果标准为人所知，为人所理解、接受和采用，那么对标准来说就是达到了它的目标。提高标准化过程的透明性和可接近性以及提高标准质量是加强人们对标准化的信心的主要战略方针。

其要点是：

(1) 提高标准的适用性和反馈能力。

希望参加标准化过程的从业者应该能够参加标准化活动，正如在其他论坛，这种简单有效的机制将使他们能够在标准发表后促进标准的应用，由此确保这些标准能够完全实现它们的目标。

不同类别的有关从业者如有必要必须能够开发附加工具以帮助自己实施这些标准。

企业必须要能顺利通报他们实施标准的情况，提交反馈意见，获得他们需要的解释和说明。

必须相隔一定时间采用不同的方法对标准进行修订。

(2) 提高标准的可识别性和清晰性。

由于标准对其使用者具有的特定价值，因此这些标准必须应明确区别于针对特定从业者制定的其他参考文件。这些标准的出处、版面设计和结构都必须据此设计。对于不同类型的使用者来说，其文本都必须易于理解和获得。这种担忧不得导致标准的内容被削弱，标准的准确性和意义不能被降低。必须清楚界定针对不同类型从业者的标准投稿。标准之间的同等性和标准与其他参考文件之间的关系必须清楚，从而有助于发展更多的标准。

(3) 阐明标准制定周期。

初步评估、确定有关各方、撰写标准草案、公开征求意见、审批、发行、应用监督和审查是标准发展过程中的几个主要阶段。

必须提高每个阶段的沟通效率，尤其是在征求公众意见和标准发表方面。任何利益方必须能获得相关信息，根据标准对自己业务的影响和作用，在标准发展过程中的各个阶段为标准化工作作出贡献。必须要建立起一个有效的机制，以便使极小和中小型企业都能参加标准发展和应用过程。

(4) 标准和标准化教育。

除标准的技术内容之外，必须宣传和普及关于标准化过程和标准作用的知识。年轻的专业人士，无论是否从事技术活动都必须要熟悉标准化在经济和社会方面的好处，以及在标准发展和应用管理方面的挑战。

必须强调无论对于企业还是地方政府部门，标准都是加强经济竞争力、争取全球市场和加强政府管理的一个有效手段。

对国际标准化组织战略的回应：

成为公认的符合性评估标准与指南的国际性组织；

提供制定一整套一致、完整标准的有效程序和工具。

2.3.3 法国标准制定机构与团体

2.3.3.1 法国标准化协会

法国标准化协会(AFNOR)作为全国标准化主管机构，在法国工业部监管下，按照政府的指示组织和协调全国标准化工作，与31个行业标准化机构(其中有一个核设备标准化机构BNEN)、部分行政管理部门、1 300多个技术委员会和3万多名专家组成了法国标准化系统。AFNOR是欧洲标准化委员会(CEN，由29个协会组成)和ISO的法方成员，代表法国参加国际和区域性标准化机构的活动。AFNOR的宗旨是保证法国标准化体系在欧洲构架和经济全球化背景下的影响力和竞争力。

AFNOR成立于1926年，是由政府承认和资助的全国性标准化机构，是一个组织制定产品标准、协调各部门标准化工作、官助民办、政府监督的公益性民间团体。1941年5月24

日，法国政府颁布了标准化法，确认 AFNOR 为全国标准化主管机构。AFNOR 接受法国工业部标准化专署的领导，按政府指示开展全国标准化工作，并定期向标准化专员汇报工作。

AFNOR 总部设在首都巴黎，由来自非营利性团体的 34 名成员组成，其注册会员约 6 000 名。AFNOR 的最高领导机构是理事会，负责管理总体事务和批准法国国家标准(NF)。理事会下设国际合作、财政、人事等职能部门，以及发展部和技术事务部两大业务部门。发展部负责国际关系、情报、咨询、培训、出版销售，以及对企业提供服务等项工作。技术事务部负责标准的制定/修订工作和质量认证及法国国家标准标志工作，下设冶金、工业工程、运输、环境保护、信息技术等十多个业务处。

法国的标准体系以国家标准为主体，法国标准除了少数由政府法令规定为强制执行的以外，大多数均为自愿性标准。

在法国，只有 AFNOR 有权发布法国标准。法国标准的制定主要是在 AFNOR 的组织、协调下完成的。法国标准的立项依据基本上是以市场和企业的需求为主导，通常采取三种方式：一是由 AFNOR 广泛收集信息，将市场和企业比较集中的意见统一，立项为标准；二是同一类企业共同发起，对共同关注的课题，向 AFNOR 申报标准立项；三是同一类企业就共同的课题制定本行业的规范或手册，由 AFNOR 规范为标准。

法国为加快标准制定速度，提高法国标准的国际性，确定了积极采用国际标准的政策。AFNOR 是法国进入 CEN 和 ISO 的门户。AFNOR 制定标准的重点是欧洲标准，即直接立项为欧洲标准，因 CEN 在 ISO 中的地位十分突出，故欧洲标准的 85%直接上升为国际标准。法国现行标准大约两万个，其中采用国际标准约占 60%。在承担的 ISO 技术委员会和分技术委员会秘书处中，AFNOR 占有 10.6%，仅排在 ANSI(17.6%)、DIN(17%)和 BSI(13.3%)之后，列第 4 位。

2.3.3.2　法国核岛设备设计和建造规则协会

(1) 组建法国核岛设备设计和建造规则协会(AFCEN)的必要性

法国压水堆核电厂采用的是美国西屋公司的技术，采用的标准是美国的联邦法规、NRC 管理导则、ASME 锅炉与压力容器规范等。在法国核电工程实践中，由于工业技术水平的差异，对新产品、新工艺的认知，法国法规与标准的应用，法国科技成果的应用，法国核电出口的需要等诸多原因，法国不能照搬美国的法规和标准。法国安全当局、法国电力公司(EDF)要求核电的设计和建造应得到很好的鉴定，但鉴定哪些方面，如何鉴定，采用什么验收准则，都没有明确的规定，供方与需方、供方与安全当局之间存在分歧，难以达成协议，需要有共同认可的基础。法国原有的承压设备的法规如 1926 年的压力容器法令，肯定没有也不可能包括关于核承压设备的规定，自然不能满足压水堆核电厂承压设备设计和建造的需要，而需方(EDF)根据电力设施制造和运行的经验，以及欧洲的反核势力的压力，对核电厂的设计、建造、运行提出一些特殊的更严格的要求。在供方，为了制造大型的承压设备必须采取新的得到认可的措施。这一切都在呼唤法国需要有自己的核电技术标准。法国在 1970—1980 年间开展了以建立新规则为目标的若干重要活动。如前所述，1973 年成立了中央核设施安全局(DSIN)，1974 年 2 月 26 日颁布了轻水堆一回路系统的法国政府法令。1976 年 EDF 和 FRAMATOME 在法国工业部长以及法国原子能委员会(CEA)的支持下作出了要编制一系列法国核电标准的决定。

（2）AFCEN 的组织机构

AFCEN 是 1980 年成立的一个民间协会，目前主要成员是 EDF、AREVA、CEA 以及其他新成员。AFCEN 设有理事会，目前主要有三个组织：编写委员会（The Editorial Committee）、培训委员会以及总秘书处。编写委员会负责规范文本的编制、编辑和修改，并与核岛设备的制造厂家保持紧密联系。目前，AFCEN 的编写委员会包括：RCC-C、RCC-E、RCC-M、RCC-MRx、ETC-C、ETC-F、RSE-M 7 个分技术委员会。AFCEN 编写的 RCC 的使用得到法国安全当局的认可。

（3）AFCEN 的宗旨和目标

AFCEN 的宗旨是：依据实践活动来建立严谨的可操作的规范，根据经验反馈、技术进步、法规修改以及安全部门的要求修订、增补和删减规范。

AFCEN 的最终目标是：节省核电工程技术文件的编审时间；在买方、卖方、制造者或供应方之间规定明确的合同基础；容易与核安全当局建立技术上的联系；增进标准化；方便技术转让。

（4）法国核电厂设计建造规则（Rules for Design and Construction，RCC）

RCC 包括七个部分：

RCC-M 压水堆核岛机械设备设计和制造规则；

RCC-E 压水堆核岛电气设备设计和制造规则；

RCC-G 90 万千瓦压水堆核电厂土建的设计和制造规则；

RCC-I 压水堆核电厂防火设计和制造规则；

RCC-C 压水堆核电厂燃料组件设计和制造规则；

RCC-P 90 万千瓦压水堆核电厂系统设计和制造规则；

RCC-MR/MRx 核设施用高温部件和 ITER 真空容器机械设备设计和制造规则。

2.3.4 法国核电法规标准体系

法国有以政府法令发布的核安全法律基础《应用于压水堆的压力系统条例》，由核设施中央安全局（SCSIN）发布的《基本安全规则》（RFS）和由核工业界编写并经 SCSIN 组织审查的工业技术标准《设计与建造规则》（RCC 系列）（如图 2-2 所示）。

2.3.4.1 法国核电法规标准的三个层次

法国的核电起步滞后美国约 10 年，但自 20 世纪 70 年代起集中力量发展单一的压水堆堆型，很快就形成了 CP1、CP2（900 MW）、P4（1 300 MW）、P4′、N4（1 400 MW）五种系列。因此法国的核电标准是单一的和系列化的。

法国于 1973 年成立了核设施安全局（DSIN，2002 年更改为核设施安全与辐射防护总局（DGSNR）），其任务是研究制定和实施核领域的政策，解决出现的相关问题。具体工作包括：编制和实施相应的法规；审批核设施的建造、运行、退役申请；组织对核设施进行核安全监督；组建核事故应急响应组织；向公众通报有关信息及参加国际组织的活动等。法国政府于 1974 年 2 月 26 日颁布了关于轻水堆一回路系统的政府法令（Decree）。这个法令包括核电厂的总体布置，建造（设计、材料选用、制造、安装、检验、试验），启动、运行、维护、在役检查及其他四部分。这种政府法令可以归入核设施安全规定这一类。

下一层次是基本安全规则（所谓 RFS），又称为法国管理法规导则（French Regulatory

Guides)。对各种技术项目，由当时的 DSIN 制定相应的 RFS，即每个 RFS 都对应一个 RCC 标准，如 RFSV. 2. e 规定燃料组件设计和制造可按 RCC-C 标准，RFSV. 2. f 规定核电厂防火可按 RCC-I 标准，同时向申请单位通报相关的合适的技术措施和工艺。但是 RFS 并不具有严格的法律效力，申请者可以选用其他的替代技术和方法，不过必须证明这些措施能够达到 RFS 规定的相同的安全目标。目的是有利于在满足安全规定的前提下鼓励采用先进技术。

第三层是由工业界编写但得到核安全机构审查认可的标准(又称为《设计与建造规则》，RCC)。

2. 3. 4. 2　法国一般工业标准

每个 RCC 标准在使用中都涉及和引用了大量法国一般工业标准，与核能有关的一般工业标准约有几百个，主要为 NF 标准，是由法国标准化协会(AFNOR)制定的。

2. 3. 4. 3　选用国际与国外标准

法国核电还选用了一些国际标准和美国、德国等其他核电先进国家的标准，如 EN、IAEA、ISO、IEC、ANSI、DIN 中的标准等。

2. 3. 4. 4　法国政府对核电标准事业的强有力的领导

我们可以从法国压水堆核电厂的发展进程看出，法国的核电法规标准体系的建立是核电工程发展的产物，是国内核电建设的需要，也是核电出口的需要。1970 年法国决定建造压水堆 Fessenheim 1 号、2 号机组，1974 年确立了建设 34 座 900 MW 标准压水堆核电厂的“合同计划”(contract program)，1975 年又确立了建设 20 座 1 300 MW 标准压水堆核电厂的计划。在 Fessenheim 1 号接近建成(1977)的时候，即 1976 年就开始建造南非的 Koeberg PWR 核电厂。1977 年 EDF 和 FRAMATOME 成立了联合工作组，开始编写 RCC-M 和 RCC-E，分别于 1977 年和 1979 年完成了第一稿和第二稿。1980 年成立 AFCEN。1981 年出版了 RCC-M 的第一版。1981 年开始为韩国建造 Ulchin 1 号、2 号 PWR 核电厂，1982 年确立了 2 座 1 450 MW N4 PWR 核电厂计划，1987 年开始为中国建造大亚湾核电厂，1991 年法国与德国合作开始了欧洲压水堆(EPR)工作。

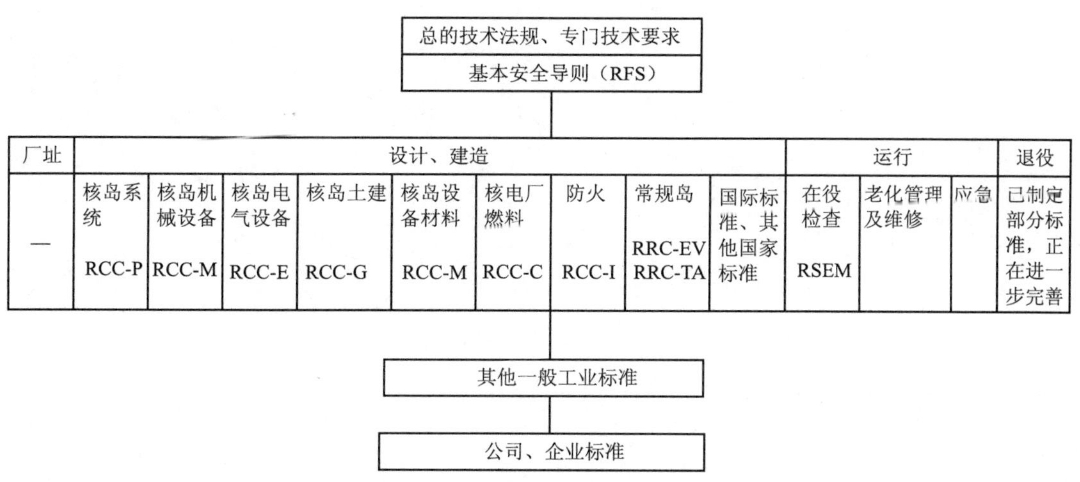

图 2-2　法国核电法规标准体系的大致框架和标准构成

从上面的发展进程还可以看出，法国政府对核电建设和核电法规标准体系建设十分重视。法国政府在1970年决定未来核电厂采用PWR型，并于1971年结束了早先的气冷反应堆计划。政府还明确核电厂的许可手续，并明确FRAMATOME是核电厂核岛的供方，EDF是用户。又于1974年和1975年对核电发展作出了明确的大规模的发展计划。在政府的支持下成立了AFCEN，并明确RCC中的M、E、C、G部分由法国安全部门认可。

参考文献

[1] 浙江省外专局．美国技术标准发展战略考察．专家工作通讯，2005(10).
[2] 王辉．美国国家技术标准战略．全球科技经济瞭望，2003(10).
[3] 旻苏，李景．美国标准体系及战略分析．中国标准化，2006(9).
[4] 王益谊，王金玉．法国标准化战略(2006—2010).世界标准信息，2007(1).
[5] 中国标准化研究院．国内外标准化现状与发展趋势．北京：中国标准出版社，2007.

第 3 章　中国标准化现状与发展趋势

3.1　我国标准化发展的简要历程

下面按年份介绍我国标准化发展的简要历程。

1931 年

中华民国政府“工业标准委员会”成立。

1946 年

中华民国政府发布《标准法》。

1947 年

中华民国“量衡局”与“工业标准委员会”合并，成立“中央标准局”。

1949 年

中华人民共和国中央人民政府“中央技术管理局”成立，下设“标准规格处”。

1953 年

《中华人民共和国药典》出版。

1956 年

开始建立我国标准及其管理体制。

1957 年

“中国国家科学技术委员会标准局”成立，负责全国标准化工作。

建立我国完整的社会主义工业体系的国家标准制度，将标准分为国家标准、部标准、地方标准和工厂标准，按行业成立国家标准审核委员会。

我国参加“国际电工委员会(IEC)”并成为其成员国，派代表以观察员身份出席 IEC 第 22 届年会。

1958 年

《中国标准化》创刊。

1962 年

国务院发布《工农业产品和工程建设技术标准管理办法》，明确规定标准化工作的方针、政策、任务和管理体制，实行统一领导、分级管理。

社会主义国家标准化机构代表会议第七届年会在北京召开。

1963 年

中国国家科学技术委员会颁布国家标准、部标准和企业标准的统一标准代号、编号等规定。

4 月在北京召开第一次全国标准化工作会议，编制和通过 1963—1972 年标准化发展第一个 10 年规划。

文化部批准成立“技术标准出版社”。

1972 年

成立“国家标准计量局”。

1975 年

原国防科学技术委员会召开军工系统的标准化工作会议，拉开了核工业标准化的序幕，在原核工业二院和原北京核仪器厂开始局部标准化工作，包括手套箱、核辐射探测器和核仪器插件(NIM)等的标准化。

1978 年 5 月

成立“国家标准总局”(国务院直属机构)和“中国标准化协会”。

我国重新加入“国际标准化组织(ISO)”并成为其成员国。

1979 年

召开第二次全国标准化工作会议。

7 月国务院批准发布《中华人民共和国标准化管理条例》，规定了我国标准由国家标准、行业标准和企业标准组成的管理体制。

国家标准总局发布《全国专业标准化技术归口单位工作细则》，并开始组建各专业的标准化技术委员会，作为制定/修订和审查国家标准的技术组织，并承担对应 ISO 和 IEC 相应技术委员会的标准化工作。

7—8 月，核工业系统成立“IEC/TC45 中国委员会”(“全国核仪器仪表标准化技术委员会”的前身，对应于国际电工委员会核仪器技术委员会——IEC/TC45)，正式启动核工业国家标准的标准化工作。

1982 年

“国家标准总局”改为“国家标准局”。

发布《采用国际标准管理办法》。

1983 年 7 月

经国家标准局批准，核工业部主持成立全国核仪器仪表标准化技术委员会，并依据原国防科工委 5 月 18 日《(83)综计字第 1023 号》文的批复，组建核工业标准化研究所，全面开展核工业的标准化工作，并制定第一批核仪器方面的 7 项国家标准。

1984 年

国家标准局发布《采用国际标准管理办法》。

国务院、中央军委颁布《军用标准化管理办法》。

国家标准局发布《专业标准管理办法(试行)》。

1985 年

召开第一次全国农业标准化工作会议。

7 月组建“全国核能标准化技术委员会”(对应国际标准化组织核能技术委员会 ISO/TC85)，进一步扩展核工业的标准化领域。

1986 年

“技术标准出版社”改为“中国标准出版社”。

受国家标准局委托，核工业部和 IEC 中国国家委员会于 5 月 14 日至 23 日在北京组织召开了 IEC/TC45(国际电工委员会核仪器技术委员会)第 23 届年会，共有来自 10 个国家的 135 名代表与会(国外代表 83 人)。这是我国举办的第一次国际标准化会议,会议取得圆满成功。

1988 年 7 月

"国家标准局"与"国家计量局"合并组建"国家技术监督局"。

12 月全国人大常委会第五次会议通过《中华人民共和国标准化法》(以下简称《标准化法》,1989 年 4 月 1 日起实施),使我国标准化工作纳入法制轨道。

1990 年

国务院颁布《中华人民共和国标准化法实施条例》。

国家技术监督局发布《国家标准管理办法》、《行业标准管理办法》、《地方标准管理办法》、《企业标准管理办法》和《全国专业标准化技术委员会章程》。

国际电工委员会 IEC 第 54 届大会在北京召开。

1993 年

国家技术监督局发布《采用国际标准和国外先进标准管理办法》。

国家技术监督局发布《采用国际标准产品标志管理办法》,实行采标产品标志制度。

1998 年

在"国家技术监督局"基础上成立"中国国家质量技术监督局"。

中国国家质量技术监督局发布《国家标准化指导性技术文件管理办法》。

1999 年

"中国标准化研究中心"成立。

国际标准化组织 ISO 第 22 届大会在北京召开。

2000 年

中国国家质量技术监督局下发《关于强制性标准实行条文强制的若干规定》。

2001 年

中国加入 WTO。

国务院决定"中国国家质量技术监督局"与"国家出入境检验检疫局"合并组建"中华人民共和国国家质量监督检验检疫总局"(以下简称质检总局);同时成立"中国国家标准化管理委员会"(以下简称国标委),作为国务院授权履行行政管理职能的标准化主管机构,统一管理、监督和综合协调全国的标准化工作。

国家质量监督检验检疫总局发布《采用国际标准管理办法》。

科技部提出实施"人才、专利和技术标准"三大战略。

经国家科技领导小组批准,科技部决定在"十五"期间组织实施国家重大科技专项"重要技术标准研究"。

2002 年

我国全面启动"重要技术标准研究"专项,专门就某一技术领域开展前瞻性标准的研究制定,这也是我国关于"人才、专利和技术标准"国家科技三大战略的重要组成部分,由科技部和质检总局及国标委共同组织实施。

11 月,国际电工委员会 IEC 第 66 届大会在北京召开。

2003 年

"中国标准化研究院"成立。

《国务院办公厅关于进一步做好农业标准化工作的通知》(国办发[2003]97 号)的文件发布。

2004 年

国家标准化管理委员会发布《全国专业标准化技术委员会管理办法》。

2005 年

“重要技术标准研究”专项经过多部门、多单位和数千人 3 年的艰辛努力，已取得重大成果，“中国标准化发展研究丛书”，包括《中国技术标准发展战略研究》、《国家技术标准体系建设研究》、《技术性贸易措施战略与预警工程方案》等部分已通过国家质检总局和国标委的专家验收。

“国家标准制定/修订工作管理信息系统”正式启用，国家标准的计划立项、阶段管理、报批和复审等过程全部实行网上管理。

2008 年

核工业开始核聚变装置的标准化研究。

2009 年

筹建“全国核能标准化技术委员会核聚变分委员会”，以全面促进核聚变装置的标准化工作。

3.2 管理体制

3.2.1 统一领导、分工管理的二级政府体制

根据《标准化法》第五条规定，我国标准化实行“统一领导、分工管理”的二级政府管理体制：

1) 国务院标准化行政主管部门(现为国标委)统一管理全国标准化工作；

2) 国务院有关行政主管部门分工管理本部门、本行业的标准化工作。

3.2.1.1 国家标准的管理体制

《标准化法》第六条规定，“国家标准由国务院标准化行政主管部门制定。”

国家标准大多数由国标委编制计划、组织草拟、统一审批、编号和发布，即国标委直接领导直属的全国专业标准化技术委员会，并委托国务院有关行政主管部门领导非直属的全国专业标准化技术委员会(例如，全国核仪器仪表标准化技术委员会)对国家标准的立项、审批和发布等予以管理。

此外，卫生、农业、环境保护和工程建设等国务院行政主管部门也可通过专业标准化技术委员会单独或参与国家标准的管理(包括制定、审批和发布)：

1) 药品、兽药国家标准分别由国务院卫生主管部门、农业主管部门进行审批、编号和发布；

2) 食品卫生、环境保护国家标准分别由国务院卫生主管部门、环境保护主管部门审批，由国务院标准化行政主管部门编号、发布；

3) 工程建设国家标准由国务院工程建设主管部门审批，由国务院标准化行政主管部门

统一编号(GB或GB/T 50000以上),并与工程建设主管部门联合发布。

国家标准的管理体制见图3-1。

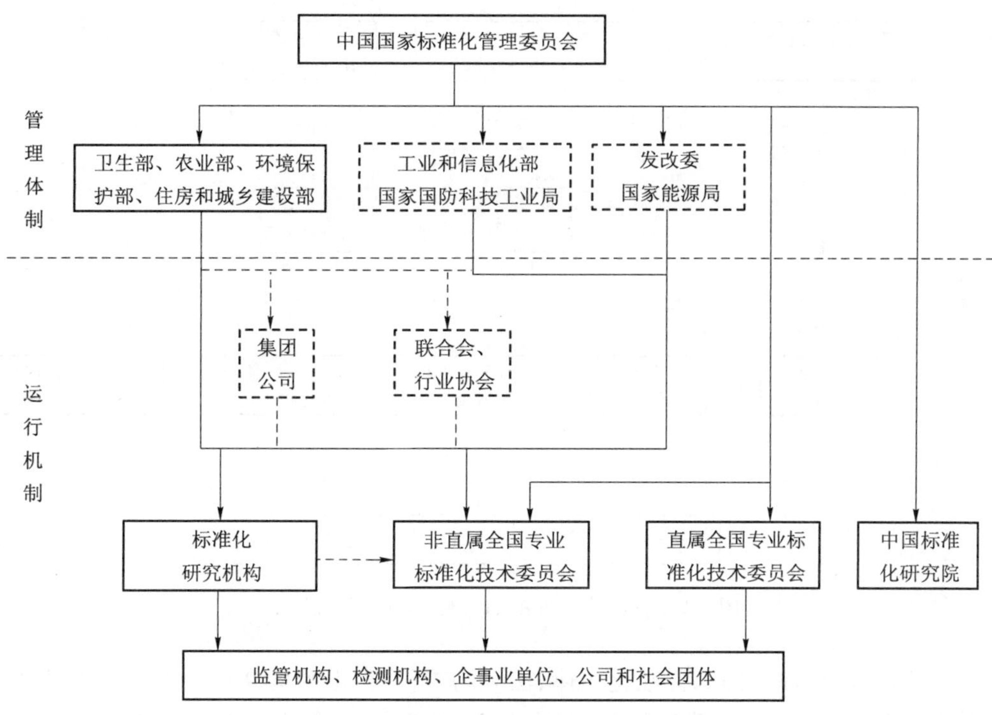

图3-1 我国国家标准管理体制和运行机制

3.2.1.2 行业标准的管理体制

《标准化法》第六条规定,“行业标准由国务院有关行政主管部门制定,并报国务院标准化行政主管部门备案……”

国务院有关行政主管部门通过领导非直属的全国专业标准化技术委员会和领导本部门、本行业的下属机构(例如集团公司、联合会/行业协会)以及行业标准化技术委员会,负责管理本行业领域行业标准的标准化业务(包括立项、审批和发布,并向国标委备案)。另外,国务院有关行政主管部门还是国标委与本部门、本行业下属机构之间的纽带和桥梁。

行业标准的管理体制见图3-2。

3.2.2 管理机构

3.2.2.1 国务院标准化行政主管部门——国标委

国务院标准化行政主管部门现阶段是“中国国家标准化管理委员会”(或“中华人民共和国国家标准化管理局”,简称国标委,英文是Standardization Administration of the People's Republic of China,SAC)。国标委由“中华人民共和国国家质量监督检验检疫总局”领导和管理,由国务院授权统一管理全国的标准化工作。中国国家标准化管理委员会的主要职责是:

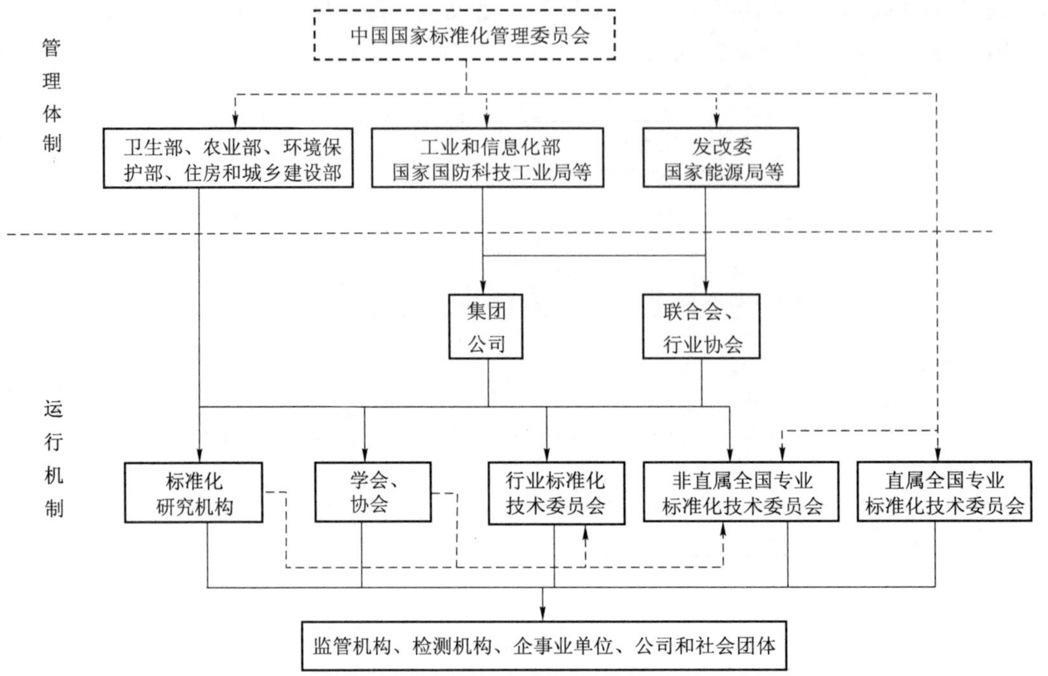

图 3-2　我国行业标准的管理体制和运行机制

（一）参与起草、修订国家标准化法律、法规的工作；拟定和贯彻执行国家标准化工作的方针、政策；拟定全国标准化管理规章，制定相关制度；组织实施标准化法律、法规和规章、制度。

（二）负责制定国家标准化事业发展规划；负责组织、协调和编制国家标准（含国家标准样品）的制定、修订计划。

（三）负责组织国家标准的制定、修订工作，负责国家标准的统一审查、批准、编号和发布。

（四）统一管理制定、修订国家标准的经费和标准研究、标准化专项经费。

（五）管理和指导标准化科技工作及有关的宣传、教育、培训工作。

（六）负责协调和管理全国标准化技术委员会的有关工作。

（七）协调和指导行业、地方标准化工作；负责行业标准和地方标准的备案工作。

（八）代表国家参加国际标准化组织（ISO）、国际电工委员会（IEC）和其他国际或区域性标准化组织，负责组织 ISO、IEC 中国国家委员会的工作；负责管理国内各部门、各地区参与国际或区域性标准化组织活动的工作；负责签订并执行标准化国际合作协议，审批和组织实施标准化国际合作与交流项目；负责参与与标准化业务相关的国际活动的审核工作。

（九）管理全国组织机构代码和商品条码工作。

（十）负责国家标准的宣传、贯彻和推广工作；监督国家标准的贯彻执行情况。

（十一）管理全国标准化信息工作。

（十二）在质检总局统一安排和协调下，做好世界贸易组织技术性贸易壁垒协议

(WTO/TBT 协议)执行中有关标准的通报和咨询工作。

(十三) 承担质检总局交办的其他工作。

3.2.2.2 国务院有关行政主管部门

(1) 现行机构

1) 概述

国务院有关行政主管部门的现行机构根据第十一届全国人民代表大会第一次会议批准的国务院机构改革方案和《国务院关于机构设置的通知》(国发〔2008〕11号)设立,为国务院组成部门。按它们的标准化管理职能可分为两类:

• 卫生部、农业部、环境保护部、住房和城市建设部,它们既管理本专业领域的国家标准、又管理其行业标准的标准化业务;

• 工业和信息化部、国家能源局等,它们主要管理本专业领域的行业标准,但部分机构又受国标委的委托,参与国家标准的标准化业务。

2) 卫生部

卫生部的重要职责之一是制定和实施有关卫生、食品安全、药品、医疗器械的规章、标准和技术规范,其标准包括国家标准和行业标准。

卫生部调整职责的第七条规定,“增加组织制定食品安全标准、药品法典,建立国家基本药物制度的职责。”

卫生部主要职责的(一)、(三)、(十一)和(十三)四条也做了明确规定:

“(一)……制定卫生、食品安全、药品、医疗器械规章,依法制定有关标准和技术规范。”

“(三)……组织制定食品安全标准……”

“(十一)……制定医疗机构医疗服务、技术、医疗质量和采供血机构管理的政策、规范、标准……”

“(十三)……会同有关部门制定卫生专业技术人员资格标准并组织实施。”

3) 农业部

农业部是主管农业与农村经济发展的国务院组成部门,管理有关农业的标准是其重要职责之一。《农业部主要职责》第七条规定“拟定农业各产业技术标准并组织实施……”第八条规定“起草动植物防疫和检疫的法律法规草案,签署政府间协议、协定,制定有关标准……”

农业部制定的标准包括国家标准和行业标准。

4) 环境保护部

环境保护部的基本职责之一是国家标准和行业标准的标准化管理,其主要职责的第一条规定:“负责建立健全环境保护基本制度。拟订并组织实施国家环境保护政策、规划,起草法律法规草案,制定部门规章。组织编制环境功能区划,组织制定各类环境保护标准、基准和技术规范……”

环境保护部的标准化业务具体由其科技标准司(简称科技司)的环境标准管理处(简称标准处)负责,包括“拟订并组织实施国家环境保护标准规划、计划、管理办法;管理环境保护标准拟订工作;承担地方环境保护标准备案工作;指导地方提前实施国家机动车船污染物排放标准的审查、协调工作;归口世贸组织技术贸易措施通报及世界车辆法规协调论坛和国际标准化组织有关专业委员会联系工作,承担国内有关环境标准专业委员会和标准技术支持单位管理、指导和协调工作。”

5）住房和城乡建设部

住房和城乡建设部主要职责的第四条规定了它的标准化职责，即“承担建立科学规范的工程建设标准体系的责任。组织制定工程建设实施阶段的国家标准，制定和发布工程建设全国统一定额和行业标准，拟订建设项目可行性研究评价方法、经济参数、建设标准和工程造价的管理制度，拟订公共服务设施（不含通信设施）建设标准并监督执行，指导监督各类工程建设标准定额的实施和工程造价计价，组织发布工程造价信息。”

6）工业和信息化部

工业和信息化部的主要职责之一是管理工业和信息领域内的行业标准化业务，其中第2条和第5条规定了有关标准化的具体职责：

“2. 有关制定并组织实施工业、通信业的行业规划、计划、产业政策、规范和标准的职责。”

“5. 有关拟订相关高技术产业规划、政策和标准并组织实施，以先进适用技术改造提升传统产业，组织实施有关重大科技专项的职责。”

7）国家能源局

国家能源局是国家发展和改革委员会管理的国家局，具有能源领域行业标准的管理职能，其职责调整第四条规定：“加强对能源问题的前瞻性、综合性、战略性研究，拟订能源发展规划、重大政策和标准并组织落实，提高国家能源安全的保障能力。”能源局主要职责的（二）和（六）等条款规定了有关标准化的管理功能：

“（二）负责煤炭、石油、天然气、电力（含核电）、新能源和可再生能源等能源的行业管理，组织制定能源行业标准……”

“（六）负责核电管理，拟订核电发展规划、准入条件、技术标准并组织实施……”

国家能源局仅管理能源领域的行业标准，具体由能源节约和科技装备司负责组织拟订。

（2）主要职责

根据《标准化法实施条例》，国务院有关行政主管部门对标准化管理的主要职责是：

1）组织贯彻或贯彻国家有关标准化的法律、法规、方针、政策；

2）组织制定或制定各级标准化工作的规划和计划；

3）组织制定或制定国家标准、行业标准和地方标准；

4）指导下级标准化主管部门的标准化工作，协调和处理有关标准化工作的问题，承担上级标准化主管部门下达的标准化任务；

5）组织实施或实施各级标准；

6）对标准实施进行监督、检查；

7）统一管理或分工管理全国或本行业、本部门（本地区）产品的质量认证工作；

8）统一负责与有关国际标准化组织的业务联系。

3.3 运行机制

3.3.1 标准化运行机构

我国标准实行“统一领导、分工管理”的二级政府管理体制。与管理体制相对应，国家标准和行业标准实行以政府运作为主体，由授权的标准化指导机构、标准化技术支撑机构和标准化服务对象等实际运作的运行机制，见图 3-1 和图 3-2。除二级政府部门外，参与标准化运行的主要机构如下：

1）授权的标准化指导机构，包括集团公司、联合会和行业协会；

2）标准化技术支撑机构，包括标准化研究机构、全国专业标准化技术委员会、行业标准化技术委员会、协会或学会；

3）标准化服务对象，包括监管机构、检测机构、企事业单位、公司和社会团体。

3.3.1.1 授权的标准化指导机构

授权的标准化指导机构包括集团公司、联合会、行业协会，它们大多数原来是国务院的部委，20 世纪 90 年代末国家改革后失去政府职能，不再有行业标准的批准、发布权。这些机构位于国务院有关行政主管部门（国家二级政府）与标准化技术支撑机构（标准研究机构、标准化技术委员会、协会或学会）之间，在标准化管理体制中承上启下，协助政府部门指导技术机构和基层单位开展标准化工作。

3.3.1.2 标准化技术支撑机构

（1）标准化研究机构

我国的标准化研究机构由国务院行政主管部门指定建立并负责管理，分为具有法人地位的专业标准化研究所（院），以及以大型综合研究设计院为技术支撑的标准化技术归口管理单位，它们从事本专业领域标准化的开发研究和技术归口管理工作，也就是在上级标准化主管部门的领导和指导下，具体组织和承担：

1）标准化研究项目，标准体系表的编制；

2）标准制定、修订的规划、计划和立项的建议；

3）标准的编写、审查和报批；

4）标准批准发布后的条文解释、宣贯和培训；

5）标准的复审和清理整顿；

6）对口国际标准化组织（ISO/IEC）相应技术委员会的技术工作。

我国重要的标准化研究机构，包括专业标准化研究所和综合设计研究院，大约为 30 家，其中主要有：

1）中国标准化研究院；

2）中国计量科学研究院；

3）国家环保部环境研究所（原国家环保总局环境研究所）；

4）冶金工业标准信息研究院；

5）中国有色金属工业标准计量质量研究所；

6）纺织工业标准化研究所；

7）核工业标准化研究所；

8）中国航空综合技术研究所；

9）中国电子技术标准化研究所；

10）信息产业（部）电信研究院通信标准研究所；

11）中国兵器标准化研究所；

12）中国船舶工业综合技术经济研究院；

13）中国航天标准化研究所；

14）石油标准化研究所；

15）国家建筑材料（工业局）标准化研究所；

16）中国广播电影电视标准化研究所；

17）铁道部标准计量研究所；

18）中国测绘标准化研究所；

19）国家海洋标准计量中心。

（2）标准化技术委员会

1）一般介绍

依据《标准化法》第十二条“制定标准的部门应当组织由专家组成的标准化技术委员会，负责标准的草拟，参加标准草案的审查工作”的规定，标准化技术委员会 TC 是上级主管部门根据工作需要，在一定专业领域内建立的、从事标准化业务的技术咨询机构。TC 的工作方式遵循公开、透明、社会化和协商一致的原则。

TC 由本专业领域内监管机构、行业协会、学会、研究所、设计院、制造商、用户和检验机构以及高等院校等的技术专家和管理专家组成，委员由国标委聘任，实施任期制。技术委员会的任务是协助主管部门和归口单位开展标准制定/修订等一系列标准化活动，特别是：

• 提出本专业领域标准化工作方针、政策和技术措施的建议，提出标准化规划和年度计划的建议，从事立项把关和组织实施年度计划的标准项目；

• 组织和承担标准体系表的编制；

• 协助组织国家标准和行业标准的制定/修订、复审，对标准征求意见稿提出意见，对送审稿进行审查，提出强制性标准或推荐性标准的建议；

• 负责标准的解释和宣讲，提出标准化成果奖励的建议；

• 参加国际标准化组织（ISO）和国际电工委员会（IEC）的标准化活动，包括对国际文件的审查、表态、提交我国提案等；

• 组织和承担标准化研究项目和学术交流等活动。

2）秘书处的设置

技术委员会秘书处的设置与标准化运行机制有关，对标准化工作的开展有较大影响。目前，国家标准化技术委员会秘书处的设置分以下几种情况：

• 涉及国家利益和人民健康的技术委员会秘书处设置在政府部门，由政府直接领导和管理；

• 基础类标准化技术委员会秘书处多设置在国家或部门的基础性研究院、中国科学院和高等院校等科研单位以及冠以“中国”的协会/学会，多为基础性或公益性技术领域，其科研设施齐全、人才云集，有完善的技术和丰富的信息资源；

• 应用类标准化技术委员会秘书处多设置在应用技术研究院(所)，它们的特点是介于基础类与产品类之间；

• 产品类标准化技术委员会秘书处多设置在国务院行政主管部门直属研究院(所)或大型企业的研究所，其工作重点围绕市场需求，工作领域是产品及其标准，它们既有产品开发能力，又有行业基础，与企业密切结合，能充分发挥其优势；

• 凡是已建立专业标准化研究所的集团公司、联合会或行业协会，无论对应的技术委员会属于何种性质，其秘书处多设置在专业标准化研究所，以便于技术委员会与标准化研究机构的沟通、协调和交流，共同开展工作标准化工作；

• 还有少数技术委员会秘书处设置在相应的检测机构，将标准化工作与产品的检测紧密结合在一起，有利于标准的制定/修订、贯彻实施和信息反馈；

• 企业，即秘书处设置在标准化技术委员会专业产品所对应的大型生产企业。

3) 全国专业标准化技术委员会概况

截至本书出版前的资料，国标委共组建各类全国专业标准化技术委员会约 481 个(另外还有 5 个直属工作组)，其中，184 个对应 ISO 相关技术委员会，81 个对应 IEC 相关技术委员会，两部分的总数为 265 个，占全部技术委员会的 55%左右。这些技术委员会由国标委直接管理或委托国务院有关行政主管部门管理(详见附录 A)。

4) 行业标准化技术委员会

除全国专业标准化技术委员会外，部分行业还成立了行业标准化技术委员会，以填补全国专业标准化技术委员会的空白领域，进一步细化专业领域的标准化工作。例如，原国防科工委曾组建 30 多个行业标准化技术委员会；又如，发改委能源局已经组建的核电标准化技术委员会。

(3) 协会或学会

这里的协会或学会是指集团公司、联合会或行业协会下设的协会或学会，依据我国的国情，这些协会也参与标准化活动，对我国的标准化有较大贡献。例如，“中国同位素与辐射行业协会”的“辐射加工分会”几年来协同全国核能标准化技术委员会放射性同位素分技术委员会(SAC/TC58/SC4)完成了 GB 17568—2008《γ 辐照装置设计建造和使用规范》等标准的制定/修订、宣贯和实施以及辐照人员培训等工作。

协会或学会与标准化研究机构和技术委员会应加强沟通、交流和合作，参与对方的活动，相互支持，优势互补，共同组织企事业单位和公司，一起搞好行业标准化。

3.3.1.3　标准化服务对象

标准化服务对象是监管机构、检验机构、企事业单位、公司和社会团体，包括研究所、设计院、制造商、供应商、用户和高等院校等。这些单位：

1) 或承担国家安全，人身、财产安全和环境保护的监管工作；

2) 或是社会财富的直接创造者和市场经济的主体；

3) 或承担产品、过程和服务的检验工作。

这些单位多数是标准化管理体制的末端，也是标准化运行机制的基础。它们既是标准制定/修订等活动的基本力量，又是标准贯彻、实施的客体以及标准经济效益和社会效益的主要体现者。

3.3.2 运行模式

3.3.2.1 政府主导的运行模式

标准化工作的运行模式通常有下述三种运行模式，依次反映出标准化运行机制由政府主导到市场经济主导的过渡：

1）政府主导的集团公司或联合会/行业协会与标准化研究机构、标准化技术委员会的模式；

2）政府参与和监督的集团公司、联合会/行业协会与标准化研究机构、标准化技术委员会的模式；

3）国家标准化协会/学会、集团公司、联合会/行业协会与标准化研究机构、标准化技术委员会的模式。

按我国标准化的管理体制和市场经济的状况，其运行模式主要是第一种，即政府主导的模式。从标准的规划、计划、项目批准、资金投入、进度控制到标准的批准、编号、发布和实施，均是政府主导的行政行为。标准化研究机构则在政府部门的领导和指导下，除从事标准化研究工作外，主要是在标准化活动中担当承上启下、协调和技术归口管理工作；标准化技术委员会主要是对标准化活动提出建议、进行技术把关；企事业单位、公司和社会团体则是标准化活动的主要执行者和客体。

3.3.2.2 标准生命周期

（1）概述

标准化是标准的制定、宣贯、实施、修订（包括修改单），以及复审和（或）清理整顿的整个过程，也是一个循环往复、螺旋上升的过程，这就是标准化循环或标准的生命周期，而标准体系的研发和标准规划、计划的编制是标准生命周期的起始点，标准废止则是标准生命周期的终止点，见图 3-3。其中，标准的制定则从标准预研、立项论证和申报项目计划开始，在标准项目获得国标委或国务院有关行政主管部门等上级标准化主管部门批准并下达项目计划后，开始起草、编写标准，历经初稿、征求意见稿、送审稿和报批稿，直到标准报批、批准和发布的全过程。标准生命周期中的所有活动全部在上级标准化主管部门的领导和指导下进行。

不言而喻，标准生命周期中起关键作用的还是相关部门及其人员，包括：

1）上级标准化主管部门（批准立项，最后批准、编号并发布标准）；

2）标准化技术委员会（标准体系表的建设，标准化规划和计划的编制，标准立项和送审稿的审查）；

3）标准化技术归口管理单位（标准体系表的建设，标准化规划和计划的编制，各种有关标准制定/修订文件的控制、管理和上报、下达）；

4）标准起草单位、起草小组和起草人（标准预研、立项论证和标准编写）。

下面，按标准生命周期的几个主要节点予以描述。

（2）标准体系表及其建立

体系是“若干有关事物或某些意识互相联系而构成的一个整体”，而标准体系是若干标准互相联系而构成的一个整体；标准体系表则是“一定范围标准体系内的标准按一定形式排

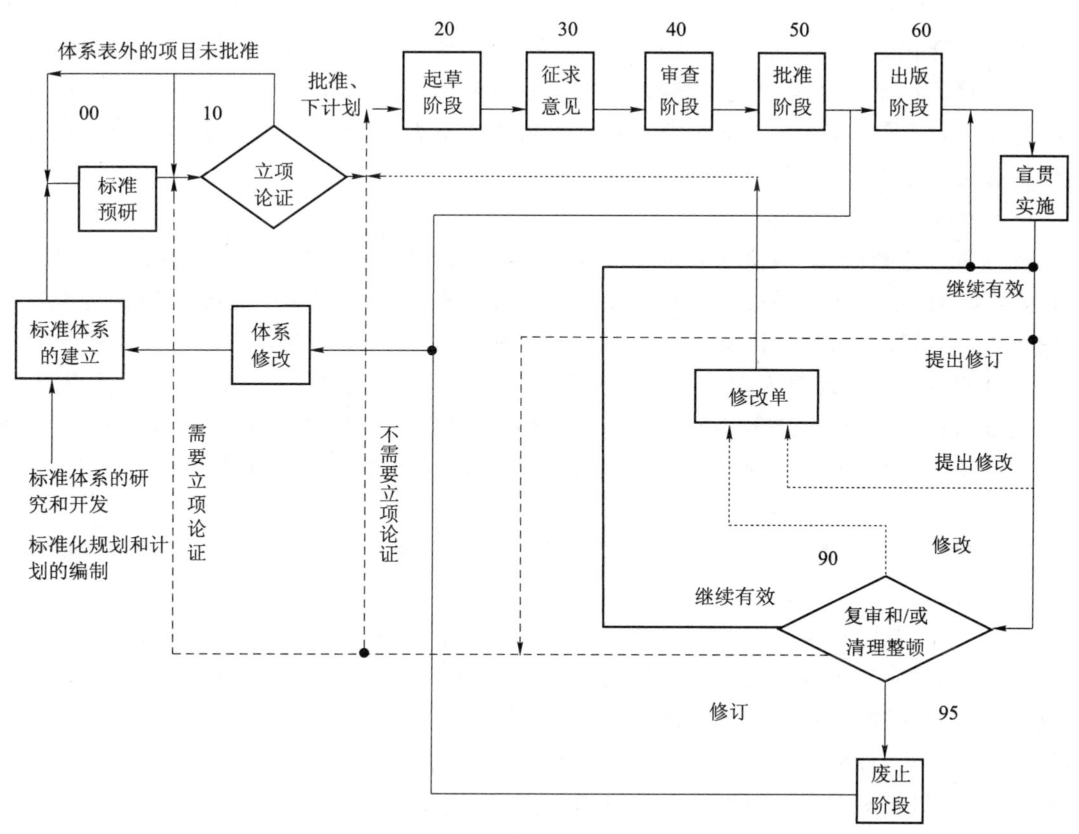

图 3-3　标准生命周期

——主线或继续有效；---修订；……修改；数字 00～95 等为标准制定程序的阶段代码

列起来的图表”，标准体系表通常由体系框架和标准目录组成，以反映标准在其框架内的层次结构和相互关系。

标准体系(表)的建立是标准化活动循环的起始点。为实现某个领域或范围内的标准化，必须首先研究和建立其标准体系(表)，以便明确在这个标准体系范围内需要使用和引用哪些标准，现可直接使用或引用哪些标准(国家标准和行业标准等，必要时，包括国际标准和国外先进标准)，还需要制定哪些标准(包括将国际标准和国外先进标准转化为我国标准)。

标准体系表由标准化研究机构/归口单位和(或)标准化技术委员会组织本专业领域的专家和技术委员会委员进行研发、建立和维护。

(3) 立项论证

标准制定/修订的立项论证由标准化研究机构/归口单位和(或)标准化技术委员会组织本专业领域的企、事业单位、公司和社会团体，依据本专业领域的标准化需求，从标准体系表中的标准目录挑选项目按规定的程序进行论证，并经标准化技术委员会审核通过后，上报上级标准化主管部门。另外，由于科学技术发展的需求和标准体系表的相对滞后，有些项目虽未列入体系表，亦可进行立项论证。立项论证的正确性、充分性和可能性是保证标准质量的首要因素。

(4) 标准的起草和编写

上级标准化主管部门批准立项并下达标准制定/修订计划后,标准化研究机构/归口单位将与起草单位签订合同,并正式启动标准的起草和编写。起草单位应依据立项论证选定标准起草人,视需要可成立起草小组。起草小组或起草人的能力、责任心和对标准的认知度是保证标准质量的关键因素。

(5) 标准的审查和上报

标准审查包括:标准初稿在起草单位或起草小组内部的审查;征求意见稿的广泛征求意见;送审稿的标准化技术委员会审查。技术委员会的重要地位和作用主要体现在标准送审稿的审查,委员和专家的理论知识和实践经验将积淀和浓缩在标准文本中。技术委员会还起着弥补起草小组或起草人编写标准的缺陷和不足的作用,这是保证标准质量的重要因素。

标准送审稿审查后,送审稿的修改和报批稿的整理及报批文件的形成,关键仍在于起草小组或起草人。报批稿及其报批文件的上报则是起草单位和技术归口管理单位的职责。

(6) 标准的宣贯和实施

《标准化法》第三条规定:“标准化工作的任务是制定标准、组织实施标准和对标准的实施进行监督。”

由此可见,制定标准仅仅是标准化工作的第一环节,而标准实施才是标准化产生效益的关键,而实施的先决条件是对标准的宣贯,包括组织宣贯会,聘请宣讲人和编写宣贯材料,对标准进行解释和说明,使与标准实施有关的单位和人员了解标准的背景、熟悉标准的内容、掌握标准的要点,以便有效实施标准。在标准宣贯活动中,标准化技术委员会或标准化研究机构/技术归口管理单位是组织者和责任者,是标准宣贯的关键因素。

标准实施本应依靠市场经济的竞争机制来推动,但目前我国还处在社会主义市场经济的初级阶段,标准化运行机制主要还是政府主导的,所以标准实施还必须依靠权力部门来推动,上级标准化主管部门则是标准实施的推行者和监督者。

(7) 标准复审和清理整顿

《标准化法》第十三条规定:“标准实施后,制定标准的部门应当根据科学技术的发展和经济建设的需要适时进行复审,以确认现行标准继续有效或者予以修订、废止。”并详细规定标准复审的有关要点。

应定期对标准进行复审(通常 5 年)或清理整顿,其方针、政策和时间由上级标准化主管部门规定和提出,具体由标准化研究机构/技术归口管理单位和(或)标准化技术委员会组织委员和专家,按指定的政策和程序具体实施。对复审或清理整顿的每项标准,应在收集实施信息和总结实施经验的基础上,根据标准的水平是否满足当前科研、生产的需求,以及被采用蓝本和相关标准的版本更新情况,分别得出“继续有效”、“修改”、“修订”或“废止”的结论并上报,最后由国家标准化管理委员会或上级标准化主管部门予以确认和公布,并宣告标准复审或清理整顿完成。

标准复审或清理整顿后,对修改或修订的标准,应按上级标准化主管部门的要求:

1) 编制修改单上报,审批后宣贯、实施;

2) 进入标准修订程序重新编制标准。

显而易见,在标准复审和清理整顿中,能否得到正确结论,圆满完成任务,标准化研究机构/技术归口管理单位和(或)标准化技术委员会及其委员会专家是关键因素。

3.4 标准化发展趋势和战略

3.4.1 我国标准化的成就和问题

3.4.1.1 标准化成就

我国标准化工作经过几十年的建设，特别是改革开放30多年的发展，取得了长足的进步，我国初步建成了自己的标准化体系，为国民经济和社会发展作出巨大贡献。

近几年，我国开展了对现行标准化管理模式的调整工作和国家标准化战略的研究制定，其主要内容包括：标准化在社会经济发展中作用的定位、标准化主体的调整、如何加大采用国际标准化的工作力度、《标准化法》的修改等。截至本书出版前，我国共有国家标准2 500多项。采用国际标准和国外先进标准制订的国家标准数量明显增多，强制性标准数量大幅度减少，在标准化专业技术委员会发展和建设方面基本与国际保持同步，参加国际标准化活动日益频繁，标准化产品进入国际市场，有一定竞争力的产品、过程或服务的数量、种类增多等，标准化战略初显成效。

3.4.1.2 主要问题

我国的标准化战略在很多方面还存在一些问题，主要包括：

1）标准化管理体制仍需进一步改革，应使产品、过程和服务的标准化由国家行为转变为民间行为，使企业将标准当做与生命一样重要，但涉及国家安全和国计民生，人身、财产安全，环境保护等方面的标准化例外，仍应保持国家行为；

2）应继续加大标准的贯彻实施，使标准化战略实际发挥出对我国科技创新的进步、国际竞争力的提高、经济效益的创造等方面的促进作用；

3）高新技术标准化仍急需加强，将高新技术与标准化结合，使其相互协调、相互促进，使高新技术标准化对加速高新技术产业化的重要作用明显发挥出来；

4）强制性标准的比例较发达国家仍然过高，这对我国标准化战略的实施和战略目标的实现极其不利；

5）我国采用国际标准和国外先进标准的数量虽然不少，但实际按标准生产的产品达标的不多；

6）参与国际标准化工作仍相对较少，制定国际标准的数量与发达国家相比存在的差距依然很大，等等。

3.4.2 标准化战略的发展趋势

3.4.2.1 概述

在经济全球化和信息技术迅速发展的今天，面对国际市场带来的巨大潜在利润和竞争压力，欧盟、美国、日本等发达国家为保护国内市场，争夺、抢占国际市场，提高国家竞争力，纷纷加强了标准化战略的研究，制定了各具特色的标准化战略和相关政策。技术标准，既可以用来消除贸易中的技术壁垒，又可以当做保护自身利益、限制他国发展的“护身符”。20世纪90年代后期，特别是进入21世纪以后，经济全球化的快速发展和市场一体化，把国际标准推向空前重要的高度,标准化也呈现出新的发展趋势。而我国仍处于标准体系建设阶段,与世界发达国家还存在差距,普遍存在标准化意识淡薄,技术水平低,体系不完善等问题。这种现状已严重阻碍我国的经济增长、产业结构的调整、市场秩序的规范和产品竞争力的提高等。

现代标准在促进经济发展和社会进步方面的作用日益显现。现代标准化体系是现代技术与现代经济标准的有机结合,是国民经济和社会发展的重要技术基础,是推进技术进步、产业升级、提高产品质量、管理质量、工程质量和服务质量的重要因素,是信息化的重要技术基础,对经济的可持续发展起到了积极的影响。随着贸易全球化和世界经济一体化进程的不断加快,成为生产、贸易、服务和管理等社会活动有关各方共同遵守的准则,现代标准化体系的建设和发展是标准化战略重要的发展趋势。

3.4.2.2 标准化战略对科技的转化作用增强

在传统大规模工业化生产中,总是先有产品后有标准。在知识经济时代,往往是标准先行。国际市场竞争的现实告诉我们:对一个企业而言,控制国际标准,或拥有达国际标准的技术,是应对市场竞争的有力武器。开发标准与科技创新具有同样的战略意义。科技进步促进标准水平提高的同时,标准化也促进了科技在实际生产中的应用。一项达标的新技术产生后,为了提高市场竞争力,企业必然会争先获得对其使用的开发权,以使生产出达到标准的产品,获得高市场占有率、竞争优势和巨额经济利润。因此,标准化战略不仅促进了科技创新,还有利于使其成果转化到实际生产中去。

3.4.2.3 标准化体系的市场运作显著

我国的标准化体系形成于计划经济时代,因此相对于 WTO 的一些主要成员国,无论是标准体系和标准本身,还是标准的管理运行体制都有较大的进步空间,要完全适应世贸组织的规则要求尚需时日。

在我国,技术标准的制定是以政府为主体,按照行政管理体系进行管理、审定。政府在标准制定/修订中,程序的审批速度和财力的投入远远无法满足高速经济发展中标准工作的需要。经费的不足导致标准的研制失去了意义,变为机械化地完成任务。而企业在标准化活动中的作用被忽视,企业的优势和能力没能得到充分的发挥。标准制定/修订过程中,相关部门缺少配合,相关机构缺乏沟通,信息资源难以共享。

在这种情况下所制定的标准常常滞后于市场的变化和技术的发展,标准适应性差、水平低,形成市场准入门槛过低的局面,技术成果难以转化成现实生产力。

随着世界经济和标准化的日益发展,在经济全球化和信息化的国际大环境中,原有计划经济模式下国家对标准化的管理方式已经无法完全适应市场经济发展的要求。

标准化体系必须与市场经济体制相适应。我国应借鉴发达国家和 WTO 主要成员国的先进经验,用市场机制整合配置标准化资源;用市场规律指导标准化体系建设;用社会力量参与标准的制定,使标准成为商品,用市场运作的方式指导标准化工作。标准成为商品后,按市场规律对其进行管理:政府宏观控制,联合会/协会/学会、企业等对市场进行分析,制定适合市场需求的标准。新出台的标准应具有商品的属性,即具有市场需求、品质高、研发成本低、编制时间短等特性。有了高品质的标准,才能在国际标准市场占有一席之地,才能反映出标准的经济效益和社会效益,才能反映出标准的价值所在。ISO、IEC、SAE、ASTM 等重要的国际标准化组织都已接受了标准商品化这一新观念,它们围绕标准商品化制定其商务计划，对所制定标准的市场需求、经济效益、社会效益进行论证。

标准化体系的市场运作，能充分反映标准在市场经济中的属性和价值，这样不仅能从机制上解决标准的研发经费问题，更重要的是，在市场驱动下，所制定的标准将会发挥出更大的作用。

3.4.2.4　标准化战略范围扩展

（1）标准化战略遵循的基本原则

标准化战略遵循可操作性原则、科学性原则、系统优化原则、通用可比原则和目标导向原则，推荐性标准和强制性标准的种类、名目将会增加，涉及的范围将会扩展；随着科技的创新和进步，对过去没有标准的产品、过程和服务都将制定相应适用的标准，而已有标准的产品、过程和服务也将在一段时间后为适应市场多样性的需求被更新的、更全面的标准所代替。例如，近年来国际标准体系就重点强调了合理利用资源来促进可持续发展，保护人身健康和安全，保护动植物的生命和健康，防止环境污染。日本标准化战略将信息技术的标准化，环境保护的标准化，反映消费者、老年人、残疾人需求的标准化，制造技术、产业基础技术的标准化等作为重点领域；而美国标准化战略的重点领域是健康、安全、环保等方面的标准化。

这样，便大大促进了标准化战略中种类名目的增加，在主要由企业、行业、地区、国家及国际性的技术标准构成的庞大技术标准体系中，属于工业、农业和服务业等方面的强制性、推荐性或指导性技术标准，将在现有基础上不断增加。

在科技发展日新月异的今天，作为技术基础，标准已经成为国际间重要的竞争手段；其范围不断拓展，外延一直处于不断扩张的状态。从有形商品到商贸服务，从技术规范到网络信息，从企业管理到社会责任，均被纳入标准化工作范畴，可以说标准无所不在。

（2）标准向质量、安全、卫生和环境领域扩展

ISO 9000质量管理体系颁布后，立即引起了世界各国的广泛关注和积极响应。它规定了质量方针、目标、职责和程序，并通过建立相关体系进行产品、过程和服务的质量管理、质量策划、质量控制、质量保证和质量改进。

ISO 14000的管理模式有利于提高企业环境管理水平和人员素质，是一种行之有效的管理方式。许多企业为了满足本行业的特殊需要，在ISO 9000和ISO 14000的基础上，根据本行业的特色，或借鉴其管理模式或自行开发，推出了各种各样具有本行业特色的管理体系标准，并开展了相应的认证活动。在全球掀起了如火如荼的质量、安全、卫生和环境管理等体系的标准化及认证热潮，增进了人们的质量意识、安全意识和环境保护意识，同时也推动了管理体系的一体化。

（3）标准向信息技术等高科技领域扩展

进入21世纪，以计算机为核心的信息技术革命极大地推动了社会的发展，世界经济结构和生产方式发生了深刻的变化。越来越多的国家放弃片面追求经济增长速度的经济目标，转而谋求持续、稳定、有效的发展。在技术上支持以信息技术、生物技术、空间技术、基因工程等为标志的高新技术。这些技术进一步推动了世界经济从工业化向后工业化和信息化经济社会转变。科学的发展、生产的进步与标准化有着密切的关系，标准化作为现代科学管理的重要手段，既是人类生产和科学技术发展的产物，又是推动生产和科学技术的重要保证。高新技术产品要在产业化、商业化的国际竞争中取得成功就必须要在通用、兼容、可靠

性、系统性等方面依靠标准化。标准化将突破传统行业和领域的界限，面向高科技，面向世界的要求，制定出符合高科技及其发展的新的标准。例如：

1）在经贸、银行、海关、运输、保险、商业等许多领域广泛应用的电子数据交换系统实行的无纸贸易（EDI）；

2）存储量大，保密性强，使用方便的IC卡；

3）具有输入速度快、准确率高，技术和设备简单，易推广的条码技术；

4）符合标准化信息描述的事物特性表以及网络信息的标准化等。

面向高科技的标准化成为新世纪标准化的一个重要领域。

（4）标准内容广泛化

随着经济科技的迅猛发展，标准化涉及的领域越来越广泛，几乎渗透到社会、经济、生活的各个角落。不仅有工、农业方面的标准，还有节能、节水、工程建设、国防军工、交通运输、文化教育、对外贸易等方面的标准；不仅有产品质量标准，还有安全、卫生、环境保护、包装、储运、流通等标准；不仅有技术标准，还有管理标准。几乎涵盖现代经济与社会发展的全部标准范围，且不少标准跨行业、跨领域、跨学科。

3.4.2.5 标准化水平不断提高

由现在具有积极意义和正面影响的因素，我们可以看到标准化的水平在不断提高的趋势，其中主要原因有：

1）标准一般具有保障人类和国家经济安全的特殊功能，提高标准的水平自然成为一种必然。人们将推进技术标准水平并追求高水平技术标准的最大化。

2）技术创新也会不断加速低技术标准的死亡，为产生高水平的标准提供保障和可能。

3）发达国家强调标准的市场适应性，要求标准反映市场需求，保证标准的适用、有效，使其更好地为生产、贸易、科研和消费者服务；使现有市场竞争中各个建立在高水平技术标准的基础上的产品和服务都占有大的市场，获得竞争的优势地位。

4）在美国、欧盟、日本等发达国家和地区，产品均需经过规范的合格评定才能获准进入市场。得到政府授权的检验、检测机构，将使技术设备和技术手段与技术法规和标准的要求相匹配。这些检验、检测人员的水平很高，检验、检测的要求也呈现越来越严格的趋势；相对应的标准也呈现越来越高的水平。

3.4.2.6 标准制定周期将大大缩短

从对发达国家标准化工作发展过程的研究可发现，制定技术标准的周期是在逐渐缩短的，其根本原因是，市场中具有对新技术标准的快速、迫切需求，以及强有力的人、财、物和高新技术的投入和支撑。所以，未来各种标准的制定周期将大大缩短。这种趋势不仅要求负责制定标准的有关机构和人员提高相应的业务素质，还表明任何企业、行业、国家要想提高竞争力，唯一的选择就是，抢先制定或参与制定技术标准。过去，制定或修订标准的周期通常为3～5年，按发展趋势预计，在未来制定/修订标准的周期将缩短为1～2年；一些特殊领域标准的制定/修订周期将以月计算。例如，“非典”期间，有关防护服的一些标准就是这样。

3.4.2.7 国际贸易壁垒作用增强

国际贸易壁垒具有两重性。一方面，真正是为实现规定的合法目标，采取适当的技术贸易壁垒措施，例如：

1）禁止涉及濒危动植物贸易，可以保护生物的多样性；

2）禁止危险废物越境转移，可以保护进口国的生态环境；

3）强制规定产品的安全标准，可保护消费者的健康甚至生命。

而另一方面，是以保护人类健康等合法名义，行贸易保护主义之实。

纵观当今世界很多国家在贸易中运用各种壁垒的现状，可知标准作为国际贸易壁垒的作用存在增强的趋势。如果继续将已被WTO法律框架弱化了的关税和其他非关税手段作为国际贸易壁垒，不仅没有实际意义，也将遭遇WTO成员国的反对。相反，利用标准作为技术贸易壁垒的实际成功率和效果都很高；另外，很多出口国也很难找到合法依据去反对进口国以维护本国人民和经济安全为理由，把标准作为国际贸易壁垒的行为。美国20世纪70年代以前并不重视国际标准化活动，在对外贸易中强调以美国标准为依据，以专利技术作为国际竞争的战略，但在90年代末期几次遭遇巨额的技术壁垒之后，也开始了标准化战略。

把标准作为国际贸易壁垒不仅使企业按国际标准生产产品或构建服务行为，加强科技创新，提高国际竞争力，还使我国能有理有据地反对其他国家把不符合国际规则、国际惯例的某些技术标准作为国际贸易壁垒的行为，并通过制定技术标准把符合WTO规则的本国技术标准作为国际贸易壁垒，实现真正的国际贸易平衡。在今后，标准将成为一个国家保护境内产业的主要手段，并最终成为唯一手段。

标准既能促进国际贸易，也可阻碍贸易。据我国商务部2003年发表的一份报告显示，我国加入WTO以来所遭遇的贸易壁垒中，80%属于技术性贸易壁垒。我国每年受技术性贸易壁垒影响的出口额已经超过全国出口额的25%。技术性贸易壁垒已经成为制约我国产品出口的第一大贸易壁垒。鉴于技术法规、标准及认证制度对国际贸易产生的积极推动和严重阻碍的双重影响，必须对标准的技术性贸易壁垒作用引起足够重视。实质性参与国际标准化活动，突破和跨越壁垒，保护我国的经济和贸易利益，已成为我国迎接机遇和挑战，加快经济建设和增强产品国际竞争力的必然选择。

3.4.2.8 消费者价值观作用增强

针对保护环境、消费安全、使用方便、可持续发展等问题，消费者的价值观更加呈现多样性，而标准化战略必须解决这些问题。同时，出现了生产者自检、第三方认证等适应性确认手段多样化的特点。消费者需要按照自己的价值观选择产品、过程或服务，这就需要向消费者提供公平、透明的相关标准信息，可见标准化战略价值观的作用在逐渐增强。同时，标准化战略作为国家性的保护消费者的手段，其任务也将越发艰巨。发达国家已经开始利用高技术和现代传媒开设网站，使标准信息能够及时、准确、有效地传播给标准用户；并做到标准的编制、出版、发行培训、咨询和服务一体化，实行全方位、系统化的服务；使标准化更有效、迅速地为消费者服务。

标准化的受益者涉及整个国家、企业以及消费者，因此，标准在制定过程中应鼓励社会各界的参与，使得标准能够体现绝大多数人的利益。

3.4.2.9 标准化战略的重要性日益显著

欧盟及美国、日本等发达国家和地区率先通过制定并实施标准化战略而使本国和地区更加强大的事实，给很多国家相当大的启示，这刺激了越来越多的国家开始制定并实施标准化战略。发展中国家虽然经济实力差，技术能力弱，但已经意识到只有加快制定并实施标准化战略，才能有效维护国家在技术标准方面的主动权，提高国际竞争力，确保国家的经济利益。

世界经济全球化的进程在明显加快，这要求我们从全球化角度来考察和促进未来的标准化战略活动。标准化不仅是经济、经济管理和市场经济体制的重要技术基础，也是经济持续、稳定、协调发展的保证，还能确保我国对外贸易的健康发展，保护民族工业，提高产品质量和档次，提高生产力和国际竞争力。把握了标准化战略的发展趋势，我国的标准化工作将会发挥更大的作用。

3.4.2.10 标准的国际化趋势增强

随着经济全球化的进一步纵深发展，贸易壁垒已成为发达国家保护自己的市场、占领别人的市场、谋求最大利益的武器。为达到控制进口，保护自身利益的目的，发达国家常常将国家或地区标准作为所设置的贸易技术壁垒的手段。在国际市场上，谁掌握了标准的制定权，谁的技术成为国际标准，谁就掌握了国际市场的主动权，谁就能控制未来的市场。

国际标准是世界各国协商一致的产物，是国际上普遍能达到的比较先进的科学技术和生产水平，是保证国际贸易公平竞争，维持正常国际市场秩序的基本要求和准则，它是破除这种贸易壁垒的有力武器。通过国际间标准化工作的交流与合作，形成国际化的标准化发展环境，将本国的标准化纳入国际标准化体系之中，学习国外和工业发达国家的经验，能够提高本国的标准化工作的水平，并在国际标准化中发挥作用，真正成为国际标准化的组成部分。

在激烈的市场竞争中，一些企业具有较强的标准化意识，把标准作为竞争的手段，以增强国际市场竞争力为目的制定企业内部的标准，或采用专业性国际标准化组织、先进工业国家、国际知名企业的先进标准，明显增强了企业在国际舞台上的竞争力。随着跨国公司的大量涌现和迅速发展，它们已成为当今国际经济活动的最主要的力量；国际经济的不断区域化、集团化，促使标准的协调和相互承认成为现实贸易自由化的重要方式。竞争全球化的日益激烈，不可避免地带来新的贸易保护主义形式，非关税壁垒的激增，对尚未与国际社会在技术、经济等方面完全接轨的发展中国家打击尤为严重。作为消除贸易技术壁垒的有效手段，国际标准是减少国际贸易危险性的强有力的手段和全球公平竞争的基础。

随着全球国际化倾向日益增加，产品、技术以及信息的相互交流与交换越来越频繁，竞争的全球化和区域经济的一体化的迅速发展，对国际标准的需求会不断增长，标准的国际化和采用国际标准，将成为全球普遍发展的趋势。

近年来，随着经济全球化的迅猛发展，对国际标准的需求日益增长，标准的国际化或标准的国际趋同，已成为21世纪一种势不可挡的世界潮流。一方面，表现在积极采用国际标准上。目前已有100多个国家参加ISO和IEC这两大国际标准化组织的标准制定活动。一些经济发达国家，直接采用和部分采用国际标准的比重达60%以上。另一方面，表现在标准的制定上。随着经济技术的迅猛发展，标准化工作所涉及的领域以及标准的内容和作用日益复杂与广泛，国际社会普遍认识到，要构筑内容复杂、数量巨大的标准体系，无论从技术上、经济上，还是使用上讲，必须依靠国际合作才能达成广泛的一致，实现最终目的。如ISO、IEC、ITU等权威标准化机构都表示将加强彼此之间相应的联系，避免工作交叉与无序竞争；ISO 9000标准、ISO 14000标准已被100多个国家和地区采用。欧共体颁布实施的《技术协调与标准化新方法》，使欧洲标准化格局发生了重大变化。欧洲统一大市场运行所需的几百项法律（指令），大多数已转化为各成员国的法律而付诸实施。

3.4.2.11 标准化向系统工程转化

标准化系统是标准化发展至高级阶段的产物。随着科学现代化进程的不断加快，生产方式、生产手段也在不断地改变，生产过程高度的现代化、综合化已成为当今生产方式的一大特点。一项工程的施工，一项产品的生产，往往涉及十几个或几十个行业、上百家企业和多领域的学科，合作联系渠道遍及全国甚至跨越国界。

随着科学技术的迅速发展，人们对产品的需求日益多元化，作为标准化对象的系统，其规模将越来越大，越来越复杂，标准体系的动态性、目标性、协调性也更加明显。能够运用信息论、控制论、系统论等现代理论建立和完善标准化系统，不仅是现代标准化的标志，也是现代标准化的重要内容。标准化以系统理论为指导，进入系统工程领域，是标准化发展的必然趋势，也是现代标准化的一大显著特征。标准化系统工程将标准从单体发展升级为整体水平发展，从静态发展到动态发展，从局部处理发展到全系统的宏观调控，使得标准化进入到一个系统发展的新阶段。

随着世界经济的高速发展，全球经济一体化的提高，标准化所渗透的领域越来越广泛，标准化向系统工程转化成为当今标准发展的必然趋势。

3.4.3 我国的标准化战略

截至本书出版前，尚未发现中国国家标准化管理委员会以正式文字发布的我国标准化战略，下面仅是本书作者的个人见解。

3.4.3.1 借鉴国际上的标准化战略

在新国际经济竞争环境下，技术标准已成为战略竞争的制高点，引起了各国的高度重视，ISO 和 IEC 等国际性组织及美国、日本等发达国家纷纷加强标准化战略的研究，以确保本组织和本国标准的国际适应性，加强自身产业在国际市场上的竞争力，标准战略已成为国家产业政策的重要组成部分。1999 年欧盟通过欧洲标准化战略决议；2000 年美国、加拿大分别制定了本国的标准化发展战略；2001 年日本制定了标准化发展战略。这些国家标准战略的共同点是：加大参与国际标准化活动的力度，努力使与本国产业相关的技术要求转化为国际标准，争夺竞争的主动权。注重建立区域标准化联盟，选择信息、环保、制造技术等领域作为标准战略重点，强调科技研究开发政策和标准化的协调统一，确保标准的市场适应性等。

在制定和实现我国标准化战略时，建议认真借鉴和考虑上述国际上的标准化战略。

3.4.3.2 明确标准化战略重点，积极培养标准化人才

我国宜结合当今国际社会发展的趋势，确定我国标准化战略重点。世界各国消费者都重视产品对人类的健康和安全以及环境保护等问题，而且发达国家也以健康、安全和环境保护为由，不断对我国产品设置技术贸易壁垒，因此，我国宜将战略重点放在公众十分关注的健康、安全和环境保护领域及其他社会热点问题。

我国与发达国家相比，标准化人才匮乏，熟悉 ISO/IEC 国际标准审议规则并具有专业知识的人才更是缺乏。特别是随着国家经济建设的蓬勃发展，科技人员科研/生产等业务工作繁忙，而标准化效益的滞后和经费的不足，加上老一代标准化人员退出第一线工作岗位，标准化人才断档现象更为严重。因此我国需要加强标准化人员的培训和标准的宣贯，积极培养标准化人才。只有这样，标准化事业才能持续、健康地发展，走上一个新台阶。

3.4.3.3 政府高度重视标准化

日本在2000年4月制定的"国家产业技术战略(总体战略)"中提出,要最大限度地普及和应用技术开发成果的观点,把标准化作为通向新技术与市场的工具,深刻认识以标准化为目的的研究开发的重要性。美国规定:NIST参加ANSI的理事会,对ANSI举办的国际标准化活动提供财政支持。加拿大鼓励在法规中及公众政策的制定中采用标准。

在标准化向市场化过度的时期,我国政府还是需要重视标准化。一方面,国家宜加大制定标准化的方针、政策以及规划、计划的力度,并组织实施和进行广泛的宣传教育;另一方面,随着我国财政收入的大幅度增加,各级政府需要为标准化提供财政上的支持。特别是在标准化研究、基础和通用标准的制定/修订、参与国际标准化活动、扶植标准化研究机构和标准化技术委员会、培养标准化人员并提高其待遇等方面,国家需要积极提供政策和财政方面的支持。

3.4.3.4 积极参加国际标准化活动,促进我国标准与国际标准的接轨

多年来,以英、法、德为主的西欧国家和美国,一直将很多精力和时间放在国际和区域标准化活动上,企图长期控制国际标准化的技术大权,并且不遗余力地把本国标准变成国际标准。

由于我国标准化事业发展较晚、市场经济还处于初级阶段、科学技术和生产制造水平相对发达国家还较落后、标准化经费有限、标准化操作人才缺乏等因素,在国际标准化工作中发挥作用有限,我国参与制定的国际标准微乎其微。

我国在1988年12月制定《标准化法》期间,计划经济正在向社会主义市场经济过渡,所以《标准化法》明确提出标准化是"为了发展社会主义商品经济……",并从法律上规定标准分为强制性标准和推荐性标准,而强制性标准类似于市场经济工业发达国家的技术法规。然而,对比市场经济的工业发达国家,我国的标准属性仍不能与国际惯例接轨,需要尽快将政府行为的技术法规与专家行为的推荐性标准予以分离,减少强制性标准的数量,使其仅限于健康、安全和环境等领域,并将其转化为正式的技术法规,以建立适应社会主义市场经济的,既有中国特色,又符合WTO/TBT游戏规则的标准管理体制。

我国需要以更加开放的态势积极参加国际标准化活动,促进我国标准与国际标准的接轨,包括:

1) 宜承担更多的ISO和IEC等国际标准化组织的秘书处,争取国际标准化的主动权;

2) 宜参加国际标准化组织的各类标准制定/修订的工作程序和标准化学术交流,积极向国际标准化组织投票,既表达我国政府的立场和意见,捍卫国家利益,又显示和提高我国的标准化水平;

3) 需要积极采用国际标准和国外先进标准制定我们的国家标准和行业标准,并逐步使我国标准的水平超过国际标准,进而超过国外先进标准,以提高我国标准的水平和质量;

4) 宜向ISO和IEC提交更多的标准制定/修订提案,将中国标准推向世界,提高我国在国际标准化的地位;

5) 宜逐步降低强制性标准的数量和比率,通过市场经济竞争机制实施推荐性标准,实现与国际标准接轨。

3.4.3.5 标准市场经济化,标准化与市场经济接轨

我国实行"统一领导、分工管理"的标准化管理体制,以及政府主导的运行机制,所以我

国标准中的国家标准、行业标准和地方标准，无论是强制性标准，还是推荐性标准，基本是政府主导的，政府部门是标准化的主体。

我国标准化的运行机制，除涉及国家安全和国计民生，人身、财产安全，环境保护等方面的标准化外，由“政府主导或参与和监督”的模式，走向“国家标准化协会/学会、集团公司、联合会/行业协会与标准化研究机构、标准化技术委员会的模式”，也就是企业（广义的，包括企事业、公司和社会团体）出钱，聘请专家制定，由联合会/协会/学会发布，组织宣贯并在企业贯彻实施，以使标准成为商品，走向市场经济化，实现标准化与市场经济接轨。

为此，首先由企业自愿组建真正意义的联合会/协会/学会，它们接受政府领导和指导，代表企业的利益。这样的联合会/协会/学会，不是半官方的，也不是养老的俱乐部。

其次，联合会/协会/学会实行会员制，按缴纳的会费分享权力和承担义务，其职能之一是从事标准化工作，宜在政府的授权或委托下，帮助企业制定/修订、宣贯和实施标准，使企业得到标准化的效益和实惠。

另外，联合会/协会/学会还应收集标准贯彻实施中反馈的信息，并在政府的指导下组织标准的复审和清理整顿，对每项标准得出“继续有效”、“修订”或“废止”的结论，以便进入标准生命周期的下一个循环。

3.4.3.6 打造标准强国地位，使标准构建有利于我国的技术壁垒

前面已经论述标准在国际贸易中构建技术壁垒的作用。当前的世界贸易已不宜采用非技术的贸易壁垒，但标准化先进和发达的欧美、日本已充分使用标准作为技术壁垒来对付欠发达国家和发展中国家，特别是对付我国这样发展中的经济大国。

我国虽是一个标准大国，但还不是标准强国。标准在我国对外贸易中尚未构建有利于我国的技术壁垒和发挥应有的作用。为此，我们不仅应大力推广我国的科学技术水平，研发高质量、高水平的新材料、新工艺和新产品，加大标准化的投入，制定高水平和高质量的标准；还需要瞄准保护国内产业、提高产品质量、节约能源、保护生态环境、保障安全和健康。总之，使国内产品通过我国标准能顺利出口，而国外产品则通过我国标准对其予以适当的限制和选择，使标准为我国的对外贸易服务，为提高我国的外贸地位服务，为我国由贸易大国跨进贸易强国服务。这样，我国才能由一个标准大国跃进为一个标准强国。

3.4.4 技术标准的发展趋势

3.4.4.1 发达国家的优势地位短期不可能改变

人所共知，当世界各国还没有某一方面技术标准时，是欧美、日本等发达国家和地区首先意识到标准的重要作用，并提出和制定了相应的技术标准。随后，由多数发达国家参加的国际组织以自身的名义首先制定了一些技术标准，通过一定或特殊的手段将其确定为国际标准。在现有的各种国际标准化组织（ISO 和 IEC 等）中，发达国家为了本国利益，争夺领导权，承担秘书处工作，培养国际标准化人才，从财政上大力支持国际标准化活动。1947 年至 2002 年，在 ISO 中担任过主席、副主席的发达国家有：美国（4 届主席，1 届副主席）；法国（2 届主席，2 届副主席）；英国（1 届主席，2 届副主席）；德国（1 届主席，4 届副主席），等等。而在 ISO 和 IEC 的 933 个技术委员会和分技术委员会的秘书处工作中，法国承担 116 个，

美国承担169个，英国351个，德国149个，日本46个。而我国在这方面差距很大，据2003年的不完全统计，在ISO的200多TC(技术委员会)中我国仅承担1个秘书处，在IEC约100个TC中我国也仅承担2个秘书处。

由此可见，发达国家在国际性技术标准化领域中的优势地位是不言而喻的。而且由于发达国家在标准化的研制和实施早于发展中国家，时间长、经验丰富，多年的标准化战略已获得的巨大利益和好处，使其有了推行有利于本国的国际标准的实力和领先的高新技术，以及支撑国际性标准化工作的巨额资金，这些都将在未来长时间内巩固发达国家的国家标准化领域的霸主地位。

3.4.4.2 制定标准的动力市场化

标准逐步从技术驱动向市场驱动方向发展。标准的研制原来主要由新技术或新产品的研究开始所推动，标准的需求来源于技术和产品的发展。而随着经济全球化的迅速发展，社会各方对标准的需求剧增，形成了以市场驱动为主要动力的发展模式。

为了市场化，需要开放性的制标工作体系，使更多的企业、用户加入到标准的制定工作中来，由于企业制标的动因来源于市场，故使制定出来的标准更具实用性，能解决企业的实际问题，符合企业参与国际竞争的需要。标准的形式也需要协议标准和事实标准等新模式，充分体现标准应尽快反映技术进步和市场需求的原则。标准制定面向市场化，使标准化工作很好地适应了经济建设与社会发展的需要，成为未来发展趋势之一。

3.4.4.3 竞争态势日益激烈

技术标准的发展趋势，凸显出技术标准在当前社会经济发展中的重要性和必要性，政府、企业和行业协会要共同加快推进技术标准战略的实施，进一步提升企业的核心竞争力，促进社会经济的科学发展。

知识经济时代的到来，使世界范围内的技术标准竞争越来越激烈，谁制定的标准为世界所认同，谁就会从中获得巨大的市场和经济利益，主要体现在以下三个方面。

(1) 技术标准正更多地变成贸易保护的重要壁垒

技术标准作为人类社会的一种特定活动，已经从过去主要解决产品零部件的通用和互换问题，更多地变成一个国家实行贸易保护的重要壁垒，即所谓非关税壁垒的主要形式。

(2) 技术标准与专利技术越来越密不可分

在传统产业里，技术更迭缓慢，经济效益主要取决于生产规模和产品质量，技术标准主要是为了保证产品的互换和通用性，技术标准与技术专利分离。而今天，对于高新技术产业来说，经济效益更多地取决于技术创新和知识产权。

(3) 技术标准越来越成为产业竞争的制高点

技术标准已经成为产业特别是高技术产业竞争的制高点。在传统大规模工业化生产中，是先有产品后有标准。在知识经济时代，往往是标准先行，这在高技术产业领域表现尤为明显。例如，在互联网应用前就先有了IP协议。关于高新技术标准的竞争，说到底是对未来产品、未来市场和国家经济利益的竞争。正因为如此，技术标准不仅在产品领域受到青睐，而且已经成为抢占服务产业制高点的有力手段之一。还有一个值得注意的现象是，在国际标准之外出现了越来越多的所谓事实标准。例如，美国微软公司的Windows操作系统和英特尔公司的微处理器，虽然没有成为国际标准，但事实上得到世界公认，并且“赢者通吃”。事实标准的出现是新经济时代的一个重要新特点。

3.5　我国标准介绍

3.5.1　标准分类法

3.5.1.1　国际标准分类法

国际标准分类法(International Classification for Standards，ICS)是由国际标准化组织编制的标准文献分类法，用于国际标准、区域标准、国家标准以及相关标准化文献的分类。ICS 采用等级分类法(线分类法)，分为“一级类”、“二级类”和“三级类”三个级别。一级类包含 40 个标准化专业领域；二级类是一级类(专业领域)细分的 407 个组；三级类则是由二级类中的 134 个组进一步细分的 896 个分组。

ICS 采用阿拉伯数字代码，一级类和三级类使用 2 位数字，二级类使用 3 位数字，彼此之间用“. ”分隔，例如：13. 030. 30——特殊废物(包括放射性废物等)。

ICS 代码标示在标准封面的左上角，ICS 分类用于标准的归档、查询和检索。与核工业关系密切的 ICS 代码及其标准类目如下：

07——数学、自然科学。

11——医药卫生技术。

13——环保、保健和安全：

13. 030——废物；

13. 030. 30——特殊废物(包括放射性废物等)；

13. 180——人类工效学；

13. 200——事故和灾害控制；

13. 220——消防；

13. 230——防爆；

13. 240——过压保护；

13. 260——电击防护；

13. 280　辐射防护；

13. 340——防护设备。

17——计量学和测量、物理现象：

17. 120——流体和流量测量；

17. 200——热力学和温度测量；

17. 220——电学、磁学、电和磁的测量；

17. 240——辐射测量。

27——能源和热传导过程：

27. 120——核能工程；

27.120.01——核能综合；

27.120.10——反应堆工程；

27.120.20——核电站、安全；

27.120.30——裂变物质；

27.120.99——有关核能的其他标准。

29——电气工程。

31——电子学。

33——电信、音频和视频工程。

35——信息技术、办公机械。

37——成像技术。

3.5.1.2 中国标准文献分类号

中国标准文献分类号(Chinese Classification for Standards,CCS)将标准按专业领域划分为24个大类、224个中类和约1 600个小类。

CCS采用1位拉丁字母和2位阿拉伯数字的代码结构，其中，大类用拉丁字母A～Z表示(I和O除外)，中类和小类用两位阿拉伯数字(00～99)的系列顺序码表示，例如，F80～F89表示核仪器与核探测器。

CCS代码标示在标准封面的左上角，CCS分类也用于标准的查询和检索。

与核工业关系密切的CCS代码及其标准类目如下：

A——综合(General)，包括：

A20～A39——基础标准；

A40～A49——基础学科；

A50～A64——计量；

A65～A74——标准物质；

A80～A89——标志、包装、运输、贮存。

C——医药、卫生、劳动保护(Medicine,Public Health,Labour Protection)。

D——矿业(Ore and Mining Equipments)。

F——能源、核技术(Energy,Nuclear Technology)，包括：

F00～F09——F类综合；

F10～F19——能源；

F20～F29——电力；

F40～F49——核材料、核燃料；

F50～F59——同位素与放射源；

F60～F69——核反应堆；

F70～F79——辐射防护与监测；

F80～F89——核仪器与核探测器；

F90～F99——低能加速器。

K——电工(Electro-technology)，包括：

K00～K09——电工综合；

K10～K19——电工材料和通用零件；

K20～K29——旋转电机；

K30～K39——低压电器；

K40～K49——输变电设备；

K50～K59——发电用动力设备；

K60～K69——电气设备与器具；

K70～K79——电气照明；

K80～K89——电源；

K90～K99——电工生产设备。

L——电子元器件与信息技术(Electronic Components and Information Technology)，包括：

L00～L09——L类综合；

L10～L34——电子元件；

L35～L39——电真空器件；

L40～L49——半导体分立器件；

L50～L54——光电子器件；

L55～L59——微电路；

L60～L69——计算机；

L70～L84——信息处理技术；

L85～L89——电子测量与仪器；

L90～L94——电子设备专用材料、零件、结构件；

L95～L99——电子工业生产设备。

M——通信、广播(Communication，Broadcasting)，包括：

M10～M29——通信网；

M30～M49——通信设备。

N——仪器、仪表(Instrumentation and Meters)，包括：

N00～N09——N类综合；

N10～N19——工业自动化仪表与控制装置；

N20～N29——电工仪器仪表。

P——工程建设(Engineering Construction)，包括：

P00～P09——P类综合；

P10～P14——工程勘察与岩土工程；

P15～P19——工程抗震、工程防火、人防工程；

P20～P29——工程结构；

P30～P39——工业与民用建筑；

P40～P44——给水、排水工程；

P45～P49——供热、供气、空调机制冷工程；

P50～P54——城乡规划与市政建设；

P55～P59——水利、水电工程；

P60～P64——电力、核工业工程；

P65～P69——交通运输工程；

P70～P79——原材料工业及通信、广播工程；

P80～P84——机电制造业工程；

P90～P94——工业设备安装工程；

P95～P99——施工机械设备。

Q——建材(Building Materials)。

Z——环境保护(Environmental Protection)，包括：

Z00～Z09——环境保护综合；

Z10～Z39——环境保护采样、分析测试方法；

Z50～Z59——环境质量标准；

Z60～Z79——污染物排放标准。

3.5.2 国家标准

制定国家标准的法律依据是《标准化法》第六条，即“对需要在全国范围内统一的技术要求，应当制定国家标准……”

国家标准(包括标准样品的制作)的范围是：

1) 互换配合、通用技术语言要求，包括术语、符号、代号(代码)、文件格式、制图方法等；

2) 保障人体健康和人身、财产安全的要求(安全卫生要求)；

3) 基本原料、燃料、材料的技术要求；

4) 通用基础件的技术要求；

5) 通用的试验、检验方法；

6) 通用管理要求；

7) 工程建设的重要技术要求；

8) 国家需要控制的其他重要产品的技术要求。

3.5.3 行业标准

3.5.3.1 制定行业标准的法律依据

《标准化法》第六条规定，对没有国家标准而又需要在全国某个行业范围内统一的技术要求，可以制定行业标准。行业标准由国务院有关行政主管部门制定，并报国务院标准化行政主管部门备案，在公布国家标准之后，该项行业标准即行废止。

特别值得提出的是，国家标准和行业标准在内容和适用范围上无实质差别，同一标准化对象既可制定为国家标准，也可制定为行业标准，主要取决于标准的审批、编号和发布的主管部门是国务院标准化行政主管部门还是国务院有关主管部门。行业标准虽然也能在全国范围内适用，但影响力度较小，特别是产品涉及对外贸易时，国家标准更为有力和有利。

3.5.3.2 行业标准现状

我国现有行业标准的代号及主管部门见表3-1。

表 3-1　我国现有行业标准的代号及主管部门

序　号	代　号	含　义	主管部门
01	BB	包装	中国包装总公司
02	CB	船舶	工业和信息化部
03	CH	测绘	国家测绘局
04	CJ	城镇建设	住房和城乡建设部
05	CY	新闻出版	国家新闻出版总署
06	DA	档案	国家档案局
07	DB	地震	国家地震局
08	DL	电力	国家能源局
09	DZ	地质矿产	国土资源部
10	EJ(核电除外)	核工业	工业和信息化部
11	FZ	纺织	中国纺织工业协会
12	GA	公共安全	公安部
13	GY	广播电影电视	国家广播电影电视总局
14	HB	航空	工业和信息化部
15	HG	化工	中国石油和化学工业协会
16	HJ	环境保护	国家环境保护部
17	HS	海关	海关总署
18	HY	海洋	国家海洋局
19	JB	机械	工业和信息化部
20	JC	建材	住房和城乡建设部
21	JG	建筑工业	住房和城乡建设部
22	JR	金融	中国人民银行
23	JT	交通	交通部
24	JY	教育	教育部
25	LB	旅游	国家旅游局
26	LD	劳动和劳动安全	劳动和社会保障部
27	LY	林业	国家林业局
28	MH	民用航空	中国民航管理局
29	MT	煤炭	国家能源局
30	MZ	民政	民政部
31	NB(包括核电)	能源	国家能源局
32	NY	农业	农业部
33	QB	轻工	工业和信息化部
34	QC	汽车	工业和信息化部
35	QJ	航天	工业和信息化部(航天)
36	QX	气象	中国气象局

续表

序　号	代　号	含　义	主管部门
37	SB	商业	国家商务部(中国商业联合会)
38	SC	水产	农业部(水产)
39	SH	石油化工	工业和信息化部(中国石油和化学工业协会)
40	SJ	电子	工业和信息化部(电子)
41	SL	水利	水利部
42	SN	商检	国家质量监督检验检疫总局
43	SY	石油天然气	中国石油和化学工业协会
44	SY(10000号以后)	海洋石油天然气	国家能源局(中国海洋石油总公司)
45	TB	铁路运输	铁道部
46	TD	土地管理	国土资源部(土地)
47	TY	体育	国家体育总局
48	WB	物资管理	商务部(中国物资流通协会)
49	WH	文化	文化部
50	WJ	兵工民品	工业和信息化部(兵器)
51	WM	外经贸	商务部
52	WS	卫生	卫生部
53	XB	稀土	国家发改委(稀土办公室)
54	YB	黑色冶金	中国钢铁工业协会
55	YC	烟草	工业和信息化部(国家烟草专卖局)
56	YD	通信	工业和信息化部(邮电)
57	YS	有色冶金	中国有色金属工业协会
58	YY	医药	国家药品监督管理局
59	YZ	邮政	国家邮政局

3.5.4 地方标准

《标准化法》第六条规定,对没有国家标准和行业标准而又需要在省、自治区、直辖市范围内统一的工业产品的安全、卫生要求,可以制定地方标准。地方标准由省、自治区、直辖市标准化行政主管部门制定,并报国务院标准化行政主管部门和国务院有关行政主管部门备案,在公布国家标准或者行业标准之后,该项地方标准即行废止。

《标准化法》第七条规定,省、自治区、直辖市标准化行政主管部门制定的工业产品的安全、卫生要求的地方标准,在本行政区域内是强制性标准。

地方标准大多是产品的安全卫生标准,通常是强制性的。地方标准的编号为DB××(或DB××/T)×××－××××(DB后的2位阿拉伯数字表示省、自治区、直辖市的代码)。

3.5.5 企业标准

3.5.5.1 制定企业标准的法律依据

《标准化法》第六条规定，企业生产的产品没有国家标准和行业标准的，应当制定企业标准，作为组织生产的依据。企业的产品标准须报当地政府标准化行政主管部门和有关行政主管部门备案。已有国家标准或者行业标准的，国家鼓励企业制定严于国家标准或者行业标准的企业标准，在企业内部适用。

企业应有国家标准、行业标准或企业标准作为生产的依据，除非另有合同规定，该标准应是交货的依据，也是监督检查的依据。内控标准可不公开和备案，但作为交货依据的标准例外。

企业标准按 GB/T 1.1 等的规定编写。

3.5.5.2 制定企业标准的原则和范围

(1) 企业标准的制定原则

制定/修订企业标准应遵循下述原则：

1) 贯彻执行国家和地方有关的法律、法规、规章和强制性标准；

2) 与本企业的企业标准和上级标准不矛盾、不冲突，协调一致；

3) 充分考虑顾客和市场需求，保证产品质量，包含消费者利益；

4) 积极采用国家标准和国外先进标准；

5) 有利于扩大对外经济合作和国际贸易；

6) 有利于新技术的发展和推广。

(2) 企业标准的制定范围

企业标准的制定范围包括如下几个方面：

1) 产品标准；

2) 生产、技术、经营和管理活动中所需的技术标准、管理标准和工作标准；

3) 产品形成过程(产品生命周期)的标准(过程标准)，包括设计、采购、工艺、工装、半成品以及服务的技术标准；

4) 与环境、职业健康、安全、能源、信息等有关的其他技术标准；

5) 对已有上级标准的领域，企业应制定严于或高于上级标准的企业内控标准。

3.5.5.3 企业标准体系

(1) 概述

企业标准体系具有一般标准体系的所有特征。它以技术标准子体系为主，包括管理标准子体系和工作标准子体系等，见图 3-4。各子体系又由若干个架构及其标准构成，子体系、架构、标准彼此之间都具有相互关联、相互依赖和相互作用的内在联系，并且与企业标准体系运行的外部环境，如管理职能、资源管理密切相关，从而实现企业标准体系的全面功能。

(2) 企业标准体系的组成

企业标准体系是企业其他各项管理(例如，质量管理、环境管理等)体系的基础，本体系应充分满足其他管理体系的要求，以便促进企业形成协调配套、自我完善的管理体系和运行机制。

企业标准体系见图 3-4，其中技术标准子体系是主体，管理标准子体系是实施技术标准子体系的保证，而工作标准子体系是落实技术标准子体系和管理标准子体系的手段。

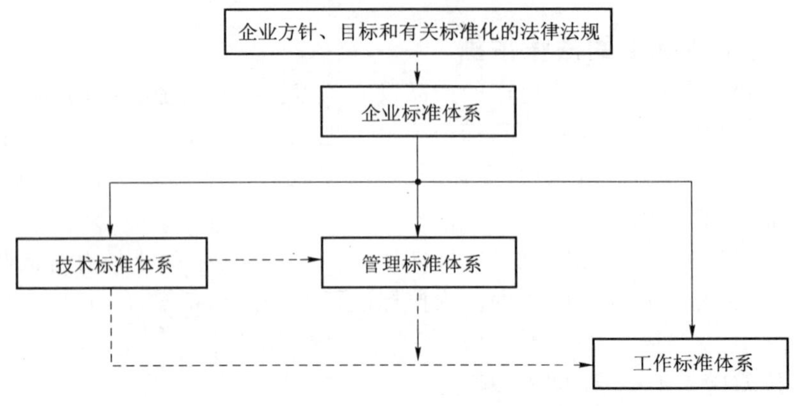

图 3-4 企业标准体系框图

——表示方框之间的直属关系；----表示方框之间的关联

(3) 企业技术标准子体系

1) 概述

企业技术标准子体系应贯彻企业技术标准与质量、环境和职业健康安全等管理相融合的指导思想。

企业技术标准子体系可分为：

- 企业综合技术标准子体系(对生产多个产品的企业)；
- 以产品为中心的技术标准子体系(对生产单一产品的企业)。

2) 企业综合技术标准子体系

企业综合技术标准子体系分为三个层次(见图 3-5)，其第二层包括：

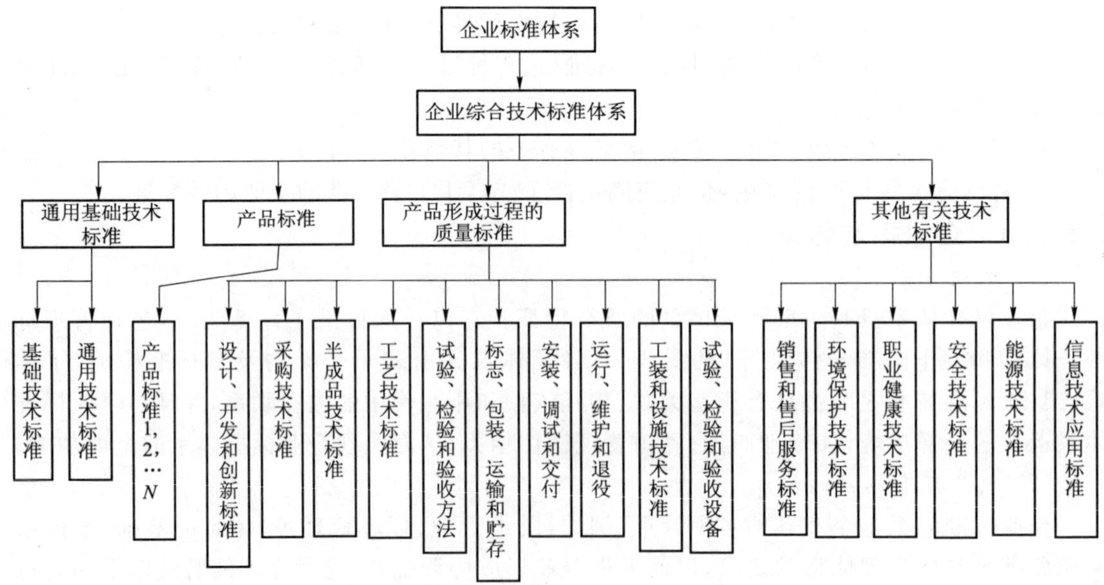

图 3-5 企业综合技术标准体系

- 通用基础标准；
- 产品标准；
- 产品形成过程中与质量有关的标准(过程标准)；
- 其他有关技术标准。

企业技术标准(内容和格式)按 GB/T 1.1 等有关标准的规定编写。

3) 以产品为中心的技术标准子体系

当企业仅生产单一产品或少数几种产品时,可建立以产品为中心的企业技术标准子体系,该体系以产品生命周期为主线。图 3-6 是某企业以核电站数字化安全重要仪表和控制系统(I&C)为中心的技术标准子体系。

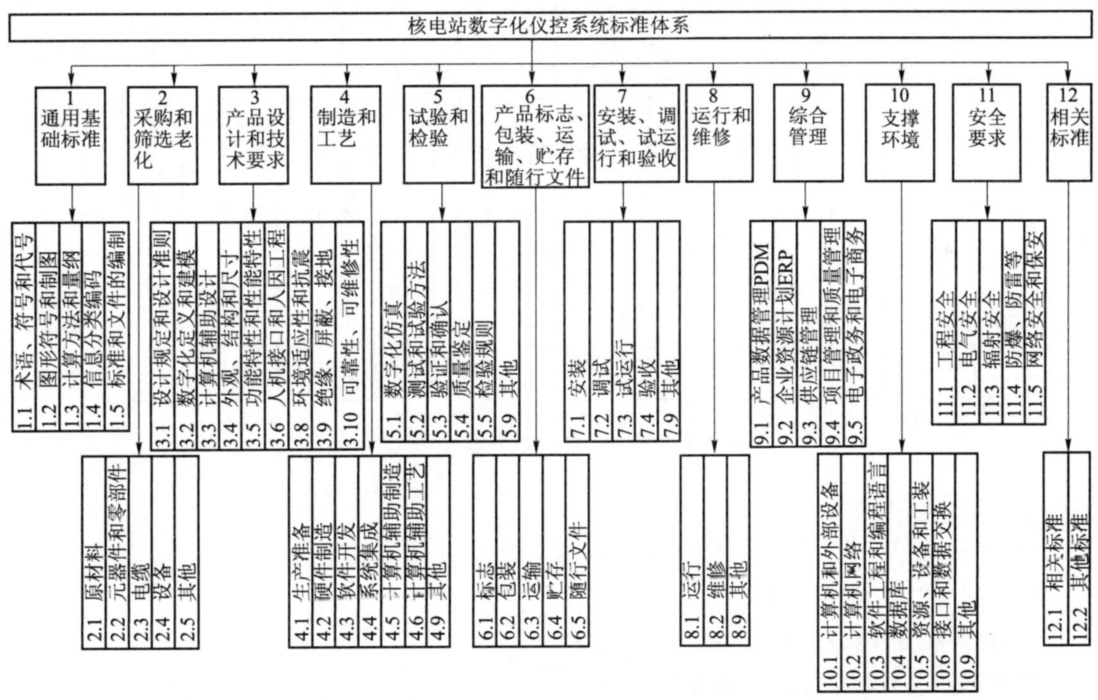

图 3-6　以单一产品为中心的企业技术标准子体系

(4) 企业管理标准子体系及标准

企业管理标准子体系与其技术标准子体系相对应,各技术标准类目或技术标准,均有相应的管理标准类目和管理标准。

管理标准均是实施相应技术标准的措施和提高产品质量的保证。管理标准的内容包括：

1) 封面、前言、引言(需要时)、标准名称；

2) 第 1 章"范围"；

3) 第 2 章"规范性引用文件"(需要时)；

4) 第 3 章"术语和定义"(需要时)；

5) 第 4 章"职责",明确各项管理活动的执行部门及其职责和权限,各部门之间的接口和相互关系等；

6）第 5 章“管理活动的内容和方法”；

7）第 6 章“报告和记录”；

8）附录。

（5）企业工作标准子体系及标准

企业工作标准子体系包括：决策层工作标准、管理层工作标准和操作人员工作标准（见图 3-7）。

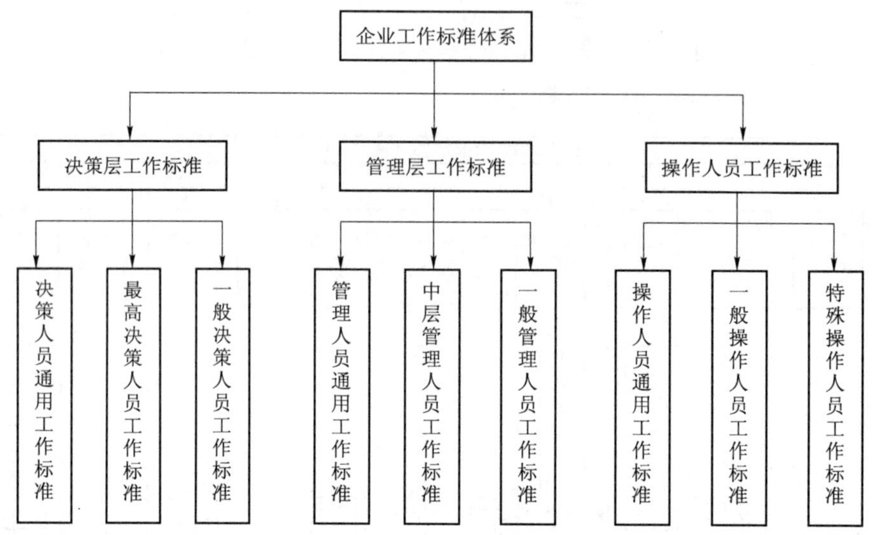

图 3-7　工作标准体系结构

工作标准的内容包括：

1）封面、前言、引言（需要时）、标准名称；

2）第 1 章“范围”；

3）第 2 章“规范性引用文件”（需要时）；

4）第 3 章“术语和定义”（需要时）；

5）第 4 章“职责和权限”，明确各岗位人员的职责和权限，各岗位人员之间的接口和相互关系等；

6）第 5 章“岗位人员资格要求”；

7）第 6 章“工作内容和要求”；

8）第 7 章“检查与考核”；

9）第 8 章“报告和记录”；

10）附录。

参考文献

[1] 中国标准化研究院．国内外标准化现状及发展趋势研究．北京：中国标准出版社，2007.

[2] 国家标准化管理委员会．企业标准体系实施指南．北京：中国标准出版社，2003.

[3] 国家标准化管理委员会．标准化技术委员会手册．北京：中国标准出版社，2004.

[4] 白殿一，等．标准的编写．北京：中国标准出版社，2009.

[5] 国家标准化管理委员会(译). 国际标准分类法 ICS. 3 版. 北京:中国标准出版社,2003.
[6] GB/T 15496—2003 企业标准体系 要求.
[7] GB/T 15497—2003 企业标准体系 技术标准子体系.
[8] GB/T 15498—2003 企业标准体系 管理标准和工作标准子体系.
[9] GB/T 19273—2003 企业标准体系 评价与改进.
[10] GB/T 19000—2008/ISO 9000:2008 质量管理体系 基础和术语.
[11] GB/T 20000.1—2002 标准化工作指南 第1部分:标准化和相关活动的通用词汇.

第4章 中国核工业标准化

4.1 中国核工业专业领域

4.1.1 专业领域简述

中国核工业标准化涉及的专业领域包括铀矿地质勘查、铀矿的开采与冶炼、铀纯化、同位素分离、燃料元(组)件、核燃料后处理、反应堆工程、放射性废物管理、核设施退役、辐射防护、核技术应用等。

4.1.2 铀矿地质勘查

铀是核工业最基本的资源。铀矿地质勘查,从大量的基础性地质调查工作做起,经过多个阶段的勘查和评价,提交可供开发的资源储量。矿产从发现、预查、普查、详查、勘探到提供开采是一个十分复杂的过程。铀矿普查勘探工作的程序,包括区域地质调查、普查和详查、揭露评价、勘探等相互衔接的阶段。同时还伴有一系列的基础地质工作,如地形测量、地质填图、原始资料编录、岩石矿物鉴定、样品的化学和物理分析、矿石工艺试验、资料综合整理等。

铀矿普查找矿是铀矿勘查工作的初期阶段。根据铀矿地质资料和综合找矿信息,运用有效的技术方法,在选定的铀成矿远景区内,大致查明铀成矿地质背景,放射性地球物理场、地球化学场特征,圈出成矿远景地段,发现和评价铀异常点(带)、矿化点及查明是否有进一步工作价值的矿床或矿体,为详查工作提供依据及建议。

铀矿地质详查,对经过铀矿普查阶段工作证实具有进一步工作价值的铀矿化详查区,作出是否具有工业价值的评价,探求详查储量,提交详查报告,为是否进行勘查提供依据。具体要求查明以下方面的问题:矿床地质、水文地质、地球物理场的特征和其对矿化的控制作用;矿体和矿石的特征;矿石的水冶加工性能;工程地质条件和矿山开采可能产生的环境地质和环境污染问题。内生铀矿床的详查深度一般控制在300～500 m,个别情况可超过500 m。按规范要求提供相应级别的储量。详查报告可作为矿山总体规划或总体设计以及矿山建设项目建议书的依据。

铀矿地质勘探,对具有工业利用价值并拟在近期开采利用的铀矿床或详查所圈定的铀矿化地段,系统地部署揭露工程,探求勘探储量,提交铀矿地质勘探报告,为矿山建设和规划提供必需的资料。具体要求查明以下方面:成矿地质条件和矿产分布情况;主矿体(或主要矿体)和矿石的特征;有用组分和有害组分的含量及分布规律,对具有经济价值的有用组分进行综合评价;影响矿床开采的水文地质、工程地质、环境地质条件,并预测矿山开采过程中可能出现的各种问题。针对不同类型矿石进行加工选冶性能试验，对难选冶矿石或新类型矿石进行半工业试验，甚至工业试验。按矿床勘探类型提交相应级别的铀储量。

4.1.3　铀矿的开采与冶炼

铀矿开采的任务是把工业品位的铀矿石从地下矿床中开采出来。开采的方法主要包括地下开采法、露天开采法以及地浸采矿法。

地下开采亦称井下开采，是通过掘进联系地表与矿体的一系列井巷，从矿体中采出矿石。地下开采的工艺过程比较复杂，机械化程度比较低。在矿床离地表较深的条件下需要采用这种方法。

铀矿露天开采，通过从地表先剥离覆盖岩层，而后开采铀矿石的开采方式。

地浸采矿法（又称原地浸出采矿法）是把化学溶剂（溶浸液）通过钻孔直接注入地下矿体（原生的或者经过爆破松碎的）内，浸出矿石中的铀，再收集含铀浸出液，经过另外的钻孔提升到地面进行回收处理。地浸采铀包括矿床地质和水文地质评价、井型与井距的确定、钻孔结构与施工、溶浸液配制、溶浸范围控制、地下污水防治等方面的内容。

如果开采出来的铀矿石中掺入废石（脉石、围岩）较多，一般宜经过物理选矿，再进行化学处理。目前采用的铀的物理选矿方法有：放射性选矿、浮游选矿、重力选矿、选择性磨矿选矿、电磁选矿等。其中放射性选矿用得较多。

天然铀的冶炼一般分为三个阶段：① 把铀矿石加工成为铀化学浓缩物；② 把铀化学浓缩物精制成为核纯产品；③ 还原为金属铀（或转化为 UF_6）。

铀矿石加工是天然铀冶炼的第一阶段。它的基本任务是将开采出来的、具有工业品位或经过物理选矿的矿石（含铀量一般在 0.05%～0.3%）加工浓集成含铀量较高的中间产品，通常称为铀化学浓缩物（又称黄饼）。由于铀矿石加工过程多采用湿法化学处理，习惯上常称之为铀的水冶。

铀矿石加工可归纳为下列几个主要的生产步骤：① 矿石准备。矿石准备的目的是将矿山开采出来的矿石，经过破碎、磨细等工序的处理，使铀矿物充分暴露，以便于浸出。② 矿石浸出。在一定的工艺条件下，借助于一些化学溶剂或其他手段，将矿石中有价值的组分，选择性地溶解出来，叫做浸出或浸取。根据铀矿性质的不同，有两种不同的浸出剂：酸和碱。即浸出方法分酸法和碱法。③ 铀的提取。将浸出液中的铀与其他杂质分离，同时使铀得到部分浓集，提取的主要方法有离子交换法、溶剂萃取法等。④ 沉淀出铀化学浓缩物。得到以重铀酸盐或以铀酸盐形式存在的铀浓缩物，是水冶厂的主要产品，即黄饼。

4.1.4　铀纯化

不同形式的铀化学浓缩物经溶剂萃取纯化，去除其中的有害杂质，特别是中子俘获截面大的杂质元素，然后转化成 UO_2、金属铀或 UF_6。

铀矿山、水冶及纯化的工艺概况如图 4-1 所示。

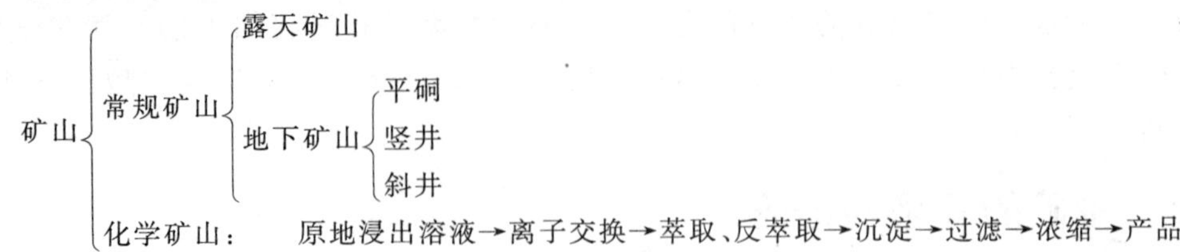

水冶
- 常规水冶：破碎→磨矿→浸出→离子交换→萃取、反萃取→沉淀→过滤→浓缩物产品
- 地表堆浸：粗碎→渗(浸)出液→离子交换→萃取、反萃取→沉淀→过滤→浓缩物产品
- 地下堆浸：原地爆破浸出液→离子交换→萃取、反萃取→沉淀→过滤→浓缩物产品

纯化：浓缩物产品→煅烧→溶解→过滤→萃取、反萃取→沉淀→结晶→过滤→煅烧→冷却→UO_2、U_3O_8 产品

图 4-1 铀矿山、水冶工艺概况

4.1.5 同位素分离

同位素分离是指使同位素丰度产生变化的过程。目前，非铀同位素的分离(又称稳定同位素分离)有了很大发展，但最大规模的同位素分离仍然是铀同位素分离。铀同位素分离是指将铀元素中的^{235}U的含量提高到所需丰度的过程。天然铀元素中含有^{234}U、^{235}U和^{238}U。由于^{234}U的含量很少，只含0.005 6%，一般将分离天然铀作为两组分考虑。天然铀中^{235}U的含量为0.711%。但是作为轻水堆的燃料，^{235}U的含量需达到2.5%～5%，作为原子弹装料所用的^{235}U的含量需达到90%以上。因此，铀同位素的分离对和平利用原子能以及防止核武器扩散都具有十分重要的意义。分离铀同位素的方法很多，但是曾经或今后可能达到工业生产规模的主要有气体扩散法、气体离心法、激光分离法等。

目前实用的几种铀同位素分离法均使用 UF_6 作为工作介质。UF_6 是铀的唯一稳定的挥发性化合物，并且氟只有一种同位素(^{19}F)，因此 UF_6 成为分离铀同位素的理想工作介质。UF_6 常温常压下为近乎白色的固体，沸点(升华点)为56.4 ℃，三相点温度为64.02 ℃。铀富集厂的原料是 UF_6，产品是 UF_6(其中^{235}U被富集了)，尾料也是 UF_6(其中^{235}U被贫化了)。UF_6 通常以粉末状态装在特别的金属罐内。供料时用感应加热器把它升华成气体，输进工艺系统；取出产品和尾料时，用冷凝器把它凝固为固体，封装起来。

UF_6 制备的方法通常是在高温下用氟气直接氟化 UF_4 生成 UF_6。从铀同位素分离厂取出的产品和尾料，通常用氢气还原为 UF_4，再进一步还原为金属铀或水解为 UO_2，这一过程也叫做 UF_6 转化。

4.1.6 燃料元(组)件

通常核燃料以燃料元件的形式在反应堆中得以利用。燃料元件主要由(核)燃料芯体和包壳组成。常用的燃料芯体有 U-Al 合金、UO_2 或 $(U,Pu)O_2$ 陶瓷和 U_3Si_2-Al 弥散体等；包壳有铝合金、锆合金、不锈钢和石墨等。不同堆型采用不同的燃料元件，按堆型冠名的有压水堆燃料元件、重水堆燃料元件等；按燃料形态可分为金属型、陶瓷型和弥散型等；按形状划分又有棒状、管状、板状和球状等，此类燃料元件相应被称为燃料棒、燃料管、燃料板和燃料球等。就目前大多数轻水堆和重水堆而言，燃料元件即燃料棒，它由 UO_2 燃料与 Zr-4 合金的包壳构成。燃料组件为组装在一起并且在堆芯装料和卸料过程中不拆开的一组燃料元件。

我国全部核电厂及各类研究堆的燃料元件基本实现了国产化，质量达到国际先进水平，并且能生产出合格的高燃耗燃料元件。

4.1.7　核燃料后处理

核燃料后处理是对反应堆中辐照过的核燃料进行化学处理，回收未用尽的和新生成的核燃料物质，并对处理过程中产生的放射性废物进行安全、妥善的处理。

核燃料后处理的主要目的是：① 回收剩余的和新生的易裂变材料^{235}U、^{233}U及 Pu 和可转换材料^{238}U或^{232}Th；② 去除放射性的和中子吸收截面大的裂变产物；③ 提取有用的裂变产物，如^{90}Sr、^{137}Cs和超铀元素如 Np、Am 和 Cm。

4.1.8　反应堆工程

核反应堆通常指裂变反应堆，即利用易裂变核素发生可控的自持链式核裂变反应的装置。反应堆工程是与反应堆的设计、建造和运行有关的全部工程技术的统称，它包括反应堆物理、反应堆热工、反应堆燃料和材料、反应堆化学、反应堆控制、反应堆建造和运行、辐射防护以及燃料后处理等。

反应堆可以按照各种不同的方法进行分类，还可按表 4-1 中的特征进行组合，但只有部分是可实现的，商业成功的更少，现在主要的商业堆型是压水堆。

目前，世界上应用比较普遍或具有良好发展前景的核电堆型，主要有压水堆（PWR）、沸水堆（BWR）、重水堆（PHWR）、高温气冷堆（HTGR）和快中子堆（LMFBR）五种堆型。

表 4-1　反应堆的分类

序号	分类的方法	名称和特征
A	用途	A1 动力堆：用于发电、供热和推进动力，有陆上发电堆、供热堆、发电供热两用堆、舰船推进用堆、飞机推进用堆、火箭推进用堆等； A2 生产堆：有生产裂变燃料^{239}Pu和（或）^{3}H的核燃料生产堆、同位素生产堆、生产发电两用堆等； A3 研究试验堆：有研究用堆、零功率堆、材料试验堆、高通量试验堆、脉冲试验堆、中子源堆等； A4 特殊用途堆：如材料改性堆、食品辐照堆、医疗辐照堆等
B	中子能量	B1 热中子堆：其中裂变反应主要由热中子（能量约为 0.025 eV）引起； B2 中能中子堆：其中裂变反应主要由超热中子（能量约为 0.2 eV～1 keV）引起； B3 快中子堆：其中裂变反应主要由快中子（能量超过 0.1 MeV）引起
C	核燃料和慢化剂的布置（限于热中子堆和中能中子堆）	C1 均匀堆：其中核燃料同慢化剂均匀混合（如铀化合物溶解热中子堆和中能中子堆或悬浮在慢化剂中，形成溶液或浆液）； C2 非均匀堆：其中固体或液体核燃料（如熔盐）同慢化剂不相混合
D	核燃料	D1 天然铀反应堆； D2 低富集铀或 U-Pu 混合氧化物（MOX）反应堆； D3 高富集铀反应堆； D4 以 Pu 加转换原料为燃料、可 U-Pu 燃料循环的钚堆（有快中子增殖堆、先进热中子堆等堆型）； D5 以裂变燃料加 Th 为燃料、可 Th-U 燃料循环的钍堆（有轻水增殖堆、熔盐增殖堆、重水堆、高温气冷堆等堆型）

续表

序号	分类的方法	名称和特征
E	慢化剂	E1 石墨堆； E2 重水堆，其中坎杜(CANDU)型为压力管式天然铀重水堆； E3 轻水堆，包括压水堆和沸水堆； E4 氢化锆反应堆
F	冷却剂	F1 气冷堆：可用空气、CO_2、氦、水蒸气等冷却剂，如重水气冷堆、石墨气冷堆、高温气冷堆、气冷快中子堆等； F2 液冷堆：可用水、重水、有机溶液等冷却剂，如石墨水冷堆、沸水冷却石墨堆、沸水冷却重水堆、有机冷却重水堆等； F3 液态金属冷却堆：可用钠、K-Na 合金、铅、Bi-Pb 合金等冷却剂，如石墨钠冷堆、钠冷快中子堆等
G	核燃料转换性能	G1 燃烧堆(无明显的核燃料转换)； G2 转换堆(有显著的核燃料转换，但转换比小于 1)； G3 增殖堆(核燃料转换比大于 1)，包括快中子增殖堆和热中子增殖堆
H	新堆型开发阶段	H1 实验堆； H2 原型堆； H3 商业示范(验证)堆
I	结构形式	I1 重水堆有压力容器式与压力管式； I2 钠冷快中子堆有池式与环路式之分； I3 高温气冷堆有球床式与柱床式之分； I4 轻水型研究试验堆有游泳池式、水罐式与池内罐式之分
J	空间位置	J1 陆上固定式反应堆； J2 陆上可移动式或可拆装式反应堆； J3 海上浮动式反应堆； J4 空间反应堆

4.1.9 放射性废物管理

放射性废物是指含放射性物质或被放射性物质所污染，其活度或活度浓度大于规定的清洁解控水平，并且所引起的照射未被排除的废弃物(不管其物理形态如何)。放射性废物管理是指与放射性废物的产生、预处理、处理、整备、贮存、运输、处置和退役相关的各种行政与技术活动。放射性废物管理的基本要求是通过采取安全而又经济的措施，处理和处置好放射性废物，使人类健康和环境不论现在和将来都不会受到危害，不增加后代的负担和责任。放射性废物管理最终目标是安全、经济、科学和合理地处置放射性废物，实现同生物圈安全隔离和无害化。

放射性废物管理流程如图 4-2 所示。

我国 GB 18871—2002《电离辐射防护与辐射源安全基本标准》第 8.5 节“放射性废物管理”，规定了放射性废物管理的基本原则。

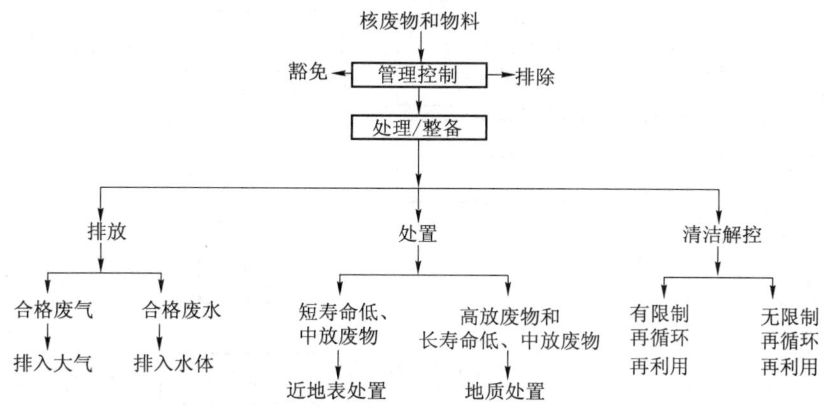

图 4-2　放射性废物管理流程图

4.1.10　核设施退役

核设施退役是指核设施使用期满或因其他原因停止服役后，为保护工作人员和公众的健康与保护环境，使核设施全部或部分解除审管控制而采取的行政的和技术的行动。

(1) 退役目标

退役的最终目标是无限制开放或使用场址，这个定义不适用于废物处置场或一些铀矿设施的关闭。有些核设施或者它的某些部分，经审管部门批准，进入到一个新的或者现存的核设施中，它所处的场址仍然在审管控制之下，也可以认为该核设施完成了退役。

退役活动达到场址无限制开放或使用，可能要几年甚至上百年时间，这取决于核设施的大小和退役策略。

(2) 退役策略

退役分为三种策略(strategy)，即：① 立即拆除(immediate dismantling)；② 延缓拆除(deferred dismantling)；③ 就地埋葬(on-site decommissioning，entombment)。

核设施退役采取什么策略，取决于以下三大因素：政治/地理/社会因素；技术因素；经济因素。

(3) 退役技术

核设施退役涉及的技术很多，包括源项调查、去污、切割解体、拆除和场地清污等。

(4) 退役管理

核设施退役管理涉及许多方面，最重要的是安全管理和废物管理。退役过程产生放射性和非放射性废物，有辐射安全、核安全和一般工业安全问题。退役前要制定安全大纲，经有关部门审核批准后实施。退役过程所产生的废物，大部分活度很低，经过检测有的可以排除解控，有的经过适当去污处理之后，就可以达到清洁解控水平。退役废物管理流程如图 4-3 所示。

4.1.11　辐射防护

辐射防护是专门研究防止电离辐射对人体危害的综合性边缘学科。其主要内容涉及的学科有：原子核物理学、核化学、辐射剂量学、核辐射探测技术、核电子学、放射生物学、放射

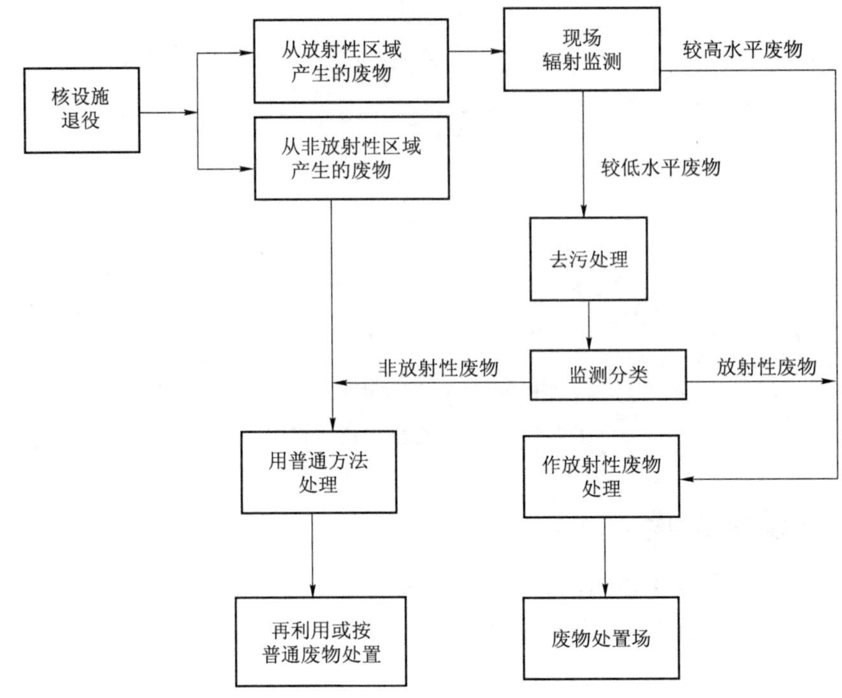

图 4-3 退役废物管理流程图

卫生学、放射生态学和辐射评价学等。辐射防护和核安全的目的是防止有害的确定性效应，并限制随机性效应的发生概率，使它们达到被认为可以接受的水平。

辐射防护和核安全的基本任务：既要保护放射性工作者本人和后代以及广大公众乃至全人类的安全；保护好环境；又要允许进行那些可能会产生辐射的必要实践以造福于人类。

4.1.12 核技术应用

核技术应用，也指同位素和辐射技术应用。同位素和辐射技术是以核科学为理论基础，研究应用同位素和电离辐射的特性与行为规律以及电离辐射同物质相互作用产生的各种效应的一门综合性技术。同位素与辐射技术的主要内容包括：稳定同位素、放射性同位素及其制品的制备，电离辐射装置的制作，以及这些制品和装置在工业、农业、医学、资源、环境、军事、科研乃至人民日常生活等方面的应用。

核技术应用可以从如下的一些应用来理解：① 信息获取技术。放射性同位素示踪技术，在工业化工（冶金，石油）、水文水利、科研（生命科学等）、临床诊断（放射性药物，RIA）、环境保护（农药，化肥等）、可活化示踪等方面的应用；放射性同位素检测技术，在工业非电参数监控（料位，厚度，密度，成分等）、非破坏性检测（射线照相，无损探伤等）、核测井（石油，煤等资源）、火灾报警、土壤分析等方面的应用；放射性同位素分析技术，如中子活化分析、X 荧光分析、穆斯堡尔效应应用等。② 辐射效应应用技术。比如，材料改性（聚合，交联，接枝，降解）；医疗用品消毒；食品保藏；药品、保健品、化妆品灭菌；人体组织移植中的灭菌处理；突变育种；昆虫不育；农产品检疫；低剂量刺激增产；疾病治疗；静电消除；商品养护；文物保护；环境治理等。③ 衰变能利用技术。包括放射性同位素衰变能转变为光能、电能、热能的各种技术，如氚光源、^{147}Pm 发光材料、航天电池、灯塔航标电源、边远地区(极地)光源的应用。

4.2　中国核工业标准化管理体制和运行机制

标准管理体制是指标准管理的组织架构，以及有关标准管理机构的职责。

4.2.1　核工业标准化管理体制

(1) 政府主管部门

我国标准分为国家标准、行业标准、地方标准和企业标准。标准化管理体制的一般介绍可以参考前面第三章的内容。核工业标准化管理体制简介如下。

中国国家标准化管理委员会是国务院授权的、履行行政管理职能、统一管理全国标准化工作的主管机构。核行业的国家标准也由国家标准化管理委员会管理。

国家能源局能源节约和科技装备司承担“指导能源行业节能和资源综合利用工作，承担科技进步和装备相关工作，组织拟定能源行业标准”的职责。核电的标准化工作主管部门是国家能源局。

军工核行业标准的政府主管部门是国防科工局。其他核行业标准的政府主管部门是工业和信息化部。见表 4-2。

表 4-2　核工业标准化管理体制

标准类别		标准代号	政府主管部门
国家标准		GB	中国国家标准化管理委员会
行业标准	核行业标准	EJ	工业和信息化部、国防科工局
	核电标准	NB	国家能源局

(2) 核工业标准化专业机构

我国的标准化研究机构由国务院行政主管部门指定建立并负责管理，分为具有法人地位的专业标准化研究所(院)，以及以大型研究设计院为技术支撑的标准化归口管理单位，它们从事经授权的专业领域标准化的开发研究和归口管理工作，也就是在上级标准化主管部门的领导和指导下，具体组织和承担：标准化研究项目；标准体系表的编制；标准制定/修订的规划、计划和立项的建议；标准的编写、审查和报批；标准批准发布后的条文解释、宣贯和培训；标准的复审和清理整顿；对口国际标准化组织(ISO/IEC)相应技术委员会的技术工作。

核工业标准化研究所是原国防科工委于 1983 年 5 月批准成立的负责整个核工业系统(核专业领域)标准化的专门研究机构。

核工业标准化研究所经过近 30 年的成长和发展，形成了一支从事标准研究、制定/修订以及审查的技术专家队伍，成为核工业标准化的专业研究机构。目前建立了核燃料循环、反应堆工程与仪表、核电、质量与可靠性、信息技术应用等 5 个标准化研究室，研究室各自开展相应的标准化研究与管理工作。全国核能标准化技术委员会和全国核仪器仪表标准化技术委员会两个秘书处设在核工业标准化研究所。核工业标准化研究所拥有核工业标准信息情报网，出版季刊杂志《核标准计量与质量》。

目前核工业标准化研究所是整个核行业唯一的标准化专业机构。

(3) 核工业标准化技术委员会

核工业标准化研究所现有“全国核能标准化技术委员会”和“全国核仪器仪表标准化技术委员会”两个秘书处。这两个标准化技术委员会均是全国性的委员会，核工业标准化研究所通过它们对整个核工业系统(特别是中核集团公司外的单位)的标准化实施归口管理。

全国核能标准化技术委员会 SAC/TC58 是国家标准化管理委员会下的一个专业标准化技术委员会，归口管理我国核能利用方面的标准化工作，包括辐射防护、反应堆、放射性同位素和核燃料分技术委员会。

TC58 正式成立于 1985 年 7 月，对应国际标准化组织核能技术委员会(ISO/TC85)，其成员是全国各与核有关的行业和单位委派的核能专家。

按国家标准化管理委员会的技术委员会章程规定，TC58 技术委员会每届任期为 3～5 年。TC58 于 2003 年通过换届成立了第 4 届技术委员会，TC 委员共 29 人。

TC58 的组织机构包括秘书处和 4 个分技术委员会(见图 4-4)。秘书处挂靠在核工业标准化研究所。

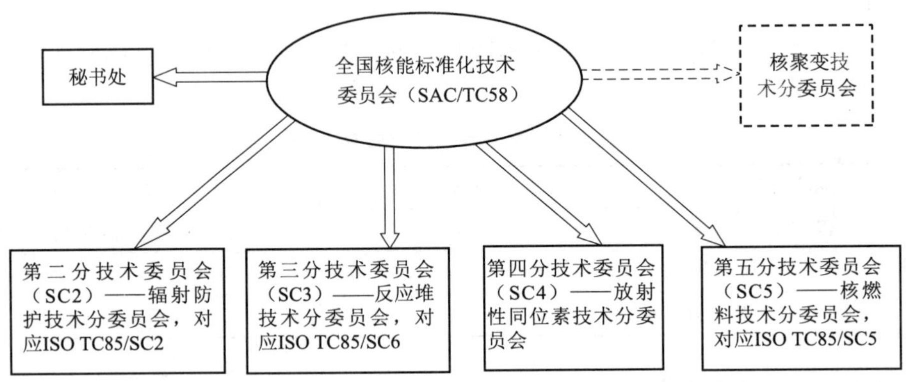

图 4-4 SAC/TC58 的组织结构

与 ISO/TC85 不同的是，SAC/TC58 的 SC 不设长期工作组(WG)，但可根据标准制定/修订需要设立临时工作组。

全国核仪器仪表标准化技术委员会 SAC/TC30 是国家标准化管理委员会下的一个专业标准化技术委员会，归口管理我国核仪器的标准化工作。

SAC/TC30 正式成立于 1983 年，对应国际电工委员会核仪器技术委员会(IEC/TC45)，其成员是全国各与核有关的行业和单位委派的核仪器仪表专家。TC30 的前身——IEC/TC45 中国委员会早在 1979 年就已开始标准化活动。

按国家标准化管理委员会的技术委员会章程规定，TC30 技术委员会每届任期为 3～5 年。TC30 于 2003 年通过换届成立了第五届技术委员会，TC 委员共 17 人。TC30 的组织机构(秘书处和 3 个分技术委员会)如图 4-5 所示。秘书处设在核工业标准化研究所。

与 IEC/TC45 不同的是，SAC/TC30 的 SC 不设长期工作组(WG)，但可根据标准制定/修订需要，设立临时工作组。

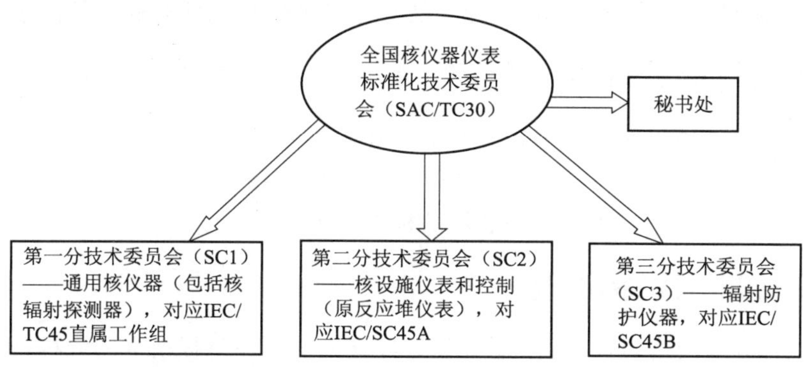

图 4-5　SAC/TC30 的组织结构

(4) 企事业单位标准化机构

一些核工业的研究院和工厂设有专门的标准化管理机构。

(5) 核工业标准化指导机构

中国核工业集团公司，在国务院有关行政主管部门（国标委、国家能源局、国防科工局、工业和信息化部等）与标准化技术支撑机构（核工业标准化研究所、标准化技术委员会）之间，协助政府部门指导技术机构和基层单位开展标准化工作，起到承上启下的作用。

4.2.2　核工业标准化运行机制

标准化的运行机制是标准制定过程的组织和程序。运行机制请参见本书第五章。

4.3　中国核工业标准化

核工业的标准化工作随着整个核工业的经济活动而开展，工作的重心是为了满足核工业的发展需要。下面简述相关专业领域的标准制定/修订等工作。

4.3.1　铀资源勘查和采冶标准化

铀资源勘查和采冶标准化，通过开展铀资源勘查与铀采冶标准化研究与标准制定/修订，总结、提炼和固化铀资源勘查与铀采冶科研生产中的新工艺、新技术、新经验，规范生产或试验中各个环节的工作条件和技术要求，确保试验结果准确可靠，降低关键环节设计与作业风险，为铀资源勘查与铀采冶的可持续发展服务。如硬岩型和砂岩型铀矿地质勘查技术标准的制定、铀采冶标准体系的设计、溶浸技术标准的制定。

4.3.2　铀浓缩标准化

铀浓缩标准化科研及标准制定/修订，包括离心机制造和离心工厂设计、建造、调试、运行等整个过程所需标准的制定/修订，以及建立标准体系。

4.3.3　核燃料元件标准化

压水堆以及国内其他各种堆型的燃料组件系统设计、制造标准体系和燃料元件制造检测标准的制定，满足国内高性能燃料元件以及其他各种燃料元件对标准的需求。

4.3.4 核燃料后处理标准化

标准化工作主要是为配合我国第一个动力堆核燃料后处理中试厂的运营和计划建设的大型后处理厂设计建造工作而开展的。初步建立的后处理标准体系，基本满足后处理中试厂和将要引进建造的大型核燃料后处理厂的标准需求。

4.3.5 反应堆工程标准化

反应堆工程是与反应堆的设计、建造和运行有关的全部工程技术的统称，但反应堆工程标准化目前是指除核电以外的反应堆工程部分，重点开展快中子增殖反应堆、高温气冷堆、先进研究堆和其他研究堆的标准体系研究和标准制定工作，为核能源领域应用先进反应堆技术提供标准化服务和保障。

4.3.6 核电标准化

核电标准化工作的政府主管部门是国家能源局能源节约和科技装备司。为了规范能源行业标准化工作，国家能源局于 2009 年发布了《能源领域行业标准化管理办法（试行）》、《能源领域行业标准制定管理实施细则（试行）》和《能源领域行业标准化技术委员会管理实施细则（试行）》。能源行业核电标准化技术委员会（NEA/TC2）是在核电专业领域内由专家组成的标准化技术组织，主要对能源行业核电标准起技术把关和技术咨询作用。国家能源局发布了《压水堆核电厂标准体系项目表》，对于二代改进型压水堆机组，标准体系完整配套，可以满足工程建设和运行的需求；对于三代压水堆机组，可以建立基本的标准框架，制定部分条件成熟的标准。

4.3.7 核设施退役与放射性废物治理标准化

包括核设施退役安全管理、工程设计和现场作业需要的标准，放射性废物治理工程需要的放射性废物管理标准以及铀矿冶设施退役治理需要的标准。

4.3.8 辐射防护与核安全标准化

为了满足核电、核技术应用、核燃料循环工业的发展和保证工作人员、公众和环境的安全需要，已经发布和正在制定的辐射防护与安全标准 300 项左右，初步形成了辐射防护与安全标准体系。

4.3.9 核仪器仪表标准化

核仪器仪表技术发展和产品更新较快，与此相应标准化的工作比较活跃。如国内已开发和生产的基于计算机的核电厂仪控系统、辐射型集装箱检查系统、自屏蔽式电子束消毒灭菌装置、网络式辐射监测系统等，取得了很大的市场，部分还用于当前国内外反走私、反毒和反恐斗争，以及用于要害部位和大型活动的安全监测和安全检查。标准化工作与技术发展和新产品研发需求相适应，并且标准化工作与国际是接轨的。全国核仪器仪表标准化技术委员会积极参与国际标准化工作，组织制定了国际标准 IEC 62523《辐射防护仪器 辐射型集装箱/车辆检查系统》。

4.4　中国核工业法规和标准简述

4.4.1　核安全有关法律、法规和导则

我国核安全法律法规体系，由国家法律、国务院行政法规、部门规章等组成。

(1) 国家法律

中华人民共和国环境保护法：是保护和改善生活环境、防治污染、保障人体健康，促进社会发展的法律，由人大常委会发布。

放射性污染防治法：是防止在核能开发、核技术应用及铀(钍)矿及伴生放射性矿开发利用中，由于废气排放、废液排放、固体废物以及贯穿辐射造成的环境污染，从而达到保护环境和保护公众健康的目的。

相关的法律见表 4-3。

表 4-3　我国与核安全相关的法律

序号	法　律
1	中华人民共和国环境保护法
2	中华人民共和国放射性污染防治法
3	中华人民共和国环境影响评价法
4	中华人民共和国大气污染防治法
5	中华人民共和国水污染防治法
6	中华人民共和国海洋环境保护法
7	中华人民共和国安全生产法
8	中华人民共和国食品卫生法
9	中华人民共和国药品管理法
10	中华人民共和国产品质量法
11	中华人民共和国职业病防治法
12	中华人民共和国矿产资源法
13	中华人民共和国防震减灾法

(2) 国务院行政法规

核安全管理条例：是规定管理范围、管理机构及其职权、监督管理原则及程序等重大问题的规章。它是国务院发布的行政法规，具有法律约束力。国务院发布的相关的五个条例见表 4-4。

表 4-4 核安全管理条例

序号	条例
1	中华人民共和国民用核设施安全监督管理条例
2	中华人民共和国核材料管制条例
3	核电厂核事故应急管理条例
4	放射性同位素与射线装置安全和防护条例
5	民用核安全设备监督管理条例

(3) 部门规章

实施细则:是根据核安全管理条例,规定具体实施办法的规章,由国家有关部门发布的部门规章,具有法律约束力。

核安全规定:是规定核安全目标和基本安全要求的规章,由国务院批准,国家有关部门发布并具有法律约束力的文件,属部门规章。

有关的部门规章见表 4-5。

表 4-5 核安全相关部门规章

序号	编号	部门规章	子标题
1	HAF001/01	中华人民共和国民用核设施安全监督管理条例实施细则之一	核电厂安全许可证件的申请和颁发
2	HAF001/01/01	中华人民共和国民用核设施安全监督管理条例实施细则之一　附件一	核电厂操纵人员执照的颁发和管理程序
3	HAF001/02	中华人民共和国民用核设施安全监督管理条例实施细则之二	核设施的安全监督
4	HAF001/02/01	中华人民共和国民用核设施安全监督管理条例实施细则之二　附件一	核电厂营运单位的报告制度
5	HAF001/02/02	中华人民共和国民用核设施安全监督管理条例实施细则之二　附件二	研究堆营运单位报告制度
6	HAF001/02/03	中华人民共和国民用核设施安全监督管理条例实施细则之二　附件三	核燃料循环设施营运单位报告制度
7	HAF002/01	核电厂核事故应急管理条例实施细则之一	核电厂营运单位的应急准备和应急响应
8	HAF003	核电厂质量保证安全规定	
9	HAF101	核电厂厂址选择安全规定	
10	HAF102	核电厂设计安全规定	
11	HAF103	核电厂运行安全规定	
12	HAF103/01	核电厂运行安全规定　附件一	核电厂换料、修改和事故停堆管理
13	HAF201	研究堆设计安全规定	
14	HAF202	研究堆运行安全规定	
15	HAF301	民用核燃料循环设施安全规定	

续表

序号	编　号	部门规章	子标题
16	HAF401	放射性废物安全监督管理规定	
17	HAF501/01	中华人民共和国核材料管制条例实施细则	
18	HAF601	民用核安全设备设计制造安装和无损检验监督管理规定	
19	HAF601/01	民用核安全设备设计制造安装和无损检验监督管理规定实施细则	
20	HAF602	民用核安全设备无损检验人员资格管理规定	
21	HAF603	民用核安全设备焊工焊接操作工资格管理规定	
22	HAF604	进口民用核安全设备监督管理规定	
23		放射性同位素与射线装置安全许可管理办法	

(4) 指导性文件

核安全部门还制定指导性的文件，包括核安全导则和核安全法规技术文件等两种。

核安全导则：是说明或补充核安全规定以及推荐有关方法和程序的指导性文件。

核安全导则见表 4-6。

表 4-6　核安全导则目录

序号	编　号	导　　则
	通用系列	
1	HAD002/01	核动力厂营运单位的应急准备
2	HAD002/02	地方政府对核动力厂的应急准备
3	HAD002/03	核事故辐射应急时对公众防护的干预原则和水平
4	HAD002/04	核事故辐射应急时对公众防护的导出干预水平
5	HAD002/05	核事故医学应急准备和响应
6	HAD002/06	研究堆应急计划和准备
7	HAD002/07	民用核燃料循环设施营运单位的应急计划
8	HAD003/01	核电厂质量保证大纲的制定
9	HAD003/02	核电厂质量保证组织
10	HAD003/03	核电厂物项和服务采购中的质量保证
11	HAD003/04	核电厂质量保证记录
12	HAD003/05	核电厂质量保证监察
13	HAD003/06	核电厂设计中的质量保证
14	HAD003/07	核电厂建造期间的质量保证
15	HAD003/08	核电厂物项制造中的质量保证
16	HAD003/09	核电厂调试和运行期间的质量保证
17	HAD003/10	核燃料组件采购、设计和制造中的质量保证
18		核应急导则——严重事故应急后期的防护措施和恢复工作决策

续表

序号	编　号	导　　则
19		核应急管理技术文件——放射性物质运输事故应急准备与响应
	核动力厂系列	
20	HAD101/01	核电厂厂址选择中的地震问题
21	HAD101/02	核电厂厂址选择的大气弥散问题
22	HAD101/03	核电厂厂址选择及评价的人口分布问题
23	HAD101/04	核电厂厂址选择的外部人为事件
24	HAD101/05	核电厂厂址选择的放射性物质水力弥散问题
25	HAD101/06	核电厂厂址选择与水文地质的关系
26	HAD101/07	核电厂厂址查勘
27	HAD101/08	滨河核电厂厂址设计基准洪水的确定
28	HAD101/09	滨海核电厂厂址设计基准洪水的确定
29	HAD101/10	核电厂厂址选择的极端气象现象
30	HAD101/11	核电厂设计基准热带气旋
31	HAD101/12	核电厂的地基安全问题
32	HAD102/01	核电厂设计中总的安全原则
33	HAD102/02	核电厂的抗震设计与鉴定
34	HAD102/03	用于沸水堆、压水堆和压力管式反应堆的安全功能和部件分级
35	HAD102/04	核电厂内部飞射物及其二次效应的防护
36	HAD102/05	与核电厂设计有关的外部人为事件
37	HAD102/06	核电厂反应堆安全壳系统的设计
38	HAD102/07	核电厂堆芯的安全设计
39	HAD102/08	核电厂反应堆冷却剂系统及其有关系统
40	HAD102/09	核电厂最终热阱及其直接有关输热系统
41	HAD102/10	核电厂保护系统及有关设施
42	HAD102/11	核电厂防火
43	HAD102/12	核电厂辐射防护设计
44	HAD102/13	核电厂应急动力系统
45	HAD102/14	核电厂安全有关仪表和控制系统
46	HAD102/15	核电厂燃料装卸和贮存系统
47	HAD102/16	核动力基于计算机的安全重要系统软件
48	HAD102/17	核动力厂安全评价与验证
49	HAD103/01	核电厂运行限值和条件
50	HAD103/02	核电厂调试程序
51	HAD103/03	核电厂堆芯和燃料管理
52	HAD103/04	核电厂运行期间的辐射防护
53	HAD103/05	核电厂人员的配备、招聘、培训和授权

续表

序号	编　号	导　　则
54	HAD103/06	核电厂安全运行管理
55	HAD103/07	核电厂在役检查
56	HAD103/08	核电厂维修
57	HAD103/09	核电厂安全重要物项的监督
58	HAD103/10	核动力厂运行防火安全
59	HAD103/11	核动力厂定期安全审查
60	HAD103/12	核电厂老化管理
	研究堆系列	
61	HAD201/01	研究堆安全分析报告的格式与内容
62	HAD202/01	研究堆运行管理
63	HAD202/02	临界装置运行及实验管理
64	HAD202/03	研究堆的应用及修改
65	HAD202/04	研究堆和临界装置退役
66	HAD202/05	研究堆调试
67	HAD202/06	研究堆维修、定期检验和检查
	核燃料循环设施系列	
68	HAD301/01	铀燃料加工设施安全分析报告的标准格式与内容
69	HAD301/02	乏燃料贮存设施的设计
70	HAD301/03	乏燃料贮存设施的运行
71	HAD301/04	乏燃料贮存设施的安全评价
	放射性废物管理系列	
72	HAD401/01	核电厂放射性排出流和废物管理
73	HAD401/02	核电厂放射性废物管理系统的设计
74	HAD401/03	放射性废物焚烧设施的设计与运行
75	HAD401/04	放射性废物的分类
76	HAD401/05	放射性废物近地表处置场选址
77	HAD401/06	放射性废物地质处置库选址
	核材料管制系列	
78	HAD501/01	低浓铀转换及元件制造厂核材料衡算
79	HAD501/02	核动力厂实物保护导则
80	HAD501/03	核设施周界入侵报警系统
81	HAD501/04	核设施出入口控制
82	HAD501/05	核材料运输实物保护
83	HAD501/06	核设施实物保护和核材料衡算与控制安全分析报告格式和内容
84	HAD501/07	核动力厂核材料衡算
	放射性位置运输管理系列	
85	HAD701/01	放射性物品运输容器设计安全评价(分析)报告的标准格式和内容

核安全法规技术文件表明,核安全当局对具体技术或行政管理问题的见解,在应用中参照执行。

4.4.2 核工业标准

核工业标准化研究所组织研发和编制了辐射安全与环境保护、核设施退役、核电厂、研究堆、核设施仪控电及探测器、核燃料、核材料管制、放射源及同位素、辐照装置及加速器、铀矿地质及矿冶、通用基础等方面的核工业标准体系表。截至 2008 年年底,组织制定标准 2 000 多项,现行有效标准 1 303 项,其中国家标准 275 项,核行业标准 908 项,国家军用标准 120 项,初步完善了核电、核燃料循环、辐射防护、核技术应用等核技术领域的标准体系。

下面对构成核工业标准体系的部分内容进行介绍。

(1) 核电标准

截至 2007 年,核工业先后制定了约 400 项核电标准,其中国家标准约占 25%(代号 GB),行业标准约占 75%(代号 EJ),初步形成了核电标准体系。标准范围涵盖了厂址选择、建(构)筑物设计建造、核电厂总体及系统设计建造、材料、仪控电系统和设备设计制造、核电厂燃料设计制造、辐射防护、核电厂消防、安装与调试、在役检查、应急等核电建设的各个方面。这些核电标准基本上能满足 30 万和 60 万千瓦级核电机组建设的需要。在核电由“适度发展”转变到“积极发展”以后,我国核电标准体系建设的重要性和必要性得到了广泛的认同。核电标准体系建设在核工业标准化工作中尤其受到了政府各级部门和不同行业的广泛关注和各级领导的重视,相应的核电标准化的管理机制和运行机制也发生了变化。国家能源局在 2009 年发布了《核电标准建设工作规则》,对组织机构及管理职责、核电标准化的运行机制作了规定。纳入“核电标准管理”的是指为核电厂选址、设计、建造、运行、退役等专门制定的国家标准和行业标准,涉及的行业包括核能、电力、机械、冶金等。其中的国家标准,遵守国家标准的管理规定,标准的代号是 GB。行业标准,遵守国家能源局发布的《能源领域行业标准化管理办法(试行)》及其实施细则的有关规定,标准的代号是 NB。核电标准建设工作的组织和领导由核电标准建设领导小组负责,组建了核电行业标准化技术委员会。核电行业标准化管理的技术支持单位在标准化的工作中也起到了很重要的作用。

在 2009 年,国家能源局发布了《压水堆核电厂标准体系建设规划》和《压水堆核电厂标准体系项目表》。在 2011 年发布了《压水堆核电厂标准体系项目表(2011 年修订版)》。《压水堆核电厂标准体系表》采用多层次结构(见图 4-6),第一层按照核电工程主要过程划分,包括“前期工作”、“工程设计”、“建造”、“调试”、“运行”、“退役”,同时把“通用和基础”、“设备”也放在这一层;第二层及以下结构按标准应用的对象、专业技术类别或工程阶段进行划分。标准项目表中共包含 832 项标准项目,这 832 项标准项目在 8 个领域的分布如下:“通用和基础(a)”领域 112 项;“前期工作(b)”领域 22 项;“工程设计(c)”领域 171 项;“设备(d)”领域 385 项;“建造(e)”领域 61 项;“调试(f)”领域 17 项;“运行(g)”领域 62 项;“退役(h)”领域 2 项。832 项标准中能动和非能动压水堆核电厂可共用的标准项目有 494 项,仅适用于非能动压水堆核电厂的有 132 项,仅适用于能动型压水堆核电厂的有 206 项。

(2) 辐射防护与核安全标准体系

我国在核工业开创不久就开始制定和实施辐射防护与核安全标准。经过几十年的努力,辐射防护与核安全领域的标准体系框架已经基本建立,发布的标准得到了较全面的实施。GB 18871—2002 入选优秀国家标准 50 例。

截至目前，辐射防护与核安全标准总数已近 300 项。已发布的标准按标准类别可分为基础通用标准、管理标准、方法标准和产品标准。

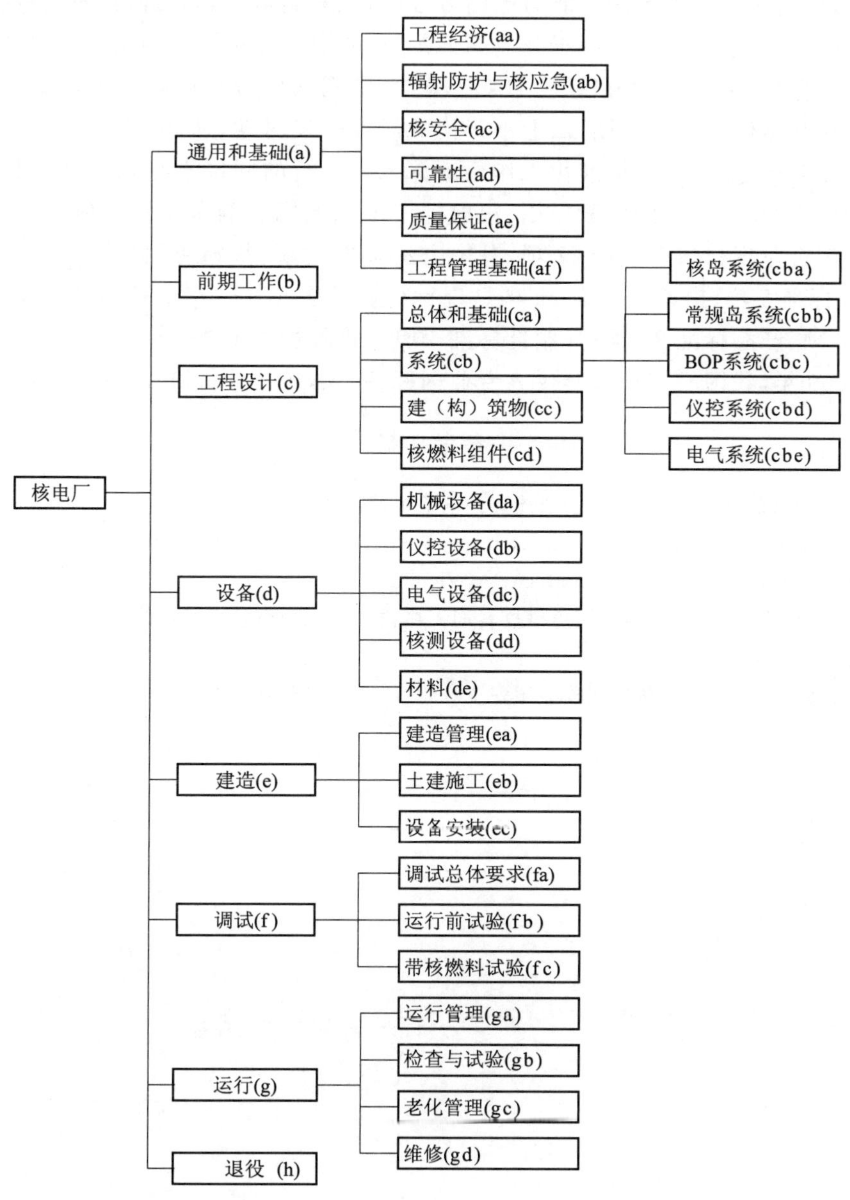

图 4-6　压水堆核电厂标准体系

我国辐射防护与核安全标准涵盖了核工业各个领域的安全问题，主要分为源的控制与管理和人员与环境辐射防护两大方面。其中源的控制与管理方面包括铀地质矿冶辐射安全标准、核设施辐射安全标准、放射性废物管理标准、放射性物质安全运输标准和反应堆外核临界安全标准五个门类；人员与环境辐射防护方面包括职业照射控制标准、公众照射控制与环境保护标准、干预的辐射防护标准和防护设备与仪表性能要求标准四个门类。标准体系结构布局合理，基础通用标准、管理标准和方法标准及产品标准相互协调。

(3) 核技术应用标准

放射性同位素的应用，在保障国家安全，深化农业绿色革命，促进工业现代化，推动环保事业的发展，提高人类征服疾病的能力等诸多方面，充分显示出其先进性、不可取代性、交叉渗透性、广泛性。辐射加工技术由于其应用面广、能耗低、无污染、技术附加值高等优点，深受众多行业的青睐，被人们誉为“绿色加工产业”。中国同位素与辐射技术的研究及应用历经了 20 世纪 50 年代的开创时期，六七十年代的研究开发时期，从 80 年代初起进入了产业化发展期。随着产业的发展，标准化工作逐渐深入。现行的同位素与辐射加工行业的标准涵盖同位素生产及其制品、同位素应用、辐射加工基础通用及剂量测量等领域。目前，同位素与辐照加工行业现行国家标准 27 项，其中方法标准 7 项、基础通用标准 11 项、产品标准 9 项；强制性标准 5 项、推荐性标准 22 项。现行行业标准 57 项，其中基础通用类标准 5 项、方法标准 16 项、产品标准 36 项；强制性标准 10 项、推荐性标准 47 项。

截至 2009 年，我国已有核仪器仪表专业国标 70 项，核行业标准 77 项。

参考文献

[1] 李觉．当代中国的核工业．北京：中国社会科学出版社，1987.

[2] IAEA. International Atomic Energy Agency. IAEA Safety Glossary-Terminology Used in Nuclear Safety and Radiation Protection 2007 Edition, IAEA, Vienna(2007).

[3]《国防科技名词大典》总编委会．国防科技名词大典：核能．北京：航空工业出版社，兵器工业出版社，原子能出版社，2002.

[4] 潘自强，程建平．电离辐射防护和辐射源安全．北京：原子能出版社，2007.

第5章　核工业标准化工作程序

5.1　概　述

我国《标准化法》规定，标准化行政主管部门统一管理全国或地方标准化工作，有关行政主管部门分工管理本部门、本行业的标准化工作。在核工业领域，国家标准由国家标准化管理委员会主管，国家军用标准由中国人民解放军总装备部主管，核行业标准由工业和信息化部、国家国防科技工业局主管，能源行业核电标准由国家能源局主管。由于标准化管理是政府部门的法定职权和义务，所以各级标准的工作程序也基本是相同的。

5.2　国家标准

国家标准化管理委员会负责制定国家标准化事业的发展规划，并对国家标准实行统一管理，即统一计划、统一审查、统一编号和统一批准发布。核工业国家标准由国家标准化管理委员会统一管理，由全国核能标准化技术委员会和全国核仪器仪表标准化技术委员会负责本专业标准的制定、修订和技术审查，并受国务院标准化行政主管部门或国务院有关行政主管部门的委托完成相应的工作。全国核能标准化技术委员会和全国核仪器仪表标准化技术委员会秘书处设在核工业标准化研究所。

国家标准的工作程序分为正常程序和快速程序。

5.2.1　正常程序

正常程序划分为9个阶段：计划（预阶段）、立项、起草、征求意见、审查、批准发布、出版、复审、废止（GB/T 16733—1997《国家标准制定程序的阶段划分及代码》）。

（1）计划、立项

国家标准化管理委员会提出年度国家标准计划项目的原则和要求，在此基础上，国务院各有关部门、行业协会、集团公司和直属标准化技术委员会在各自负责的标准化专业范围内提出国家标准项目的立项建议，并报国家标准化管理委员会。每年立项建议的次数没有限制，随时都可以提交，这些项目立项建议经国家标准化管理委员会汇总、审查、协调和上网公示，一般每年只集中下达一到两次国家标准计划。

（2）起草、征求意见

全国核能标准化技术委员会或全国核仪器仪表标准化技术委员会，按下达的国家标准计划项目组织实施。

负责起草国家标准的单位或组织应成立具有代表性的项目编写组，编写国家标准征求意见稿和“编制说明”及有关附件，经负责起草单位的技术负责人审查后，印发各有关部门的主要生产、经销、使用、科研、检验等单位及大专院校征求意见。国家标准征求意见稿征求意见时，应明确征求意见的期限，一般为两个月。

负责起草单位应对征集的意见进行归纳整理，充分研究讨论，分析研究和处理后形成国家标准送审稿、“编制说明”、“意见汇总处理表”及有关附件，一并提交全国核能标准化技术委员会、全国核仪器仪表标准化技术委员会秘书处审阅，并确定能否提交审查。必要时(主要技术问题意见分歧较大、征求意见范围不够广泛等)可重新征求意见。

此阶段要特别重视“编制说明”和“意见汇总处理表”的编写，因为标准的编制工作过程都要体现在这两个文件中。

“编制说明”应根据标准草案不同稿本的修改情况不断予以补充完善，并单独装订成册。编制说明是标准起草的过程的真实记录，编写内容应全面具体，文字表达应简明扼要。其主要内容应包括：

1) 任务来源：写出所根据的文件名称、编号或任务的计划号；工作的简要过程：包括调研、收集资料、试验验证、起草经过、协作单位、工作分工等。

2) 标准主要内容的说明：如技术指标、参数、公式、性能要求、试验方法、检验规则等的制定依据；修订标准时，应增列新旧标准水平的对比。

3) 主要试验或验证的分析综述。

4) 采用国际标准和国外先进标准论证、分析对比的情况，或测试的国外样品、样机的有关数据对比情况及标准技术水平的评价。

5) 同相关法律、法规和标准的协调情况。

6) 作为强制性标准或推荐性标准的建议。

7) 重大分歧意见的处理经过和依据。

8) 贯彻标准的要求和措施建议。

“意见汇总处理表”也应单独装订成册。凡属收集到有关技术内容的意见，无论采纳、未采纳，还是未作定论，均应列入意见汇总表中，其填写方法如下：

1) “序号”栏：用阿拉伯数字顺序编号。

2) “标准章条编号”栏：按标准的章、条编号依次排列，不同单位提出的相同意见，应作为一条列出。对标准同一条或同一图样、表格、公式、格式的多条意见，可列为一条意见排列。

3) “意见内容”栏：应使用简练的语言，反映意见的实质内容。

4) “提出单位”栏：应列出提出意见的单位或人员。

5) “处理意见”栏：对已采纳的意见，应注明“采纳”。对不予采纳的意见应注明“未采纳”及未采纳的理由。对于有分歧的意见，要权衡两种意见之利弊，采纳综合效果高的意见。对重大分歧意见要在编制说明中补充说明，并提出对两种相反意见决定取舍的可靠的和具有说服力的依据。如果一时还找不到可靠的论据来证明两种分歧意见的可否时，应作为一个专题留在审查时确定，可在“处理意见”栏注明“待审查后定”、“与有关单位协商后定”等意见。

经验证明，标准文本的差错几乎全部来源于标准征求意见稿，凡是在此阶段漏网的差错在以后各阶段也最难发现。因此，对此阶段应当给以特别关注。

(3) 审查

国家标准送审稿的审查,由全国核能标准化技术委员会或全国核仪器仪表标准化技术委员会按《全国专业标准化技术委员会章程》组织进行。审查可采用会议审查或函审。对技术、经济意义重大,涉及面广,分歧意见较多的国家标准送审稿可会议审查;其余的可函审。会议审查或函审由组织者决定。

函审时应注意以下几点:

1) 首先由技术委员会秘书处发出函审通知,通知中应明确提出审查要求、重点及期限,函审期限一般不超过两个月。

2) 函审意见是标准送审稿审查通过与否的原始凭证,审查单位或个人除提出具体意见外,必须明确表示对标准送审稿同意与否的结论意见,凡填写“不同意”者,应提出实质性意见,并有充分理由和科学技术依据。

3) 由技术委员会秘书处核对有关资料,若回函率不低于三分之二且有四分之三以上回函同意,其他均无重大实质性分歧意见或反对意见,则审查通过。

若回函率不足三分之二时,应重新组织审查。若函审有重大实质性分歧意见,应在认真、充分协商基础上对送审稿进行必要的修改,再次函审或改为会议审查。

会议审查时应注意以下几点:

1) 会审前,由技术委员会秘书处提前一个月将会议通知、标准送审稿及其编制说明、征求意见稿意见汇总处理表和有关附件发往参加会审的单位、委员、专家和主审人,其中主审人一般由主编单位以外的代表担任。

2) 会审时应充分发扬民主,允许代表发表各种意见。重大的实质性否定意见应有充分的论据或数据。

3) 会审时应采取民主讨论、坚持协商一致的原则,如需表决,一般应在实质性分歧意见基本协调一致或妥善处理后进行,须有出席会议代表人数的四分之三以上同意为通过,但标准的起草人不能参加表决,其所在单位的代表不能超过参加表决者的四分之一。如果实质性分歧意见经反复研究和协商仍不能取得一致,则可暂不表决,并于会后由技术委员会秘书处报请上级主管部门协调。

审查意见一般包括以下内容:

1) 对标准的综合性技术评价。

2) 实质性分歧意见及其处理意见。

3) 对反对意见的说明。

4) 审查结论。

负责起草单位,应根据函审或会审的意见进行修改、补充、完善,并编写送审稿意见汇总表、标准报批稿和编制说明。并在两个月内将标准报批稿及有关附件(包括电子版)报送技术委员会秘书处(国家标准报批稿内容应与国家标准审查时审定的内容一致,如对技术内容有改动,应附有说明)。报批稿需经主审人审核时,由秘书处送主审人,主审人应于一个月内对报批稿进行复核。

技术委员会秘书处应于一个月内对标准报批稿及有关附件进行报批前的标准化检查。检查的主要内容如下:

1) 报批材料是否齐全。

2）标准报批稿的格式是否符合 GB/T 1.1 的要求，是否贯彻了国家的有关方针、政策和法规，是否与有关的国家标准协调一致。

3）标准报批稿是否体现了审查结论，有关意见是否反映在报批稿中。

4）如报批材料不符合有关要求，由秘书处与起草单位协商修改，或将报批材料退回起草单位修改。

技术委员会秘书处将标准化检查合格的报批稿送技术委员会主任委员（或其委托副主任委员）对标准的技术内容在一个月内进行审核，签署意见并签名后退回秘书处。

技术委员会秘书处将合格、齐全的报批材料报送主管部门。

（4）批准、发布

国家标准报国家标准化管理委员会标准审查部进行相应的审核，审核通过的，经审查部主任签字后送国家标准化管理委员会。审核没通过的，返回标准化技术委员会秘书处，限时解决问题后再行审核。

国家标准由国家质量监督检验检疫总局和国家标准化管理委员会联合发布。

（5）出版、发行

国家标准由中国标准出版社出版、发行。

国家标准出版后，如发现个别技术内容有问题，必须作少量修改或补充时，由负责起草单位提出"国家标准修改通知单"，经相应的专业技术委员会审查后，按国家标准的正常报批程序报批和发布。

（6）复审、废止

国家标准实施后，应当根据科学技术的发展和经济建设的需要，由负责归口管理该国家标准的全国核能标准化技术委员会或全国核仪器仪表标准化技术委员会组织复审，复审周期一般不超过五年。

国家标准的复审可采用会议审查或函审。会议审查或函审，一般要有参加过该国家标准审查工作的单位或人员参加。

国家标准复审结论有继续有效、需要修订、废止三种，分别按下列情况处理：

1）不需要修改的国家标准确认继续有效；确认继续有效的国家标准，不改顺序号和年号。当国家标准重版时，在国家标准封面上、国家标准编号下写明"××××年确认有效"字样。

2）需作修改的国家标准作为修订项目，列入计划。修订的国家标准顺序号不变，把年号改为修订的年号。

3）已无存在必要的国家标准，予以废止。

复审结束后，应写出复审报告，报国家标准化管理委员会批准、发布。

5.2.2 快速程序

为缩短标准制定周期，满足市场经济的需要，原国家技术监督局发布了《采用快速程序制定国家标准的管理规定》，快速程序是在正常标准制定程序的基础上省略起草阶段或省略起草阶段和征求意见阶段的简化程序。

主要有以下两种情况：

1）对等同采用、修改采用国际标准或国外先进标准的标准制定/修订项目可直接由立项阶段进入征求意见阶段，即省略了起草阶段，将该草案作为标准草案征求意见稿分发征求意见。

2）对现有国家标准的修订项目或我国其他各层次标准（如行业标准等）或标准类文件转化为国家标准的项目，可直接由立项阶段进入审查阶段，即省略了起草阶段和征求意见阶段，将该现有标准作为标准草案送审稿组织审查。

5.3 核工业国家军用标准

国家军用标准由中国人民解放军总装备部归口统一管理。国家军用标准的制定/修订程序按中国人民解放军总装备部的具体规定执行。

5.4 核行业标准

2008年国家机构改革后，核行业标准的管理职能由原来的国防科学技术工业委员会调整为工业和信息化部，并且将核行业标准中的核电标准作为能源行业标准由国家能源局负责归口管理。目前，核行业标准（核电标准除外）由工业和信息化部及国家国防科技工业局统一管理。其中，工业和信息化部负责管理核行业民用部分标准，国家国防科技工业局负责管理核行业军工部分标准（工作程序基本相同，下面以军工核行业标准为例说明）。核工业标准化研究所是核行业标准的技术归口单位。

工作程序如下：

（1）计划、立项

国家国防科技工业局提出年度核行业标准计划项目的原则、重点和要求。在此基础上，各单位可以向核行业标准技术归口单位提出核行业标准项目建议（项目论证报告），经中国核工业集团公司审核后上报国家国防科技工业局。这些项目建议经国家国防科技工业局汇总、审查和协调后，集中下达核行业标准年度计划。

（2）起草、征求意见

核行业标准技术归口单位按照国家国防科技工业局下达的核行业标准年度计划组织实施。

负责起草核行业标准的单位或组织应成立具有代表性的项目编写组。核行业军工标准的编写应符合GJB 6000的要求（核行业民用标准的编写应符合GB/T 1.1的要求）。核行业标准的标准征求意见稿、“编制说明”及有关附件，经负责起草单位的技术负责人审查后，印发各有关部门的主要生产、使用、科研、检验等单位征求意见。

负责起草单位应对征集的意见进行归纳整理、分析研究和处理后提出标准送审稿、“编制说明”、“意见汇总处理表”及有关附件，送核工业标准化研究所审阅，并确定能否提交审查。必要时可重新征求意见。

（3）审查

核行业标准送审稿，由国防科技工业专业标准化技术委员会或由中国核工业集团公司组织审查。行业标准送审时,应附有“标准送审稿”、“标准编制说明”、“意见汇总处理表”及其他有关附件。负责起草单位,应根据审查意见提出核行业标准报批稿(审查会组成形式及技术要求同国家标准)。

核行业标准报批稿由中国核工业集团公司报国家国防科技工业局审批。

(4) 批准、发布

核行业军工标准由国家国防科技工业局批准发布(核行业民用标准由工业和信息化部批准发布)。

(5) 出版、发行、归档

核行业标准由核工业标准化研究所负责出版、发行、归档。

(6) 复审、废止

行业标准实施后,应根据科学技术的发展和经济建设的需要适时进行复审;复审周期一般不超过五年,确定其继续有效、修订或废止(标准复审工作程序同国家标准,但复审结论是报国家国防科技工业局或工业和信息化部)。

(7) 备案

核行业标准技术归口单位应在行业标准发布后三十日内,将已发布的行业标准(报批稿)及编制说明连同发布文件各一份,送国务院标准化行政主管部门备案。

5.5 能源行业核电标准

随着国家经济的发展,能源问题越来越突出。为了加强管理,在 2008 年成立了国家能源局,并由其统一管理能源领域的行业标准,而原来核行业里的核电标准也被划入能源标准,由国家能源局统一归口管理。国家能源局成立了核电标准领导小组、办公室以及专家咨询组。核工业标准化研究所是能源行业标准化管理机构之一,能源行业核电标准化技术委员会秘书处设在核工业标准化研究所。

工作程序如下:

(1) 计划、立项

国家能源局提出年度工作重点和要求,在此基础上,各有关单位提出核电标准的项目立项申请,并填写《行业标准项目任务书》以及相关论证材料(论证报告),报国家能源局核电标准办公室(核电标准办公室设在国家能源局能源节约和科技装备司)。核电标准年度计划由国家能源局统一下达。

(2) 起草、征求意见

能源行业核电标准化技术支持单位按照能源局下达的核电标准年度计划项目组织实施。

负责起草核电标准的单位或组织应成立具有代表性的项目编写组。核电标准的编写应符合 GB/T 1.1 的要求。核电标准的征求意见稿和“编制说明”及有关附件,经负责起草单位的技术负责人审查后,报能源行业核电标准化技术委员会秘书处,由秘书处进行形式检查,检查合格后,由秘书处负责向标技委委员、专家及相关单位征求意见。形式检查不合格的,将退回原编写单位进行修改,然后再征求意见。

能源行业核电标准化技术委员会秘书处对征集的意见进行归纳整理后，反馈给标准起草单位，起草单位分析研究和处理后提出核电标准送审稿、“编制说明”、“意见汇总处理表”及有关附件，送能源行业核电标准化技术委员会秘书处初审。初审应对以下主要内容进行审查并确定是否可以提交正式审查：

1）标准的编制工作是否完成了必要的程序；

2）主要技术问题是否基本解决，各方面的意见是否基本一致，标准送审稿的编写格式是否符合要求；

3）送审材料是否齐全，内容是否符合有关要求。

初审未通过的标准送审稿，秘书处应提出书面初审意见，并将有关材料退还报送单位。报送单位在完成有关工作后重新提交初审。

（3）审查

由能源行业核电标准化技术委员会组织对核电标准送审稿进行审查。

审查可采用会议审查或函审。对技术、经济意义重大，涉及面广，分歧意见较多的标准送审稿可会议审查；其余的可函审。会议审查或函审由组织者决定。强制性行业标准需会议审查。

对于函审的标准，秘书处负责收回函审单，并注意收集与该标准项目密切相关单位的意见，写出审查意见、“标准意见汇总处理表”及回函情况说明。

对于会议审查的标准，要组成审查组。审查组由熟悉本标准相关技术领域的专家组成，包括标技委委员、特邀专家、主管机构的代表以及相关单位的代表，审查组成员不得包括标准起草人。审查组的组长和副组长由秘书处选定，原则上由标技委委员担任。审查组人数应在 15 人以上，对被审查的标准，在不少于全体审查组人员四分之三同意时方为通过。审查会的主要议程有：

1）编制组介绍标准编制情况、主要技术内容以及征求意见的处理情况；

2）专家就标准的技术内容进行审查、讨论、协商，提出修改意见；

3）由编制组对会议代表提出的问题进行解释或提出处理意见；

4）形成标准审查结论；

5）审查组成员在《标准报批书》上签字。

允许审查代表保留意见和拒绝签名，但应在审查意见中加以说明。

标准审查意见一般包括以下内容：会议主持单位、时间、地点；完成本标准的概况；对标准的综合评价（包括对标准的编写依据，标准的可实施性，实施后的预期效果等的评价及标准水平分析）；重要的修改内容；实质性分歧的协商结果及解决途径；对标准的强制性和推荐性及实施日期的建议；是否需要标技委对标准报批稿进行复核的意见；审查结论。

审查结论有“通过”、“基本通过”、“不通过”三种。

“通过”是指仅需对标准草案非实质性内容或文字做修改后，即可上报审批。

“基本通过”是指需对标准草案个别实质性遗留问题根据会议审查意见作进一步协调或补充，必须经审查组组长复核后，上报审批。

“不通过”是指对标准草案实质性内容没有达成一致意见，提出“不通过”结论者达审查组成员四分之一以上。审查不通过的标准草案不能上报审批。对于审查结论为“不通过”的标准，由标准的原起草单位按审查意见重新编写或由技术委员会秘书处报请上级主管部门协调。

审查通过的标准，在报批书的相应位置标注审查结论，由评审专家组组长和专业组组长签字后，提交主任委员或主任委员指定的副主任委员签字，加盖标技委印章，将全部材料报送国家能源局，申请批准发布。

(4) 批准、发布

能源行业核电标准由国家能源局统一编号、批准和发布。

(5) 出版、发行、归档

能源行业核电标准由核电标准技术支持单位负责出版、发行、归档。

(6) 复审、废止

核电标准办公室根据核电标准的应用情况组织对核电标准进行动态管理，定期复审，及时修订或废止(标准复审工作程序同国家标准，但复审结论是报国家能源局)。

(7) 备案

能源行业核电标准技术支持单位应在核电标准发布后三十日内，将已发布的核电标准(报批稿)及编制说明连同发布文件各一份，送国务院标准化行政主管部门备案。

5.6 企业标准

5.6.1 企业标准的范围

企业标准是对企业范围内需要协调、统一的技术要求、管理要求和工作要求所制定的标准。企业标准是企业组织生产、经营活动的依据。企业标准由企业制定，由企业法人代表或其授权的主管领导审批、发布。作为交货依据的企业产品标准，一般应按企业的隶属关系报地方标准化行政主管部门和有关行政主管部门备案。

企业标准的范围一般包括：

1) 企业生产的产品，没有或不宜制定国家标准、行业标准的，应制定企业产品标准。

2) 生产、技术、经营和管理活动所需的技术标准、管理标准和工作标准。

3) 设计、采购、工艺、工装、半成品以及服务的技术标准。

4) 对已有国家标准、行业标准或地方标准的，鼓励企业制定严于国家标准、行业标准或地方标准要求的企业标准，在企业内部适用。

5.6.2 企业标准的制定/修订原则

企业标准的制定/修订应遵循以下原则：

1) 贯彻国家有关法律、法规，严格执行强制性国家标准、行业标准，积极采用推荐性国家标准、行业标准。

2) 充分考虑顾客和市场需求，保证产品质量，保护消费者利益。

3) 积极采用国际标准和国外先进标准。

4) 有利于扩大对外经济合作和国际贸易。

5) 有利于新技术的发展和推广。

6）企业内的企业标准之间、企业标准与国家标准或行业标准、地方标准之间应协调一致。

5.6.3 制定企业标准的一般程序

(1) 调查研究、收集资料

此阶段要关注的是：标准化对象的国内外（包括企业）现状和发展方向；有关最新科技成果；顾客的要求和期望；生产（服务）过程及市场反馈的统计资料、技术数据；国际标准、国外先进标准、技术法规及国内相关标准。

(2) 起草标准草案

对收集到的资料进行整理、分析、对比、优选，必要时应进行试验对比和验证，然后编写标准草案。

(3) 形成标准送审稿

将标准草案连同“编制说明”发至企业内有关部门征求意见，对返回意见分析研究，编写出标准送审稿。

(4) 标准的审查

采用会审或函审。审查的重点是：

1）标准送审稿是否符合或达到预定的目的和要求；

2）与有关法律、法规、强制性标准是否一致；

3）技术内容是否符合国家方针政策和经济技术发展方向，技术指标和性能是否先进、安全、可行，各项规定是否合理、完整和协调；

4）与有关国际标准和国外先进标准是否协调；

5）规范性技术要素内容的确定方法是否符合 GB/T 1.1 的规定；

6）标准编写可参照 GB/T 1.1 的规定。

(5) 编制标准报批稿

经审查通过的标准送审稿，起草人应根据审查意见修改，编写“标准报批稿”、“标准编制说明”、“审查会议纪要”、“意见汇总处理表”及相关文件。

(6) 批准和发布

企业标准由企业法定代表人或其授权的管理者批准、发布，由企业标准化机构编号、公布。

(7) 企业产品标准备案

企业产品标准应在发布后 30 日内，报当地政府标准化行政主管部门和有关行政主管部门备案。具体备案要求按各省、自治区、直辖市人民政府标准化行政主管部门的规定办理。

(8) 企业标准的复审

企业标准应定期复审，复审周期一般不超过三年。复审工作由企业标准化机构负责组织。复审后的企业产品标准应重新备案。

第 6 章　研究开发与标准化

6.1　概　述

研究开发技术是创新的手段，它包括基础科学研究和应用技术研究两类。基础科学是人类根据逻辑推理、实验和试验等方法来发现科学规律的一种方式，它研究的对象是基础理论。如我们所熟知的爱因斯坦所致力研究的相对论、牛顿的物理学原理、陈景润的哥德巴赫猜想等。应用技术研究是针对某项功能实现或用途，人们利用实验、试验等方法来实现具备所预期功能的产品的一种方式，核聚变工程实验堆的研制以及所涉及的大量的相关产品研发属于应用技术研发。本章内容主要针对应用技术研究及相应标准化进行探讨。研发相对于设计、生产等过程有其不同的特点，以往的经验表明，在产品研发阶段，人们不太关注标准化工作。最新的研究表明，标准化工作对于研发的作用也是非常重要的。本章主要对研发的特性、标准特性以及研发、标准和市场三者之间的相互作用进行探讨，并对研发工作中标准化工作的开展提出建议。

6.2　研发的技术特性

6.2.1　不确定性

科技研发活动的最大特点在于它的不确定性。不确定性来源于很多方面：

1）技术本身的不确定性。也就是说，某项技术是否能够研发出来，这并不完全确定；

2）某种技术是否能够为市场所接受，这存在很大的不确定性；

3）一项技术从最初投入商业应用到最终成熟，这个过程中充满了不确定性；

4）当一种新技术研发出来之后，是否会很快出现其他的与之竞争甚至完全可以取而代之的技术，这也不确定。

6.2.2　技术与市场需求关系的不确定性

在所有这些不确定性中，最值得关注的是第 2)种，即技术与市场需求关系的不确定性，其他几种不确定性都主要源于技术本身的状况，因此，对于企业行为的影响而言，可以视为外生固定的。当然，对于这几种不确定性，企业也需要尽可能地对涉及技术本身的问题进行细致的研究。而一旦企业决定了研发的目标，它在一定程度上能够施加影响的不确定性就只有那种基于技术与市场需求之间关系的不确定性了。从这个意义上讲，研发活动并不是一种纯粹的技术性活动，而是一种结合了商业与技术两方面考虑的活动。进一步讲，从研发活动最终的决定性力量来看，是商业因素而不是技术因素决定着企业是否进行科技研发以及科技研发的最终走向。

技术与市场需求之间关系的不确定性可分为两个方面：第一，技术路线是否能够为市场所接受。比如，微软公司开发的机顶盒由于技术发展方向的巨大不确定性、机顶盒与其他产品的配套等问题，它的市场前景就面临巨大的不确定性。第二，在技术路线大体上能够为市场所接受的前提下，市场需求的大小存在不确定性①。这关系到创新企业能否收回成本并继续保持领先优势。根据高科技领域的一些经验，企业在新产品出来之后，可以通过各种策略引导市场需求，以使即将开发出来或已经开发的产品尽可能地占有市场。

科技研发活动的成本属于沉没成本，因此，这项活动具有高风险、高报酬的性质。企业在从事这项活动的同时就不能不考虑如何降低风险——降低风险也就意味着增加收益。显然，降低风险就是降低不确定性，即上述两个方面的不确定性。理论上讲，这些不确定性是任何创新活动都存在的，但对于进行知识技术创新的科技研发活动，这样的不确定性尤为值得关注。因为，新知识的生产有用性期限是有限的，经过一段时间知识就会被更新，旧的知识将成为免费的公共物品。而随着信息经济时代的到来，这种局面只会加剧。据统计，在发达国家，关于研发(R&D)及产品决策等信息，被竞争者所了解的周期平均只有12～18个月，甚至生产性信息扩散的速度少于1年，而且60%的专利和发明，平均只能成功地保持4年。美国硅谷的一些电子企业，之所以并不积极地去申请专利来保护它们的技术知识，就是因为在专利有效保护期内能够取代专利技术的新技术就又产生了。因此，这实际上又为降低不确定性加上额外的限制，即必须在尽可能短的时间内降低这些不确定性。

至于如何降低这两方面的不确定性，我们将在以下适当的地方予以研究。以后的分析将表明，标准的制定与实施、市场需求的引导与开发以及标准与市场需求之间的相互作用，都将有助于降低这些不确定性。

6.3 标准的技术特性

标准根据不同的角度可以分为国际标准、国家标准、行业标准以及强制性标准、推荐性标准等。这里的目的是就标准总体上的技术经济特性进行分析，因此并不对这些标准进行区分说明。

6.3.1 约束机制

我们把标准界定为连接厂商技术与消费者需求的一套约束机制。这套约束机制得以形

---

① 严格地讲，这又包括两个方面：一是针对不同的技术路线之间的竞争；二是针对同一技术路线不同厂商之间的竞争，也就是领先者和后来者的竞争。这就是在一定的价格下的市场需求，企业总是希望在技术扩散的早期把价格定得高、但同时又能为尽可能多的消费者所接受。但这显然不可兼得。于是，企业就会考虑在一个较长的时期内收益最大化。导致的结果往往是一开始就把价格定得足够低，使得很多企业没办法进来。这就是减少利润以维持领先优势。总之，不管是哪一种竞争，都作用于消费者，消费者总是希望以更低的价格获得更好的产品——这既包括了技术路线的优化，也包括了价格的合理化，结合起来，就是产品的技术经济特性达到了综合优化。以提高产业竞争力的产业政策其目的也就在于此。

成和运作的原动力是多样化的：第一，消费者对产品信息的需求；第二，厂商对获取垄断地位、占领市场的需求；第三，国家对全面提升产品竞争力，并使之更好地满足消费者要求的需求。下面我们就从这三个方面分别说明标准的技术经济特性。

6.3.2 消费者对产品信息的需求

对消费者而言，标准的意义有二：① 通过标准中蕴涵的环保、安全、质量等方面的信息，降低特定种类产品的甄别成本。表面上是消费者愿意为某种标准付费，实际上是愿意为标准背后的各种性能付费。通过标准的实施，消费者可以便利地、低成本地获取产品有关方面的信息。从产品质量升级的角度讲，消费者可以从中识别出不同产品的质量高低，而从产品细分的角度讲，可以满足消费者的多样化需求。② 当涉及产品之间的互补或配套时，某方面的标准（标准的制定往往是多方协调的结果）有助于增强消费者的信心，打破产品之间由于互补或配套而产生的消费僵持局面。总之，标准倾向于扩大消费者对具有特定技术性能的产品的需求。

6.3.3 厂商对获取市场份额的需求

对厂商（针对的是行业内的领先者）而言，标准有如下意义：第一，在标准形成之前，通过参与标准的制定，使制定出来的标准符合自己既有的技术资源或核心技术能力。因为一旦产业标准与自己的技术路线相左，所进行的投资和累积起来的技术能力、经验将全然无用，甚至成为企业发展的障碍。这实际上是企业通过标准的制定、实施来降低科技研发的市场接受性的不确定性，当然也是相关产品占领市场的先决条件。目前，许多高技术领域出现了先行的标准化需求，即对还没有用户的新技术先行进行标准化，其目的就在于降低技术为市场不接受的风险。第二，标准的实施将有效地把那些没有达到标准要求的企业置于竞争上的不利地位，从而减少竞争对手或者削弱竞争对手的实力进而巩固其市场垄断地位。第三，标准对于少数领先厂商的这个作用除了通过少数领先厂商自身的技术领先优势而自动获取之外，还有赖于消费者这个中介，即消费者通过标准进行信息甄别，将有助于消费向少数领先厂商的产品收敛。显然，这将使资金流向少数领先厂商，扩大它们的市场规模。

6.3.4 国家导向

对国家而言，由于标准的实施将使信息向少数技术领先厂商倾斜，因此，它将有助于市场以更快的速度、更有利的方向实现竞争厂商之间优胜劣汰，从而促进市场结构的优化。例如国内超级 VCD 从 1998 年 6 月到 1999 年 2 月，在影碟机产业内的产品比例从 3.0%上升到 71.1%，竞争者数量则从原先的数百家减至 20 余家，市场集中度有了极大的提高。目前我国许多行业中出现的低层次价格战，在一定程度上就与行业内部标准混乱、缺乏明晰的信息引导有关。这里的信息引导不仅针对企业，而且也针对消费者。当然，更进一步看，这种混乱局面（优不胜劣不汰）最深层次的原因是市场结构过于对称。

最后需要指出的是，以上对标准种种意义的论述都潜在地以标准本身的合理性为前提。当实施的是并不合理的标准时，我们很难认为它既能有助于消费者，又能够实现企业竞争的优胜劣汰。

下面将结合以上的研究成果说明科技研发与标准之间的相互作用机制。

6.4　研发与标准的相互作用

6.4.1　概述

由竞争性的企业所构成的经济系统是一种自组织系统(自组织系统是指在没有特定外部作用参与的情况下,系统能够自己获得和改变它的结构)。这就是说,系统内微观主体的适应性行为将最终导致整个系统的能量改变。着眼于整个产业的国际竞争力,那么,这里的系统能量改变指的就是整个产业在竞争中实现技术进步。

系统的演进是偶然性与必然性的统一。偶然性是指任何微观企业都不能准确地完全预见和把握未来的竞争结局,因此,竞争的结局到底是否有利于采取特定策略的企业具有偶然性。必然性是指任何企业都会根据其对整个竞争格局的判断而采取最有利于自身的策略,因此,最终形成的竞争结局即便不是任何单个企业所能控制的,但也是必然的。可以说,微观企业正是通过对系统演进偶然性的认识,以及尽可能地抑制偶然性因素中对自身的不利因素,发展对自身有利的因素,才使得系统的演进存在规律性。

6.4.2　正反馈机制

根据前面对科技研发活动技术经济性质的分析,可以知道,作为微观经济活动主体的创新企业,它具有内在的动力来降低研发活动的不确定性。那么,它有哪些策略来降低有关的不确定性呢？这个问题在研究标准的技术经济性质时已经有所涉及,只是比较零散。在此,把它们归纳为:第一,尽早地参与标准的制定,影响标准的内容,以便研制出来的标准符合企业正在进行的科技研发路线;第二,在前者已经实现的情况下,通过标准的实施来促进产品的销售以及将不符合标准要求的企业排斥在外,或者削弱它们的市场地位从而巩固自身的垄断地位。可以认为,标准不管以什么形式对于降低科技研发活动的不确定性发挥作用,只在于疏通技术的供给与技术的需求(市场需求)之间的管道是否畅通,区别只是疏通的环节所处的位置不同罢了——一个处于生产链条的最早期,即科技研发阶段,方式为参与标准的制定;另一个处于生产链条的后期,即产品的市场化阶段,实施标准以增强市场对创新产品的信心。之所以有越来越多的企业在科技研发阶段就着手标准的研制,就在于大企业之间的竞争日趋激烈,它们承担的风险也越来越大,从而更加需要降低有关的风险。可以说,标准之争与企业的科技研发活动竞争是一个硬币的两面——企业若不将竞争转移到科技研发阶段,竞争就不会是标准的竞争,反之亦然。

当每一个从事科技研发活动的企业都这样做来降低有关的不确定性时,最终的胜出者是谁呢？显然,谁也不可能知道到底是哪个特定的竞争者能够胜出,但我们可以判断,在什么样条件下竞争者才能够胜出。根据一般系统论的基本思想,在一个时间不可逆的系统中,当某种行为具有累积性时,最初的微小差别将最终导致结果的巨大差别。这是一种正反馈机制。由于我们考察的是一个生产者之间互相竞争、生产者与消费者之间又相互作用的系统,因此,要说明哪些行为具有累积性也必须着眼于这些关系。我们把系统内的各方关系梳理为两类:竞争的生产者之间的关系、生产者与消费者之间的关系。前者由“市场结构的不对称性”表示。由于厂商之间的竞争必须通过市场需求这个中介，因此，市场结构的不对称性是否具有累积性是由生产者与消费者之间的关系所决定的——当采用特定技术路线的厂商所生产的产品为消费者所接受时，更多的生产者将模仿，于是产品的生产和消费同时扩张，这个过程将使得那些首先采用特定技术路线的厂商获利并在竞争中占据优势。可见，生产与消费之间是存在正反馈机制的——倾向于锁定生产和消费特定技术路线的产品。这种正反馈机制反映到厂商之间的关系上，就加剧了厂商之间的技术不对称性——采取了特定技术路线的厂商在开始的领先将导致最终更大程度的领先，厂商之间的竞争力也由于这一过程而进一步扩大。根据前面对科技研发和标准的技术经济特性的研究，标准分别作为一种进入门槛和一种信息甄别机制对技术的供给（企业的科技研发活动）和技术的需求（市场需求）产生影响，同时，标准本身又派生于技术供给方与技术需求方的内在需求。因此，标准作为中介，是生产与市场消费之间的正反馈机制得以启动的重要力量，也是生产者与消费者之间正反馈机制的结果。

图 6-1 简单地表示出标准与科技研发（严格地讲，指的是科技研发所采取的特定技术路线或者说采取了特定技术路线的厂商）、市场需求三者之间的相互关系。该图意味着，任何一方力量的增强，都将启动整套的正反馈机制，并最终使特定技术路线的创新厂商胜出。

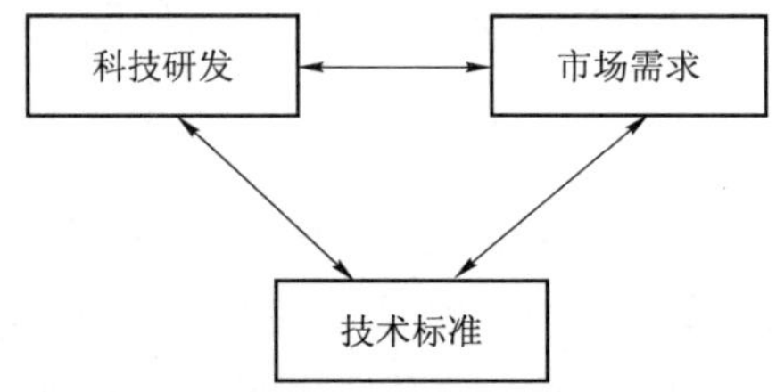

图 6-1 标准与科技研发、市场需求之间的相互关系

6.4.3 研发到标准与标准到研发

现将图 6-1 分解、扩充以细化二者之间的关系，既可以说明从科技研发到标准之间的机制，也可以说明标准到科技研发之间的机制。图 6-2 表示由于厂商有意识地引导而形成的

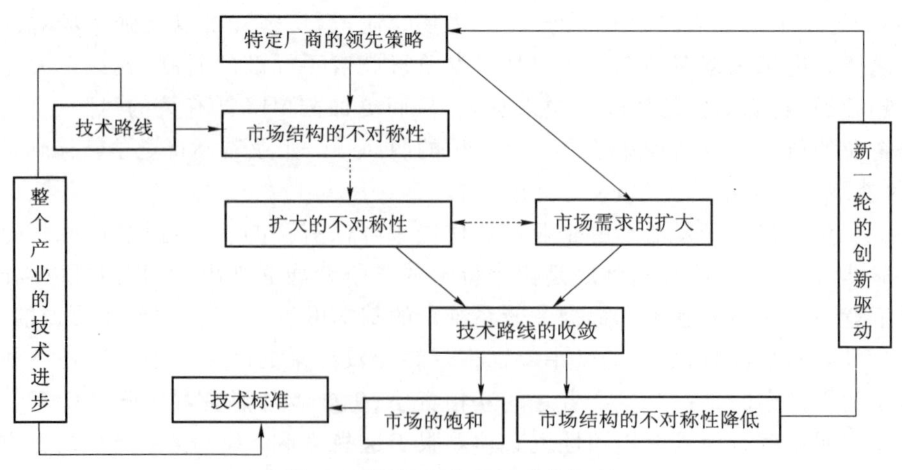

图 6-2 科技研发到标准的机制

技术演进模式，即从科技研发到标准之间的机制。图6-3表示，标准通过对消费者、厂商等的影响，以及其自身对不同技术路线的筛选、引导作用，从而促使系统的技术演进模式符合国家产业政策的要求，这是从标准到科技研发之间的机制。在这两个图中，系统的技术路线都将收敛，前者收敛于有效地实施了占先策略的厂商所研发的技术路线，后者收敛于与标准相一致的技术路线。从最初多样化的、不分伯仲的技术路线到最终技术路线的收敛，这是一个自我加强的优胜劣汰的过程，也是一个企业之间相互模仿、相互学习的过程。在这个过程中，适合于市场的技术留了下来，并且得到了扩散。因此，其整体效应将是整个产业竞争力的提升。

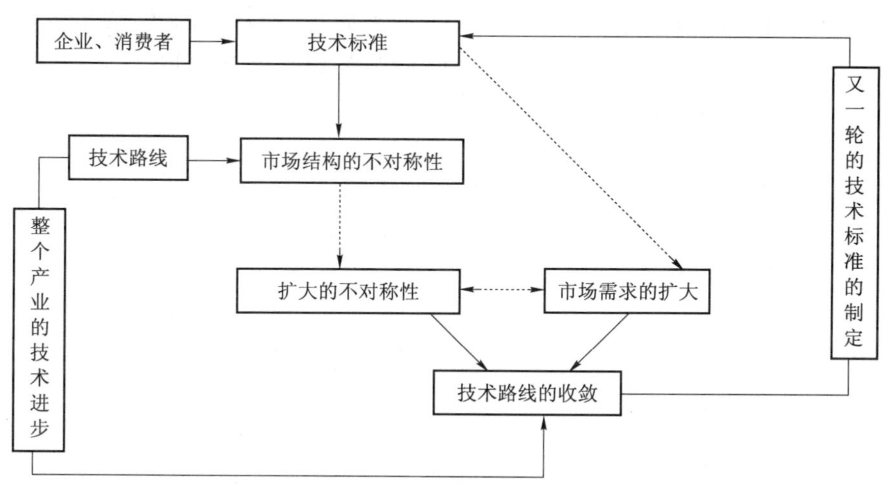

图6-3 标准到科技研发的机制

比较图6-2和图6-3可以发现，图6-2中特定厂商的领先策略与图6-3中标准处于类似的位置。这说明，如果特定厂商的领先策略能够奏效，准确地讲，能够启动上述的一整套正反馈机制，那么它本身的竞争行为就将有力地促使技术路线的收敛，并最终影响整个产业的技术进步情况。发达国家中处于国际领先地位行业的情况往往正是这样。而当缺乏这种有力的微观力量时，国家的标准化策略无非是借助于国家的力量试图造就这样的状况。这实际上就是我们在讲的"必须以客观的经济规律为一切论证的出发点"。

图6-2和图6-3表示的过程是周而复始的。一般说来，当市场需求饱和到一定程度，创新厂商的技术领先优势随着时间的推移逐渐减小，创新厂商的垄断地位逐渐受到威胁时(反映到市场结构上就是市场的不对称程度降低，并逐渐威胁到创新厂商的领先地位)，新一轮的科技研发竞争就又开始了。在技术经济范式基本上保持不变的情况下，一轮轮的创新浪潮之间有着较强的连续性，厂商的竞争力变化也有一定的连续性。但当技术经济范式出现重大变化时，图6-2和图6-3中表示的正反馈机制虽然理论上仍然成立，但有可能在形成下一阶段的正反馈机制之前会出现一段时间混乱局面，最终导致整个产业竞争格局的大洗牌。因此，技术经济范式的大转换时期也正是技术落后的发展中国家的机遇。

总之，科技研发活动与标准之间的相互作用机制是垄断竞争型市场结构下所形成的一整套正反馈机制。这套正反馈机制的最终效果是使垄断竞争型的市场结构得以巩固，并在这个过程中实现产业整体的技术进步。国家或企业的标准化战略的目的应该是在正确认识科技研发与标准之间相互作用机制的基础上，使其标准制定策略与科技研发相协调，并最终提升本身竞争力。

6.5 研发、标准与成果

传统工业化在规模生产时代，标准是后补型的。在当今科学技术是第一生产力和经济全球化的时代，标准是先导型的。例如，在互联网应用之前就先有了 IP 协议，在高清晰度彩色电视和第三代通信尚未商业化前，标准之战就如火如荼。因此，标准、科技研发和成果转化之间的关系更加紧密，三者即相互促进、相互制约，又相互依存、相互融合，形成三位一体的复杂系统。如图 6-4 所示。

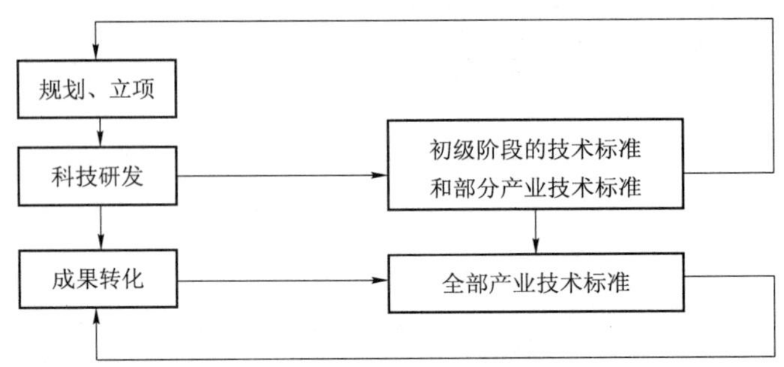

图 6-4 标准、研发和成果转化之间的关系

标准、研发和成果转化之间的三位一体化关系表明：首先在研发的规划与立项时就应该充分论证形成标准或对现有的标准修订的可能性，并确定技术路线，初步提出标准指标体系，形成标准框架，用以指导研发工作，在研发过程中对相关的标准指标进行深入的研究，在形成成果的同时，形成初级阶段的标准；然后在成果转化过程中对初级阶段的标准进行进一步修改、完善与提高，形成能够指导整个产业发展的产业标准；最后反过来再用产业标准指导成果产业化。

6.6 研发的标准化工作

6.6.1 规划阶段

对于大型或系统工程项目的规划，在项目规划阶段就要充分考虑标准化工作。要确定标准化工作在整个项目中的位置，要在组织机构、职责分配、资金配置和重点任务等方面予以明确。

以 ITER 项目为例，由于 ITER 装置是一个涉核的试验装置，又是一个大型、多国联合制造的国际合作项目，为保证每一个子系统、装备和部件在设计、制造、检验、组装和试验等方面的协调一致，ITER 组织（ITER Organization，IO）、国内机构（DA）和承包商必须全面考虑标准化问题。所以IO对规范与标准工作极为重视，在2005年就成立了“规范和标准特别工作组(CSTF)”，该工作组指出：“规范和标准是ITER成功的关键。”IO认为，对编制协调一致的采购技术规范并在各成员国落实采购安排，必须在规范和标准领域进行协调。中华人民共和国科技部在中国采购包部分立项前，就十分关注标准化工作，在成立ITER办公室前就考虑标准化人员的介入，并积极开展ITER标准化工作的前期准备。

又如，第四代裂变反应堆的研究。国家曾组织重大核能专项的申报，主要包括钠冷快堆、高温气冷堆和超临界水堆三种第四代反应堆堆型。在这三种堆型的国家重大专项的规划和实施方案报告中，根据国家主管部门的要求，专门把标准化研究作为专项中的独立课题提出。标准化总的目标就是在研发成功的同时，要完成相应的成套技术标准。要为拥有独立知识产权第四代核能技术打下基础。

6.6.2　立项阶段

如前所述，在研发立项时就应该充分论证形成标准或对现有的标准修订的可能性，并确定技术路线，初步提出标准指标体系，形成标准框架，用以指导研发工作。对于大型系统工程如此，对于系统工程的各个组成子项也是如此。

论证要明确研发需要的标准。所需要的标准会有三种情况存在：一是标准是已经存在的，无需进行修改就可使用的。这类标准一般是较通用的标准，对于这类标准研发立项时需要识别并确认，将其纳入研发标准体系中，及时跟踪了解其动态，确保及时获得最新版本，并分析确定研发所需的该标准的版本。二是标准已经存在，但需要进行修订或修改才能用于研发。对于这类标准的使用会有两种情况存在：① 对标准修改或修订后形成研发用专用标准使用；② 有条件使用现有标准，通过授权机构或部门的许可，使用标准部分内容或在原标准增加内容使用。三是所需要的标准不存在，需要进行编制发布以应用于研发。该类标准属于研发专用标准，这些标准技术研发中最为关键的标准，需要在研发过程中将相关技术进行积累和总结，最终形成标准。

研发立项阶段的标准需求研究，标准体系的论证、研究与建立，需要企业标准化部门组织完成，或可借助于专业的标准化研究机构共同完成。

我国某核燃料处理厂，接手一项工程项目的研发与建设，在项目立项之前，就考虑到标准化问题，所以，在立项申请报告中就明确提出了标准化研究与标准制定/修订问题，并作为该项目的一个组成部分。在项目研发的前期，该单位就与核工业标准化研究所合作，研究论证项目所需要标准体系，为该项目研发和后续的工程建设标准化工作打下很好的基础。

6.6.3　研发阶段

研发过程开始后，根据立项阶段标准化工作的成果，随着研发工作的开展，标准化工作应同时进行。

1）对于前面所述的第一、二种情况，即用于研发的现有标准和有条件使用的现有标准，标准化工作的重点在于获得其有效版本并执行。标准的执行包括研发过程中设计、制造、试验检验等过程。对可能的供方，标准实施的监督也是标准化工作的一部分。

2）对于研发所需要的没有现有标准的专用标准，需要在研发过程中，结合研发进展，逐步编制发布。

在研发期间，未形成科技成果前，部分技术标准的技术内容没有最终确定，在这种情况下，标准编制工作也不能停止，要依据研发阶段性成果，制定阶段性初步的技术标准。初步的技术标准可以以多种形式出现，如技术文件、企业标准等。

在此期间，部分的或某一局部的技术如果已研制成熟，这些成熟技术可着手编制行业标准或国家标准，如有必要还可编制国际标准。

6.6.4 产品定型阶段

在产品研制成功以后，产品定型、进行批量生产前，应完成全套的技术标准的编制与发布。全部标准可分为不同的层次或类别，如全套标准中可包括企业标准、行业标准、国家标准甚至国际标准，需要根据标准的应用范围、标准的技术内容，具体内容具体分析来确定标准的定位。同时，同样一个标准，也可根据具体情况在不同时期有不同的定位，即，一个技术标准可以从低层次向高层次转变。

清华大学在2000年左右开始集装箱检测系统的研发。在研发过程中，清华大学结合研发进展，同时开展标准化工作，制定了技术文件、企业标准、国家标准，目前该标准已进入国际标准制定程序中，其产品已被国际多个国家的进出口岸采购使用。

6.7 研发标准化工作中的重点

根据对我国企事业单位标准化工作开展的现状的调研，发现我国企事业单位在研发过程的标准化工作，有一些重点和关键点需要关注。

6.7.1 观念和意识

进一步提高企事业管理层对标准化工作的观念和意识是关键之一，这并不是说国内企业单纯地在意识上不太重视参与标准的制定，而是说国内企业出于成本-收益的理性考虑往往缺乏相应的利益激励来参与标准的制定。这就导致开发新产品新工艺的能力差，顶多能被动地适应标准的要求，而无法在制定标准时发挥作用。

在现有我国企业的管理模式中，或者在完全进入市场经济以后的企业的管理模式中，管理层对标准的意识和重视改变后，工作在研发一线的科技人员的观念和意识，就会相应得到提高，加之相应的企业内部的制度和政策的改变，企业参与标准研究与制定，甚至参与国际标准的研究与制定的动力和机会就会大大提高。

6.7.2 标准化工作机制

现有的以事业单位为主要类型的科研院所和一些大型的国有企业，基本上都建立了相对独立的标准化部门(机构)，其中部分单位成立了专业标准化技术委员会，制定了规章制度。但总体看，高效而运行畅通的标准化运行机制为数不多。企业加大支持和投入，使标准化机制作为正常的科研生产的一部分而纳入其中是努力方向。

6.7.3 技术成果向标准转化

技术成果要推广，首先要有标准。据统计，每年质量技术监督局科技成果登记数量远远大于成果推广的项目数量。由于一方面新的技术如果要在工程中应用要有相应的规范和标准,而另一方面新的标准又需要同样的技术先在一定范围内应用才能制定,因此造成了新技术推广应用中的一个死循环,标准也就不能建立起来。另外,在资金投入上多年来我国一直存在着“重开发、轻推广”的现象。在本来科研投入就不足的情况下,推广、转化费用就更加缺乏了,这造成大批科研成果出来后,缺乏足够的资金支持来转化为标准。只有研发的技术成果纳入标准中,在市场中得到认可和应用,研发才能说是修成了正果。

参考文献

[1] 中国标准化研究院. 标准化若干重大理论问题研究. 北京:中国标准出版社,2007.
[2] 丁日佳,李翕然. 技术标准、科技研发和成果转化系统论. 世界标准化与质量管理,2004(1).

第7章 设计标准化

7.1 设计标准化与标准化设计

标准化是指与标准有关的活动，它包括标准的制定、标准的宣贯、标准的实施、标准的意见反馈、标准的修订和维护等。设计标准化是指设计有关的标准化活动，即设计标准的制定、宣贯、实施、意见反馈、修订和维护等。

人们常说的标准化设计，它与设计标准化不完全相同。标准化设计是指对所要设计的对象使其特征基本一致。例如，25 cm 的鞋、175/96A/41 的上衣、扬程 90 m 流量 1000 t/h 的径流涡壳泵、压力等级 1 500 内径 101.6 mm 的闸阀、三环路 90 万 kW 压水堆核电厂等。标准化设计往往与系列化相联系。我们知道鞋有一系列的尺码、螺钉螺母有各种规格、压水堆核电厂有 30 万 kW、60 万 kW、90 万 kW 不同系列。

通常，经过标准化设计的物品(或者称为物项)是可从市场上直接购买的。我们这里所说的设计，是所谓的非标准设计，即对不能直接从市场上购买物项进行的设计。

7.2 设计工作特性

设计是一项活动，它是一个设备或者一套系统或者一项工程从无到有所要进行的第一项活动，因此说设计是龙头。

就拿一项工程来说，业主首先对其建造的工程项目要有一个总体设想，比如说要建成什么的设施，投资多少，工期多长，将会有多大的效益，这种设想本身就是一种总的设计。业主认为这个工程值得上，他就会成立工程筹备组，任命筹备组组长和总工程师，由他们做进一步的策划。他们要为这个工程项目选址、定点，成立工程设计组。设计组进行工程的概念设计，在概念设计通过后，工程设计组扩大成为设计队进行初步设计和工程概算，或者进行招标，由设计承包单位进行初步设计和工程概算。在此基础上，要进行施工设计、设备采购、工程建造，然后进行工程的调试、运行。对于一个大的民用核工程，比如核电工程的建设，都要经过选址、设计、建造、调试、运行和退役这几个阶段。这里的设计是指具体的工程设计，是厂址确定后其他各个阶段的基础。

设计的物项(包括构筑物、系统和设备)既要满足使用的要求，又要满足法规的要求，还要符合适用的标准。例如，我们要为建在某城市的一个建筑物做设计，它的占地面积、建筑高度、建筑风格要符合该城市规划，而它的结构设计包括地基、梁、柱、墙体、楼板、屋面等就要符合相应的建筑规范。设计时要考虑各种载荷，如内部载荷(静载荷、活载荷、运动载荷等)，外部载荷(地震、飓风等)。这些载荷都要建筑物来承担，就要用规范规定的要求来进行设计，使建筑物在预计的载荷作用下，在使用寿期内是安全的。这里提到的城市规划是部门规章，是必须遵守的，而建造规范是标准，有些是强制性的，也是必须遵守的，对于非强制性的标准，一经采用，也是应当遵守的。

因此，工程设计既要遵守法规，也要遵守相应的标准。

对于核工程项目，所要遵循和应用的法规标准体系由“核相关法律”、“核安全法规”、“标准”、“技术条件”、“工艺要求”等几类不同性质的文件构成。其中，“核相关法律”是由全国人民代表大会制定和批准的顶层文件，“核安全法规”是国家核安全监管部门制定的技术法规类文件，属于强制性的文件，这是法规标准体系的第二层。“标准”是指为了通用或反复使用的目的，由工业界制定的，主要用于规定产品或相关加工和生产方法的规则、指南和特性，并经公认机构批准的、非强制性的文件，具有通用性的特点，标准在法规标准体系中处在第三层。“技术条件”是设计者规定具体产品技术要求的文件，一般是特定的和具体的。“工艺要求”是指企业为达到产品“技术条件”的要求而制定的用于指导设计、制造、检验和试验的规程性文件。“技术条件”和“工艺要求”是属于企业层面的技术标准。

7.3 设计有关的法规与标准

我们这里只谈核设施设计有关的法规与标准。

7.3.1 核设施设计应遵循的法规

核设施都有核安全问题。对核设施进行立法和制定相关的法规是必要的。我国还没有原子能法，只有放射性污染防治法，该法在法规标准体系中属于第一层次。我国国务院颁布了下列有关民用核设施的管理条例：HAF001《中华人民共和国民用核设施安全监督管理条例》、《民用核安全设备监督管理条例》(国务院令第500号)、HAF002《核电厂核事故应急管理条例》、HAF501《中华人民共和国核材料管理条例》。这些管理条例在法规标准体系中属于第二层次。我们知道，核电厂是民用核设施，一旦发生严重事故其危害和影响是十分巨大的，下面我们主要用核电厂相关法规标准来进行说明。随着我国核电事业的启动，为了保护这类核设施周围的环境和居民的安全，保护核设施工作人员的安全，我们国家成立了国家核安全局。国家核安全局依据上述条例发布了一系列的实施细则。此外，国家核安全局还针对核电厂的建造与运行发布了HAF101《核电厂厂址选址安全规定》、HAF102《核动力厂设计安全规定》、HAF103《核动力厂运行安全规定》、HAF003《核电厂质量保证安全规定》等部门规定，这些规定在法规标准体系中也属于第二层次。在每个规定之下国家核安全局还发布了一系列的导则，这些导则具有准强制性，属于法规标准体系第二层次的底层或第三层[与技术标准(国标或行标)在同一层次]。

在HAF102中对于核电厂的设计提出了安全原则和基本要求；阐述了核电厂安全重要构筑物、系统和部件为核电厂的安全运行、防止或减轻事故后果而必须满足的设计要求；规定了核电厂总的安全目标。规定的安全目标包括辐射防护目标和技术安全目标，前者要求核电厂的任何放射性物质排放引起的辐射照射要低于规定值，并且要合理可行尽量低，后者要求采取一切可行的措施防止核电厂事故，并在发生事故后能减轻事故的后果。

在 HAF102 中对如何实现上述安全目标，做出了一系列的规定。规定要求核电厂设计时要进行安全分析，安全分析的内容包括：① 核电厂所有计划的正常运行模式；② 发生预计运行事件时核电厂的状态；③ 明确核电厂的基准事故；④ 可能导致严重事故的事件序列。该分析要明确核电厂的工程设计抵御假设始发事件和事故的能力，并要验证安全系统和安全相关物项和系统的有效性，以及确定应急响应的要求。

在 HAF102 中提出要对核电厂的安全采取纵深防御。为此提出了五个层次的防御，从防止偏离正常运行，到防止发生设计基准事故，到预防超设计基准事故，到减轻事故引起的放射性物质释放的后果。这些防御既包含我们通常的设计措施，也包括一些专门为了防御假设事故而设置的专设安全设施。这些设施是专为防止事故的严重化而设置的，在核电厂的正常运行时是不起作用的。可以说如果核电厂在整个寿期内不发生事故，这些专设安全设施就一直不会投入运行。但是这设施在核电厂的整个寿期内要始终处于可用状态。纵深防御的另一方面是在设计中设置几道防止放射性物质释放的实体屏障。通常设置三道屏障，即燃料元件包壳、反应堆冷却剂承压边界、安全壳壳体。这三道屏障依次后者包围前者。

HAF102 对核电厂的主要技术提出了要求。这包括对纵深防御、安全功能、事故预防、辐射防护的要求。HAF102 还对核电厂的设计提出了进一步的要求。这包括对核电厂物项进行安全分级，分级主要基于确定论方法，辅以概率论方法和工程判断；确定核电厂的运行工况，要依据概率论方法将核电厂的工况分为正常运行、预计运行事件、设计基准事故和严重事故，并要为每类工况确定验收准则；确定假设始发事件，要根据确定论方法或概率论方法或两者的组合来选定假设始发事件，这包括内部事件：设备故障、人员差错以及其他内部事件(如火灾、内部水淹、飞射物、管道甩动、喷射流冲击等)，外部事件：地震、飓风、洪水、火灾等；规定设计规范，使用的规范应是国家有关监管机构认可的合适的国家标准和工程实践，或国际上使用的合适的标准或实践。

HAF102 还要求对物项进行可靠性设计，包括为了预防共因故障而应用的多样性、多重性和独立性原则，要符合单一故障准则，要采用故障安全设计等；要针对设备的工作环境进行鉴定，要考虑设备的老化，要方便运行人员的操作，要有便于退役的措施等。

HAF102 在给出上述总体性要求之后，对核电厂的系统设计提出了要求。

7.3.2 标准是法规的支撑

国家核安全局对每个核电厂都要进行安全审查。只有通过了安全审查才给核电厂业主发放许可证。要审查的材料是核电厂业主提供的核电厂的安全分析报告。

业主在写安全分析报告时，要按照《核电厂安全分析报告的标准格式与内容》(NRC 管理导则 RG1.70)的标准来写。国家核安全局在审查业主的安全分析报告时，依据的是“标准审查大纲”(NRC 的 NUREG0800)。

我们先来看《核电厂安全分析报告的标准格式与内容》这项标准的内容。目前，这项标准依据的是 RG1.70(1978 年)，共有 17 章。这 17 章是：

第 1 章　前言和电厂概述

第 2 章　厂址特征

第 3 章　结构、部件、设备及系统设计

第 4 章　反应堆

第 5 章 反应堆冷却剂系统和与之相连的系统
第 6 章 专设安全设施
第 7 章 仪器仪表和控制装置
第 8 章 电力
第 9 章 辅助系统
第 10 章 蒸汽—电力转换系统
第 11 章 放射性废物管理
第 12 章 辐射防护
第 13 章 运行管理
第 14 章 初始试验大纲
第 15 章 事故分析
第 16 章 技术规格书
第 17 章 质量保证

上述每章对于如何阐述该章的内容都有详细的规定。例如第 3 章分为 11 节(3.1 遵循 NRC 设计总则的情况;3.2 结构、部件及系统的抗震分类和质量分级;3.3 风和龙卷风荷载;3.4 洪水设计;3.5 防止遭受飞射物撞击;3.6 预防与管道假想断裂相关的动力作用;3.7 抗震设计;3.8 抗震Ⅰ类构筑物设计;3.9 机械系统和部件的动态和瞬态;3.10 抗震Ⅰ类仪表装置和电气设备的抗震鉴定;3.11 机械和电气设备的环境设计),每节又分为若干条。第 3.1 节"遵循 NRC 设计总则的情况"中规定本节应简略论述安全上重要的电厂结构、系统及部件所采用的设计准则,遵循 10CFR50 附录 A"核电厂设计总则"的范围。对每一总则,应简要说明主要设计特点如何符合该准则,指明不遵循该准则的例外情况,并论述其合理性。在论述每一总则时应引用提供更详细资料的安全分析报告的有关章节,阐明遵循该总则的或例外情况。上述内容是 RG1.70 的翻译,如果修改为我国的情况,标题应修改为"遵循 HAF102 设计安全规定的说明",其内容应修改为"本节应简略论述安全上重要的电厂结构、系统及部件所采用的设计导则或准则,遵循 HAF102 设计安全规定的范围。"对每一规定要求,应简要说明主要设计特点如何符合该导则或准则,指明不遵循该导则或准则的例外情况,并论述其合理性。在论述每一规定时应引用提供更详细资料的安全分析报告的有关章节,阐明遵循该规定的或例外的情况。其中导则和准则就是要执行的标准。在"标准审查大纲"第 3 章中,对每一条应遵循的联邦法规、管理导则、规范或标准都有规定。例如在"3.8.3 钢或混凝土安全壳内的混凝土及钢制构件的验收准则"的"2 适用规范、标准及技术规格书"中有以下规定:

安全壳内部结构的设计、材料、制造、安装、检查、试验以及在役监督(若有此项的话)的要求包含在表 7-1 列出的规范、标准和管理导则之中,可以全部采用这些规范、标准和管理导则,也可部分用这些规范、标准和管理导则。

表 7-1 安全壳内部结构要求的规范、标准和管理导则

规范、标准或管理导则	题 目
ACI-349	核安全相关的混凝土构筑物规范
ASME	ASME 锅炉及压力容器规范第Ⅲ卷 第 2 册 混凝土压力容器及安全壳规范

续表

规范、标准或管理导则	题　目
ASME	ASME 锅炉及压力容器规范第Ⅲ卷第1册 NE(金属安全壳)及NF(支承件)分卷
AISC	建筑钢结构的设计、制作和安装的技术规格
ANSI N45.2.6	在核电厂施工阶段中对结构混凝土和结构钢的安装、检查和试验的补充质量保证要求
RG1.10	抗震Ⅰ类混凝土构筑物的机械拼接
RG1.15	抗震Ⅰ类混凝土构筑物的钢筋试验
RG1.55	抗震Ⅰ类构筑物的混凝土浇灌
RG1.57	反应堆金属内层安全壳的设计限值和载荷组合
RG1.94	在核电厂施工阶段中对结构混凝土和结构钢的安装、检查和试验的质量保证
RG1.142	核电厂安全相关的混凝土构筑物

从上面的引用可以看出，技术标准在核电厂安全分析中的重要性。同时，也能看出技术标准是法规的支撑。

7.3.3 核设施适用的标准

技术标准在法规标准体系中属于第三层次。对于每类核设施，应建立相应的标准体系。进入核设施标准体系的标准应是具有核特点的标准，也就是说，一般工业标准不进入核设施标准体系。目前的核电厂标准体系框架见本书第4章的图4-6。

从上述核电厂的标准体系框架可以看出，从上至下有八部分，基本是以工程从无到有直至退役的六个阶段来划分的；其中，工程各个阶段都可能用到而不能归入某一类的标准设置为通用及基础，为了强调核电厂的设备而设置了设备。不难看出，核电厂标准体系表中与设计有关的标准主要有工程设计、设备以及通用及基础三部分；而对于《核电厂安全分析报告的标准格式与内容》，除了第13章和第14章外，其他章节都与设计有关。因此设计有关的标准可以分为总体与基础类标准、机械电气系统设计标准、机械电气设备设计标准、建构筑物设计标准几类。

7.4 设计标准的建设

7.4.1 首先制定的核电标准

设计有关的标准有很多。我国的HAF102《核动力厂设计安全规定》，与其相对应的导则有17项，如HAD102/01《核电厂设计总的安全原则》，HAD102/02《核电厂的抗震设计与鉴定》，HAD102/03《用于沸水堆、压水堆和压力管式反应堆的安全功能和部件分级》等。与设计有关的技术标准就更多，前面提到的压水堆核电厂的体系框架中的总体与基础类标准、机械电气系统设计标准、机械电气设备设计标准、建构筑物设计标准这几类都与设计有关，其数量有200多项。这样多的标准，从什么标准开始制定，是值得关注的。

我们认为应从通用与基础标准开始。不论是系统标准，还是设备标准，或者是安全有关标准都要用到通用或基础标准。例如，我们要制定反应堆冷却剂系统的标准，其中必定要有该系统的物项分级的规定，要对反应堆冷却剂系统在运行中可能遇到的各种工况做出规定，要对其应力进行分析，要规定该系统适用的材料，要规定设备的制造方法，要规定设备的清洁度要求，要规定试验和检查方法以及验收准则，要规定物项的包装与运输要求等。在制定其他系统或设备标准时，也要包括这些内容。

通用与基础标准包含了对上述内容做出规定的标准。它们是：

(1) 相关核设施的术语标准

编写术语标准的目的是为了在相关核设施的设计文件、相互讨论、国际国内技术交往、乃至贸易合同中使用统一的名词术语，使各方有共同语言。

(2) 相关核设施的图形符号和文字代号

编写这项标准的目的与前述术语标准的目的相同，是为了从设计一开始对设施中的系统、设备、部件的代号及图形以及设计文件的编码就有统一表述。

(3) 核设施物项分级

这是一项非常重要的基础标准。在HAF102有对核电厂物项分级的要求，在HAD102/03中对安全功能和部件分级做了规定，但HAD102/03是通用性的，对具体核设施应做更详细的规定。例如，对压水堆核电厂的物项分级就有GB/T 17569—1998《压水堆核电厂物项分级》这项标准。该标准规定了压水堆核电厂物项安全等划分的要求，提出了相应的抗震分类和质量保证分级，推荐了物项设计建造采用的规范、标准以及对承压边界应赋予的规范等级。其中提出，对于一个物项首先要规定安全等级，在一般情况下，物项的规范等级和质量保证等级是与安全等级相对应的；但是在一定的条件下，规范等级和质量保证等级要提高。该标准还用附录给出了压水堆核电厂的主要物项的安全等级、质量保证等级、适用的规范、抗震类别。在制定相应物项的标准时，其物项分级就应以此为准。

(4) 核设施运行和工况分类

这也是一项非常重要的基础标准。在HAF102的5.2总的设计基准的5.2.1.1中指出：设计基准必须规定核动力厂的必备能力，以适应在规定的辐射防护要求范围内所确定的运行状态和设计基准事故。设计基准事故必须包括正常运行技术规格，假设始发事件造成的核动力厂状态、安全分级、重要假设，以及在某些情况下特定的分析方法。在该节的5.2.2核动力厂状态分类中规定：必须确定核动力厂状态并按其发生的概率分成几类。这些类别通常包括正常运行、预计运行事件、设计基准事故和严重事故。必须为每个类别确定验收准则，并且这些准则考虑到如下要求：频繁发生的假设始发事件必须仅有微小的或根本没有放射性后果，而可能导致严重后果的事件的发生概率必须很低。图7-1对核电厂的状态做了表述。

在压水堆核电厂的标准体系中有EJ/T 312—1988《压水堆核电厂运行及事故工况分类》这样一项标准。该标准指出该标准根据压水堆核电厂出现事件的频率及事件所产生的后果，规定了压水堆核电厂运行及事故工况的分类：工况Ⅰ——正常运行，工况Ⅱ——中等频率事件，工况Ⅲ——稀有事故，工况Ⅳ——极限事故。该标准将核电厂运行中能够遇到或可能发生的事件，根据这些事件发生的频率及事故的后果，分别纳入上述四种工况。需要说明EJ/T 312与HAF102工况分类的名称不同，但有对应关系。它们之间的对应关系可以用表7-2表示。

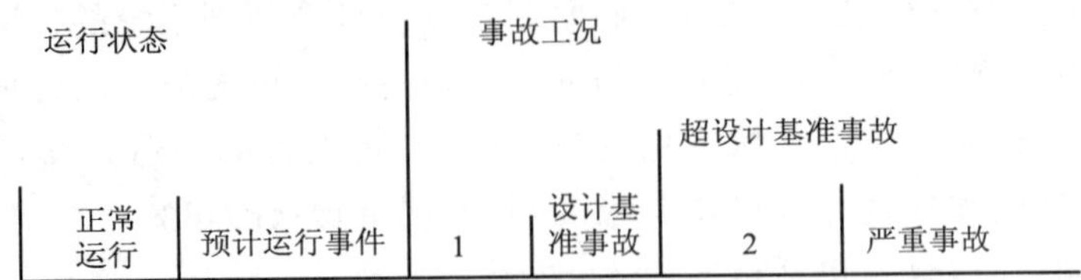

图 7-1 核电厂状态示意图

1—没有明确地考虑作为设计基准事故，但可认为是设计基准事故所未涵盖的那些事故工况；

2—没有造成堆芯明显恶化的超设计基准事故

表 7-2 EJ/T 312 依据频率的工况分类与 HAF102 中的工况分类的对照关系

EJ/T312 依据频率划分的工况	HAF102 划分的工况
工况Ⅰ：正常运行	正常运行
工况Ⅱ：中等频率事件 工况Ⅲ：稀有事故	预计运行事件
工况Ⅳ：极限事故	设计基准事故
超设计基准事故[1)]	

1）超设计基准事故包括没有造成堆芯明显恶化的超设计基准事故和造成堆芯明显恶化的超设计基准事故，后者是严重事故。

在核电厂进行事故分析时，要用到事故分类。在核电厂安全分析报告的第 15 章事故分析中要求：核电厂安全分析评价应包括对电厂过程变量假想波动和假想设备误动作或故障的响应分析。该安全分析对选择运行限制条件、限定安全系统的整定值和从健康与安全的观点出发确定部件与系统的设计条件有重要作用。这些分析是审查核电厂建造许可证和运行执照申请的焦点。

在安全分析报告的前几章中，评价了安全上重要的结构、系统及部件对误动作和故障的敏感性。本章应分析工艺过程的预期波动和部件假想故障产生的影响，以确定其后果，并估计电厂控制或适应这类故障和状态的能力。

所分析的状态应包括预计运行事件（例如线路故障引起的甩负荷）、引起燃料元件损坏超过预期正常运行事件的非设计瞬态以及低概率假想事故（例如主要部件突然丧失完整性）。分析应包括对假想裂变产物释放后果的估计，且该释放后果可能引起的危险不会超过任何设想的可信事故引起的危险。

安全分析报告的这一章指出，要将所设想的瞬态和事故（共 42 个事件和事故）进行分类编组，并建议分为以下 8 组：

1）二回路排热增加；

2）二回路排热减少；

3）反应堆冷却剂系统流量降低；

4）反应性和功率分布异常；

5）反应堆冷却剂装量增加；

6）反应堆冷却剂装量减少；

7）放射性物质从一个子系统或部件释放；

8）未能紧急停堆的预计瞬态。

EJ/T 312的内容是对这些要求的进一步明确。

（5）材料标准

应为核设施使用的有特殊要求的材料制定材料标准。这类标准主要给出这些材料的化学成分、力学性能，特别要给出这些材料的耐辐照性能，给出制造工艺、检验要求和验收准则。

（6）制造标准

在制造工艺方面，对加工精度、形位公差、表面光洁度提出要求。

在焊接方面，对焊接材料、施焊人员、焊接工艺评定、产品见证件提出要求。

在检验方面，对检验人员和设备、检验方法、缺陷判定标准、验收准则提出要求。

（7）设计规范

对于核设施设备和建构筑物的设计，要根据这些物项的规范等级使用相应的设计规范。对于核电厂核岛物项设计，目前在我国使用的有法国的RCC-M和美国的ASME BPVCⅢ。这两项标准大同小异，都是将核承压设备分为1、2、3级，对每级给出设计要求。对1级设备，要求用分析法，并给出一次应力、二次应力以及峰值应力的许用应力强度限值。对二级设备，可以用分析法或常规方法，同时给出了分析法的许用应力强度限值和常规方法的许用应力限值。对于三级设备用常规方法，也给出相应的许用应力限值。这类规范都有开孔补强的规定，疲劳应力计算的方法。这些规范还分别对一级、二级和三级的容器、阀门、泵、管道给出了设计要求。可见，这类规范是核设施设备设计的重要手段。因此，这类设计规范是必须及早确定并予以制定的。

（8）安全分析报告的标准格式与内容

对于核电厂的安全分析报告的重要性以及主要章节内容，在本章第3.2节已经给出。对于不同核设施都应有安全分析报告的格式与内容的标准，以便与核安全监管部门有一个规范性的交流平台。这项标准的制定难度相对要大一些，一般可根据美国NRC的RG1.70加以增删，逐步完善。

7.4.2 聚变堆设计标准建设

聚变堆是一个科技前沿项目，因此为聚变堆建立标准也是一个崭新的课题。不过根据其他核设施特别是核电厂建立标准的经验，还是可以着手标准的建设工作。在此建议首先制定通用和基础标准。这一方面不涉及具体工程，同时又可为制定工程标准打下基础。可以从以下标准制定开始。

（1）聚变堆术语标准

这种标准给出的术语，可以为我国有关人员查阅国外资料时，对一些名词有一个统一的称谓，这样就不仅能方便国内的交流，也能方便国际交流，同时对于培养聚变堆新工作人员也是十分有用的。术语的词条应以聚变堆特有的为主，且目前应多列托卡马克装置的术语，如等离子体的独立参量、等离子体的非独立参量、托卡马克、第一壁、包层、自举电流、偏滤器、环向场线圈、轴向场线圈，及其他聚变装置如仿星器、反向场箍缩、磁镜装置等，同时辅以少量常用术语。

术语的名称应给出中英文对照，术语的名称应与核安全法规的用词相一致，与权威著作中的用词相一致，最好要照顾技术人员的习惯用语。术语的定义要言简意赅，不能用术语本身来定义术语。

(2) 聚变堆工程用文字代号和图形符号

这主要是为聚变堆工程所用。及早制定工程用文字代号和图形符号有利于工程文件的统一，便于工程文件的管理，减少工程中的差错。这种文字代号和图形符号应与工程中的习惯用法相结合，使其具有推广使用的价值。

(3) 聚变堆物项分级

物项分级的目的是根据物项承担的安全功能，对其设计、制造、检验、试验及鉴定提出不同的要求，以保证设备能完成其预定的功能。聚变堆的第一壁可以认为是有包容作用的设备，建议划分为安全二级；为转换电能而传输热能的回路系统的管道，建议划分为安全三级；没有包容或不作为压力边界的安全重要的物项，可划分为安全级。除了安全级外，还有抗震分类、质量等级以及适用的规范等级。此标准要列表给出聚变堆安全重要物项的上述各种分级。这些分级均以核安全等级为基础，因此首先要根据物项对于核安全的重要性，给出该物项核安全等级。有了核安全分级，其他分级基本与核安全等级相对应，只有少数例外。

(4) 聚变堆工况分类

我们知道，聚变堆不像裂变堆那样对环境和装置周围的居民有大的风险。但是在使用氘-氚聚变产生能量的装置时，如果有核泄漏时，就会对工作人员产生内照射，如果发生第一壁破损，致使包容的高温等离子和高能中子(14 MeV)泄漏，后果是相当严重的。这就是说聚变堆在运行中可能存在着不同的运行状态，因此对聚变堆进行工况分类是必要的。

下面以 ITER 为例来说明聚变堆的工况分类。

有专家指出，ITER 是第一个核聚变实验堆，尽管没有电功率输出，但是它是要取得运行执照的核装置，类似于加速器、核裂变反应堆那样。要取得建造、运行许可，就要有安全分析报告。为此，设计时就必须要有需遵循的安全原则。经过分析认为，这些原则是：

1) ALARA 原则；

2) 纵深防御的原则；

3) 固有非能动安全原则；

4) 在氘-氚运行时，燃料投放尽量少(<1 g)的原则；

5) 对系统和设备做安全评估时，采用较保守标准的原则。

对 ITER 确定了以下几类工况及安全要求：

1) 对工作人员及工作区域的剂量限制要符合 ICRP 的要求；

2) 将 ITER 的运行工况分为表 7-3 的正常运行、突发事件及非常事件，并给出相应的泄漏标准及应对措施。

表 7-3 ITER 运行工况和放射性排放准则

工况分类	目标	设计排放标准
正常运行(在 ITER 正常运行时的泄漏，也包括在实验过程中发生的某些事件和事故泄漏)	在保证不超过规定的泄漏标准的前提下，尽量降低泄漏量	<1 g T 和 HT，<0.1 g T 和 HTO，<0.1 g AP，<1 g ACP
突发事件(所有偏离正常运行的在装置寿期内可能多次出现的事件)		<1 g T 和 HT，<0.1 g T 和 HTO，<1 g AP，<5 g ACP

续表

工况分类	目　标	设计排放标准
非常事件(在装置寿期内不希望发生的假设事件)	在保证不超过规定的泄漏标准的前提下,尽量降低泄漏量	<50 g T和HT,<5 g T和HTO,<50 g AP,<50 g ACP

注:HT为元素氚(包括DT),HTO为氧化氚(包括DTO),AP为偏滤器或第一壁的活化产物,ACP为活化腐蚀产物。

综上所述,为聚变堆制定工况分类标准是必要的;有了上述基础,为聚变堆制定工况分类标准也是可行的。

(5) 设计规范

要为聚变堆安全重要设备的设计规定设计规范。对于安全二级、三级设备的设计应分类给出应力分析方法及应力强度限值或许用应力限值。应力分析方法包括应力分类、不同应力的计算方法。例如一次应力、二次应力、热应力、峰值应力、循环应力、热棘轮效应、快速断裂等应力的分析方法。目前,美国ASME已计划在ASME第Ⅲ卷中增加第4册《用于磁约束的聚变能装置》[Section Ⅲ-Division 4 Fusion Energy Devices using Magnetic Confinement(MFE)]。将来我们可以借鉴美国的ASME第Ⅲ卷第4册及其他有关资料来编写聚变堆的设计规范。

(6) 材料标准

目前已有《聚变堆材料》一书,该书论述的是有关以氘氚为燃料的托卡马克中的材料问题。包括聚变堆材料特殊问题和第一壁结构、第一壁结构材料、氚增殖材料、绝缘材料、超导材料等。书中所述各种材料是ITER的候选材料。内容主要取自历次聚变堆材料国际会议的资料。在制定我国聚变堆材料标准时,特别是制定第一壁材料标准时可以参考该书。材料标准应规定材料的冶炼方法、化学成分、制造方法、力学性能要求、检验要求、验收准则等。

(7) 检测与控制系统标准

聚变堆除了要使用一些常规的检测控制手段外,要用到特殊的等离子体放电检测控制系统对实验场次顺序、等离子体磁、热流及粒子流、由杂质引入的等离子体快速终止等进行监测和控制,及早为即将用到的特殊检测控制手段制定标准是必要的。

(8) 系统设计准则

对于托卡马克装置,大体可以分为磁系统、真空室系统、抽充气系统、弹丸注入系统、水冷系统、氚系统、低温系统等系统,要为每个系统制定系统设计准则的标准。这类标准一般规定系统的范围、系统的功能、物项分级、工况分类、性能准则、设计准则[包括核设计准则、机械设计(包括材料)准则、电气设计准则、结构件设计准则、检验检测准则、布置准则、安装准则]等内容。

(9) 安全分析报告的标准格式与内容

由于要获得核安全监管部门的建造许可和运行许可,安全分析报告是必不可少的,因此需要及早制定安全分析报告的标准格式与内容的标准。本章第3.2节给出了美国NRC的RG1.70《核电厂安全分析报告的标准格式与内容》的内容,聚变堆可以参考这一导则制定“安全分析报告的标准格式与内容”。由于聚变堆对周围环境的影响不显著,RG1.70中的

第 2 章厂址特征可以不写或少写。其余 16 章都应该写，但内容应该从裂变堆转化为聚变堆。例如第 4 章反应堆，应换成等离子体、氘氚反应、氚的增殖；第 5 章反应堆冷却剂系统和与之连接的系统应换为第一传热回路(PHT)。

7.5 设计标准制定的重点难点分析

7.5.1 设计标准化的重点应是安全重要的设备和建(构)筑物的设计标准的制定

对于我国核电厂，人们首先要弄清楚的是，该核电厂是按 ASME 设计的还是按 RCC-M 设计的，这里说的就是该核电厂的主要设备所遵循的设计标准。因此确定重要设备的设计规范就等于确定了该核电厂的技术路线。不过这种技术路线受各个设计单位的协作单位或核设施的业主的合作对象的影响很大。我国核电主要设备设计标准至今难以统一，就是由于这一原因。

我们知道，我国在核方面的主要标准，走的是参照加改写的路线，基本上处于必然王国的阶段。就拿核电材料标准来说，法国的 RCC-M 2007 版将压力容器用合金钢材料的化学成分中的硫磷含量从 0.012％降到 0.008％，或从 0.008％降到 0.005％，而美国 ASME 并没有这种新的要求。究竟 RCC-M 为什么要将硫磷含量作此变动，没有弄明白，就按照 RCC-M 的要求写进了我国标准。硫磷含量低，当然好，但是不是一定要这样低？如果原来的要求能满足实际需求，就不必进一步降低，因为这种降低是要增加设备的成本的。

我国的聚变堆也有几个设计研究单位，它们的协作单位不尽相同，加上各自都要显示自己的设计特点，也可能出现技术路线问题。虽然我国已加入 ITER 项目，但是各个国家为了在技术上有所掌控，都在各自进行着自己的研究。ITER 建在法国，法国肯定要为 ITER 的建造制定标准，其他国家也会为自己的技术制定标准，如果我国从一开始就没有明确依托的研究伙伴，就有可能出现像核电标准那样的技术路线问题。

7.5.2 技术上的保密性与标准的公开性之间的矛盾

聚变堆包含大量的新技术，里面有许多是具有知识产权的。为了在聚变堆的某个领域有较强的发言权或在某个方面占有较大的市场份额，知识产权持有者希望将其新技术内容写入标准之中，使其固化于标准内。但是新技术开发者有时又会觉得将有知识产权的技术写入标准是不是有些得不偿失。这样就有可能使标准难产，或者制定出来的标准由于技术内容不详而不好用。

7.5.3 超前标准的问题

有时候，一项新的工程或新的工艺，很需要有标准作指导，但是标准应是成熟经验的结晶，在没有实践的情况下，制定标准很困难。为了满足新工程或新工艺的需要，应该借鉴类似工程或工艺制定相应的标准，供新工程或新工艺使用。这种问题在新技术开发时，是都要遇到的。例如在航空方面，一种新机型的开发，很希望有标准作指导。他们的做法是将已有的标准加以扩充,用于指导新的开发项目;新项目进展后加以总结,使标准得到提升。如此,工程与标准相互促进,使工程得以完成,标准得以完善。在聚变堆的开发过程中,我们应该多利用已有的标准,例如利用核电厂的有关标准、研究堆的有关标准等作为借鉴,制定出可供聚变堆使用的标准,使聚变堆工程能加速顺利进行。

参考文献

[1] 邱励俭. 聚变能及其应用. 北京:科学出版社,2008.
[2] 郝嘉琨. 聚变堆材料. 北京:化学工业出版社,2006.

第 8 章　生产标准化

8.1　生产活动的特点

生产活动是维系人类生存、促进社会发展的最重要的经济活动，其基本特征是投入劳动、创造价值。

8.1.1　生产的基本过程

在生产活动中，劳动者运用生产设施和工具，直接或间接地作用于劳动对象，得到社会所需的产品。图 8-1 表示制造型企业生产的大致过程，即通过主线工作将原材料或低级制品转化成产品或高级制品。

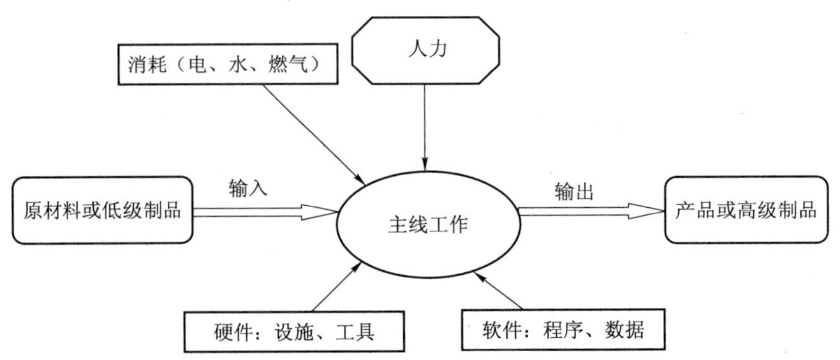

图 8-1　生产基本过程示意图（制造型企业为例）

生产活动包含三种基本过程：物流过程、信息流过程、资金流过程。企业是依据这三种基本过程实施控制的。

物流过程是物料的传送、转化过程，包括物料采购、制造或服务中物料的变化、运输、仓储等。

信息流过程是数据集合的不断更新和定向运动，包括原始数据和记录的收集，伴随物流过程的数据处理、更新以及产生新纪录、形成新文件。

资金流过程是伴随原材料、辅助材料、动力、燃料、设备等实物出现的资金流转。资金的加速流转和节约是提高生产过程经济效益的重要途径。

8.1.2　生产的基本要素

从图 8-1 可以看出，生产的基本要素是：

1）人力；

2）生产设施、工具等硬件；

3）程序（管理程序、技术程序、企业规章）以及各种数据等软件；

4）电、水、燃气等各种消耗；

5）劳动对象（对于制造型企业，是原材料或低级产品）；

6）产品（对于制造型企业，是实体产品；其他企业可能是服务、运行）。

8.1.3　生产企业的类型

对于现代化生产，生产活动的组织者是企业。根据所承担生产活动的特点，生产企业通常划分为三种类型，即：

1）制造型企业——此类企业提供实体产品，如核燃料、钢材、纺织品。核燃料生产厂、阀门制造厂、钢厂、纺织厂等是制造型企业的例子。

2）公用型企业——此类企业提供公用产品，如电、水、气、通信手段等。核电厂、电网、水厂、通信网络等是公用型企业的例子。

3）服务型企业——此类企业提供服务（服务也是产品），如施工、维修、在役检查、运输等。专门承担建筑、安装、运输、维修、在役检查等活动的公司是服务型企业的例子。

上述企业类型划分是典型情况下的划分，实际上有些大企业可能兼具上述的两、三种功能，比如既提供实体产品，又提供服务。

8.1.4　企业中生产工作的分类

一个企业内的生产工作也可以分成三类，即：主工作线工作（简称主线工作）、辅助工作、服务工作（也可将后两类合并）。

1）主线工作是指对劳动对象直接进行加工和转换的工作。根据企业的不同，主线工作也不同，比如对于冶金企业，可能是配料、冶炼、检验、浇注等；对于核材料生产企业，可能是水冶、裂变材料的分离；对于阀门企业，可能是铸造、机加工、组装等；对于许多企业，可能是标准生产线的运行。

2）辅助工作是指电力、水、燃气的供应以及暖通空调等的支持性工作。

3）服务工作是指材料采购、供应、仓储、检验、维修等工作。

上述三类工作构成了企业的整体生产工作，其中主线工作占主导地位。辅助工作和服务工作围绕主线工作开展。

主线工作、辅助工作、服务工作都包含一定数量的生产工作要素，这些要素构成了标准化的对象（见表 8-1）。

表 8-1　制造型企业生产工作标准化对象

主线工作 标准化对象	辅助工作 标准化对象	服务工作 标准化对象
• 人力 • 生产设施/设备 • 加工对象 • 工艺过程 • 监测及数据采集 • 检验及验收 • 事件/故障处理 • 生产场地和工作环境 • 废气、废液排放 • 程序	• 人力 • 配电设备 • 供水/排水设施 • 燃气供应设备 • 暖通空调（HVAC） • 程序	• 人力 • 材料采购 • 材料仓储 • 产品存放/包装/发运 • 生产设施/设备维修 • 实验室检验/试验 • 文档化的程序

8.1.5 核工业领域内的典型生产活动

核工业领域内的典型生产活动大致包括以下方面：

1）核燃料循环相关活动，如铀矿开采和加工、核燃料生产、乏燃料后处理等（一般与制造型企业相关联）；

2）核设施的建造、在役检查、退役等活动（一般与服务型企业相关联）；

3）设施的营运活动，如核电厂运行（一般与公用型企业相关联）；

4）核材料、核废物的运输、储存、处置活动（一般与服务型企业相关联）；

5）通用产品的加工、制造活动以及辐照加工等，例如同位素产品生产与利用、机电仪产品的制造（一般与制造型企业相关联）。

8.2 生产标准化工作过程分析

生产活动的特点，包括本章第1节中分析的生产过程、生产要素等，决定了生产标准化工作过程。

现代化生产是由企业组织实施的，“企业标准化”是提高企业管理水平的有效途径，是搞好生产标准化的前提条件。因而生产标准化应结合整个企业的标准化展开工作。

生产标准化工作过程大致为：确定生产标准化工作的目标；目标明确后，制定旨在指导标准化行动的标准化工作大纲；在工作大纲的基础上，建立企业的标准体系，制定所需的企业标准；实施标准，接受反馈意见，改进标准。这是一个不断完善、提高的过程。

8.2.1 生产标准化工作目标

生产活动的目的是取得经济利益，但取得经济利益的过程必须履行社会责任，因而企业生产的总目标应包含经济和社会责任两方面的目标。生产标准化工作的目标应为企业生产总目标服务。

一般而言，生产标准化的目标应包括：

1）保护环境和保护公众目标——生产活动对环境和公众健康的影响低于规定限值。

2）保护生产人员目标——生产过程不危害工作人员健康。

3）产品质量和安全目标——产品达到可接受的质量，且不危害用户和消费者健康。

4）经济效益目标——有可接受的利润。

上述是通用目标，企业应根据实际情况制定自身的标准化目标。

8.2.2 生产标准化工作大纲

生产标准化工作大纲是指企业管理者对生产标准化工作的总体安排和规划，它用于指导标准化工作，并作为检查标准实施情况的依据。

生产标准化工作大纲可以针对企业的全部生产活动，也可以针对某一项特定的供应或特定的型号。

标准化工作大纲除了说明企业的标准化工作目标（见本章第2.1节）外，至少应明确以下事项：

1）标准化组织机构及其职责，包括专门的标准管理机构和相关机构。

2）应遵守的国家法律、法规、国家标准、行业标准、地方标准以及国际标准、区域标准，列出清单并给出版本号，说明适用于本企业的章节、部分。

3）需要标准化的生产活动领域。

4）企业标准的制定/修订程序。

5）企业标准的实施监督、评价及意见反馈。

6）企业标准详细目录。

8.2.3　企业标准的制定

为了实现标准化工作目标，企业必须根据标准化工作大纲建立标准体系并完成标准的制定。企业标准体系中所包含的标准项目应当完整、配套，能够保证企业标准化目标（见本章第 2.1 节）的实现。

表 8-2 举例说明了各类企业需求标准的领域。有些领域内可能已有法规、国标、行标，这种情况下需要制定企业的实施细则；也可能无高层标准，企业应制定创新性标准。应鼓励制定创新性标准。

表 8-2　企业需求标准的领域举例

制造型企业标准举例	公用型企业标准举例	服务型企业标准举例
企业资格①	运行许可证申请程序①	企业资格①
生产人员资格②	运行人员资格②	生产人员资格②
职业健康和辐射防护要求③	职业健康和辐射防护要求③	职业健康和辐射防护要求③
原材料采购	材料和服务采办	装备、工具采购
仓储	备品仓储	仓储
生产工艺	设施总体性能指标	建筑物施工规程
监测、检验和验收	正常运行程序	安装规程
模块化生产	应急运行程序	模块化施工
生产场地要求	监督试验	试验、检验程序
生产中的防火	在役检查	维修程序
生产中的事故处理标准	设施维修	验收准则
计量仪表检定	设备老化管理	工作场地要求
产品标识	主控室、现场操作场所环境	生产中的防火
产品系列、规格	设施运行中的防火标准	生产中的事故处理
产品性能检验	事故处理程序标准	计量仪表检定
产品包装	计量仪表检定	服务对象标识
企业废气、废液排放控制	系统、设备标识的维护	企业质量保证大纲
企业标准制定/修订程序	设施废气、废液排放控制	
数据收集与处理	企业质量保证大纲	
企业经济指标分析模型		
企业质量保证大纲		
售后服务		

① 企业资格：一般由法规或国家标准规定，比如，根据《中华人民共和国民用核设施安全监督管理条例》，从事核设施运行的企业必须获得核设施安全运行许可证；根据《民用核安全设备监督管理条例》的规定，从事核安全设备相关活动的企业必须取得相关活动许可证。因而企业管理者必须熟悉相关法规和上层标准，制定实施细则，以确保自身满足相应条件，并根据需要申办证件。

② 生产人员资格：对所有生产人员，企业都应制定岗位资格标准。对于需要取证的人员，如核安全设备领域的焊工和无损检验人员、反应堆操纵员、锅炉工、电工等，企业应保证其按规定取得许可证。

③ 必须遵守在国家法律、法规和强制性标准中的规定。

8.2.4 生产标准的实施和维护

标准(包括各种程序)的实施是生产标准化的关键。应建立标准实施监督和实施情况评审机制、反馈机制、修订制度,形成合理的标准动态维护过程。这不仅保证企业生产运作相对稳定,也保证生产技术和管理的不断改善。

8.2.5 生产标准化应统筹考虑的事项

企业应根据自身的特点,在生产标准化工作中统筹考虑以下事项:

1）生产标准化与质量管理紧密结合——标准化是质量管理的基础,质量管理是标准化的保障,两者相辅相成。因而标准化与质量管理应同时推进。应在建立质量体系的同时,确立企业标准体系。可以将质量保证大纲与标准化工作大纲结合在一起考虑。

2）生产模块化——模块化能以少量标准模块满足多种产品、型号配置需求,从而降低重复性工作的成本,简化生产过程,稳定产品质量,促进新产品开发。

3）产品系列化——系列化有助于优化产品品系结构,达到简约和节省,提高质量,并便于产品、型号及时升级和换代。

4）工艺标准化——这是规模生产所必需的,最典型的是标准生产线。

5）管理信息化——原材料采购、投放物料的配方、工艺参数、生产环节中的移交、生产过程中的排放物、产品质量和技术指标、投入的劳动和资金额度、市场动态等,均应以数字说话。因而作为信息化核心的数据统计与处理成为生产标准化的基础工作。

6）积极认证——通过认证不仅能够提高管理水平,也有助于提高企业信誉、促进市场的开拓。应积极寻求质量体系认证、安全认证、环境认证、产品认证。

7）参加社会上的标准化活动——参与行业标准、地方标准、国家标准、甚至国际标准的制定/修订对企业很有意义,这是获得相关信息和履行企业发言权的难得机会,应积极参与。

8）特殊供应中的标准化——企业除了面向众多消费者提供通用产品外(在这种情况下便于实现产品、工艺的标准化),有时也会向单个(或一类)工程、科研项目提供特种产品,在这种情况下虽然是小批量甚至单件生产,但对于提高供货商的能力往往很有帮助。因而企业应充分利用这样的机会,在向采购方提供满足要求的产品的同时证明自己的能力(见本章第 4 节、第 5 节)。

8.3 生产标准化工作重点和难点

工作重点:企业应将安全、环保标准(特别是核设施、核材料安全标准)的制定/修订和实施摆在优先地位;企业应确保重要产品(包括服务)质量标准、先进的管理/运行/工艺标准等的制定/修订和实施;从我国总体情况而言,核电事业正在走向快速发展阶段,相关企业必须完善核电厂安全运行标准,确保核电厂安全。

生产标准化工作的难点主要是:企业对标准化工作的意义认识不足,因而重视不够,缺乏投入;企业缺少既懂生产/技术,又懂标准化业务的人才;相关的行业协调、自律机制不完善(这也反映了市场经济发育尚不完全成熟),影响了行业标准的发展。

解决上述问题的办法是：部门和行业管理机构加强管理和协调，加强标准化工作意义的宣传，加强标准化业务的培训，加强重点标准的宣贯，以政府部门对标准化工作的投入带动企业的投入。

8.4　与核聚变研发相关的生产标准化

8.4.1　生产标准化对核聚变研发工作的重要性

我国正在进行的核聚变工作尚处于研究开发阶段，承担主要任务的研究院应遵守本书第 6 章的规律开展标准化工作。但这并不说明核聚变研究可以脱离生产标准化，事实上，生产标准化对保障核聚变的成功研发及其逐步过渡到商业利用至关重要，理由是：

1）核聚变实验装置的建设需要采购许多设备（包括材料），这些设备需要按生产标准化的规则由企业提供，需要满足相应生产管理、质量、工艺等标准。

2）实验装置的现场施工、改造等活动基本上由服务型企业完成，应执行服务型企业生产管理规则。

3）随着实验装置的不断改进和完善，其成熟的运行和维修活动可以按生产标准化的要求来管理，执行规范化的运行和维修规程。

4）研发的最终目标是将来能够建造有商业价值的聚变反应堆。研发工作取得的关键成果会对将来商用聚变反应堆设计、建造、运行提供依据，甚至可以成为其建造、运行的超前标准。这就是说，研发过程中将为未来的设计、生产标准化积累资源。

8.4.2　核聚变研发中的设备采购

设备采购和供应是一个过程的两个方面，对于采购方（研究院或其委托的机构），是按合适的标准进行采购；对于供应商，是按采购方提出的标准进行生产、检验和交货。

在核聚变研究中，一项最重要的投入是建造聚变实验装置，而实验装置建造中最大的花费是设备费用。在设备采购中必须考虑确保设备达到所要求的安全、质量、可靠性、寿命指标，这些指标需要借助于合格的生产商执行一系列标准来实现，为此采购方必须完成以下工作：

第一步是选择标准：选择标准是采购方的责任。国际采购中，机械设备往往选用 ASME 标准，电气设备选用 IEC 或 IEEE 标准，材料、试验方法选用 ASTM 标准，质量管理选用 IAEA、ISO、ASME 质量保证标准，等等。在国内采购中宜选用我国相应的国家标准、行业标准。

第二步是选择供方：这需要对生产厂商进行评价，看其是否有能力生产出满足标准的设备。评价合格的厂商可进入合格厂商名录，作为候选供应商。评价中应考虑厂商的以下各方面：

1）生产装备；

2）技术能力；

3）相关的资格证明，比如核安全设备制造、焊接、检验许可证等，特殊专业人员（如焊接、无损检验人员)的资格证书等；

4）质量体系及相关的认证情况；

5）与所采购设备同类或相近设备的供货历史和业绩，满足标准的能力。

第三步是与中标供应商签订合同，提供采购技术规范，并就生产过程中采购方的监督做出安排，比如设置监控点(通知点、授权点、停工点等)。

第四步(贯穿于整个生产过程)是执行各监控点的检查、见证、验收等，进行临时检查，进行最终验收。

8.4.3 供应商的生产

承接任务后，供应商应依据签订的合同和采购技术规范安排生产计划；制定质量保证大纲和标准化工作大纲；制定工艺规程和编制质量计划。

质量保证大纲应说明各方面的控制措施和执行的程序，包括文件控制、设计和设计修改控制、材料采购控制、物项控制、工艺过程控制、检查和试验控制、不符合项控制、纠正措施的实施、记录的保持等。大纲中应规定在发生偏离时，及时通知采购方，并查找原因，按程序解决；在产生不符合项时，按不符合项处理规程作出报告和处理；对于由共性原因(根因)造成的、重复发生的缺陷，应采取纠正措施。还应根据采购技术规范的要求收集或编制需要执行的标准，列到大纲的标准目录中。

质量计划中应列出生产过程中的主要工艺和所有监控点(包括采购方提出的监控点)。

生产过程中各阶段的验收(宜设置为监控点)应遵守相应的试验标准和验收准则；产品的最终验收必须以检查/试验、相应的记录为基础，并与最终验收标准进行对比。

8.5 生产标准化举例

为便于理解本章内容，在附录B给出了一个生产标准化的例子，以供参考。

第 9 章　磁约束核聚变标准化

9.1　ITER 历史背景和标准化现状

9.1.1　ITER 历史背景

核聚变包括磁约束核聚变(MCF)和惯性约束核聚变(ICF)两个主要分支。2006 年 11 月 26 日由中国、欧盟、美国、日本、韩国、俄罗斯和印度 7 个参与方代表在法国巴黎总统府正式签署了国际热核聚变实验反应堆(International Thermonuclear Experimental Reactor, ITER)联合实施协定(JIA)及相关文件,全面启动了国际热核聚变实验反应堆计划。该项目是个大型多国合作实验研究项目,目的是验证氘氚自持燃烧全尺寸托卡马克实验堆受控核聚变能科学和工艺的可行性,建造地址在法国南部的卡达拉奇(Cadarache)。建造工期大约十年,实验运行 20 年,总经费大约 100 亿欧元。为此,中华人民共和国科学技术部于 2008 年 10 月 10 日成立了 ITER 中国代理机构 (ITER China Domestic Agency,ICDA),又叫"中国国际核聚变能源计划执行中心"。聚变堆核电厂燃料丰富,是解决人类能源的理想途径。通过 ITER 的建造和实验研究,可以解决磁约束聚变核电厂的关键技术和工程问题以及防止环境污染和确保人身安全等重大问题,为建造磁约束核聚变示范堆(DEMO)打下基础。

中国按照国际合作协议的要求,除了按时保质保量地完成中国采购包 ITER 部件的研制和生产外,还利用参与 ITER 建造和实验研究的机会,根据 ITER 成果各参与方共享的原则,制订了中国的国内计划,主要目标包括:

1) 高水平科学和工程技术人才培养和基础研究;

2) 托卡马克(Tokamak)研究项目;

3) 掌握 ITER 全部关键技术,特别是中国采购包任务;

4) 核聚变技术的研发,实验包层模块(TBM)、材料等。

这其中也包括了我国对核聚变标准化的研究和人才培养以及相关科技成果的标准化。

9.1.2　核聚变标准化现状

ITER 组织(IO)对规范和标准(Code & Standard)极为重视,早在 2005 年就成立了"规范和标准特别工作组(CSTF)"。由于 ITER 工程是多国联合制造设备和部件的项目,为了保证每个系统、子系统、设备、部件按照总体要求设计和制造,保证各个系统和部件接口适宜、安装顺利、成功调试、运行正常,CSTF 工作组强调:"规范和标准是 ITER 成功的关键"。IO 认为,编制协调一致的采购技术规范并在各参与方落实采购包协议,应通过规范和标准的途径来实现。IO-DA、各国内代理机构(DAs)、供应商在采购包设备和部件的设计、采购、研制过程中,以及在 ITER 的建造、安装、调试、运行、退役过程中都需要标准化的支持。

2007 年法国发布了新的 RCC-MR《液态金属快中子增殖堆核岛机械设备设计和建造规则》，其中增加了对 ITER 真空室(VV)制造、焊接等要求，IO 已经选择 RCC-MR 2007 版作为真空室设计和制造遵循的规则。目前，ASME 为了对聚变能相关部件制造提出要求并提供指导，正在组织编写《锅炉和压力容器规范》第Ⅲ卷第 4 分册，题目是《磁约束聚变能装置建造规则》，初步打算参考 JSME、KSTAR、ITER、JET、EAST、JT-60 等现有规范和标准编写，其内容包括(但不限于)真空室、低温杜瓦、超导及其总体结构、支撑结构金属和非金属材料、封闭和封闭结构、聚变系统管道、容器、阀门和泵等。该规则涵盖材料、设计、制造、试验、检验、检查、合格认证和印标记等具体要求。美国和法国为什么这样积极地编写核聚变标准呢？除了他们本国开发核聚变需要外，他们还要始终保持规范和标准处于世界领先的战略地位。

我国在磁约束核聚变领域的科学研究基本上是与世界同步的，但我国在该领域的标准化工作起步较晚。2008 年 9 月 12 日，在有关部门和专家的支持下，核工业标准化研究所向科技部提出了《国际热核聚变实验反应堆(ITER)计划专项——ITER 中国采购包标准化研究》项目申请书。2008 年 10 月，科技部批准了该项目的申请。这是中国开始核聚变标准化的里程碑，在中国核聚变标准化历史上具有极其重要的意义。与 ITER 的设计和建造同步，我国制定并收集了一批有关核聚变堆的规范和标准，近期能保证中国采购包的顺利完成，远期能为我国核聚变堆的发展夯实规范化和标准化的基础。随着核聚变标准化工作的开展，我国还将成立核聚变标准化领导小组和核聚变标准化技术委员会。

在规范和标准方面，虽然聚变反应堆可以借鉴裂变反应堆的经验，但两者之间毕竟有很大差别，必须对所涉及的现有大量规范和标准的适用性进行分析评估和确认，当现有标准不能满足 ITER 要求时，必须制定出新标准。

9.2 部件采购标准化

9.2.1 采购类型

ITER 工程项目涉及众多技术领域和专业范围。物项和服务的采购按照付款方式分为两类：以物代款采购(in-kind)方式，约占 90%；另一种是以现金采购(in-cash)方式，约占 10%。ITER 采购方式如图 9-1 所示，中国采购包属于以物代款采购方式。按照采购产品技术成熟度分为两类：现货供应(off the shelf)产品的采购和研制产品的采购。现货供应产品的采购是对市场上已有的工业产品的采购，如果已有的工业产品能够满足 ITER 性能要求和使用要求，质量稳定，有充足的货源，即可通过 IO 标准化程序，在批准的供应商处采购。另一类是研制产品的采购，就是对具有一定的技术基础，经过研制或规模放大，有时需要专门为 ITER 项目建立生产线的产品。中国采购包基本上属于研制产品采购这种类型。其采购方式是由 IO 与 DA 签订采购安排协议，由 DA 的研究机构和工业界共同完成。在这种情况下，从制订采购包方案、确定采购包协议、进行产品研制直到定型生产的各个阶段，都需要规范和标准的支持，使标准化成为产品研制不可或缺的组成部分。

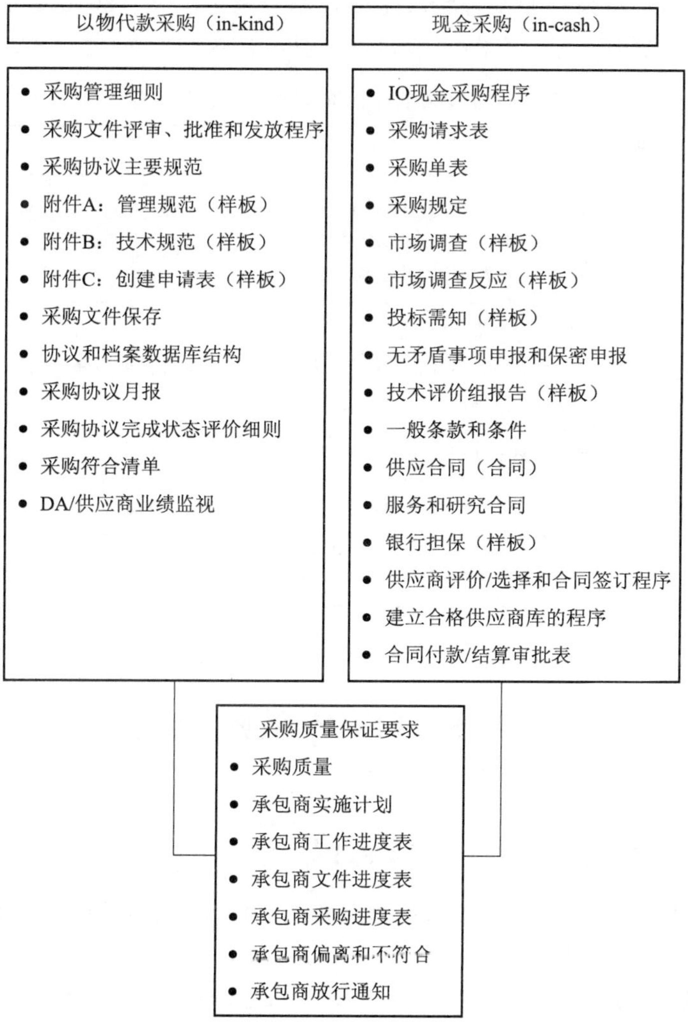

以物代款采购（in-kind）

- 采购管理细则
- 采购文件评审、批准和发放程序
- 采购协议主要规范
- 附件A：管理规范（样板）
- 附件B：技术规范（样板）
- 附件C：创建申请表（样板）
- 采购文件保存
- 协议和档案数据库结构
- 采购协议月报
- 采购协议完成状态评价细则
- 采购符合清单
- DA/供应商业绩监视

现金采购（in-cash）

- IO现金采购程序
- 采购请求表
- 采购单表
- 采购规定
- 市场调查（样板）
- 市场调查反应（样板）
- 投标需知（样板）
- 无矛盾事项申报和保密申报
- 技术评价组报告（样板）
- 一般条款和条件
- 供应合同（合同）
- 服务和研究合同
- 银行担保（样板）
- 供应商评价/选择和合同签订程序
- 建立合格供应商库的程序
- 合同付款/结算审批表

采购质量保证要求

- 采购质量
- 承包商实施计划
- 承包商工作进度表
- 承包商文件进度表
- 承包商采购进度表
- 承包商偏离和不符合
- 承包商放行通知

图 9-1　ITER 采购方式

9.2.2　部件采购

为了在 ITER 设施各系统和各现场使用标准化的部件，以达到减少设计复杂性和备件数量、便于调试、降低成本、缩短建造周期、减少运行和维修费用、提高绩效和增加可靠性的目标，IO 对 ITER 需要的部件采用标准化程序来确定。首先，由“可靠性、可用性、维修性、可检查性和标准化委员会”(RAMI & S 委员会)提出 ITER 需要的部件类型清单，并为每种部件类型提名工作组的专家；技术专家工作组(EWG)评审部件的功能要求和运行工况，确定标准化的有限的部件技术规格文件包，符合用最少的部件规格覆盖最大数量的部件要求，编写“技术规格手册”；相关 IO 负责官员(RO)审议专家工作组的技术规格书，经 IO-DA 批准后，纳入相应采购包安排协议(Procurement Arrangement，PA)附录。技术专家工作组和 DAs 一起提出供应商名单，EWG 确定供应商资格评价准则；RAMI & S 委员会提出合格供应商建议。ITER 部件标准化参与组织和责任见表 9-1。技术专家工作组的成员可以是 IO

和DA的工作人员，或是来自DA的承包商和合作专家。2009—2010年ITER标准化计划的部件有：电机、低温阀门、泵、电器柜、传感器、变压器、热交换器、法兰、垫片等。

表 9-1　ITER 部件标准化参与组织和责任

参与组织	责　任
RAMI & S委员会	1. 确定标准化过程、提出标准化部件类型清单、制订标准化工作计划 2. 为每种部件类型提名工作组的专家 3. 向 IO-DA 提交标准化工作计划和进度报告
EWG (IO和DAs工作人员和/或承包商)	1. 审议功能要求、评价部件类型的运行工况 2. 确定有限的技术规格文件包，覆盖ITER所需部件类型要求，编写“技术规格手册” 3. 编写每种需标准化部件类型的报告
相关IO系统的RO	1. 审议专家工作组提出的技术规格书，经IO-DA批准后，纳入相应PA附录B
IO-DA	1. 批准专家工作组提出的将纳入相应PA附录B的技术规格书 2. 审议有关供应商的可利用率以及是否授权RAMI & S委员会进入推荐合格供应商标准化阶段的特殊案例

9.3　ITER 采购包

9.3.1　中国采购包和非中国采购包

在ITER项目建造经费中，中国承担总经费约10%，其中大约80%以实物和服务代付款的方式提供。中国承担采购包的比例约占13%，我们称为“中国采购包”；除中国采购包以外的采购包我们称为“非中国采购包”。ITER项目共有97个采购包，按照签约协议的安排，中国承担12个采购包。到目前为止，中国承担的12个采购包与最初的任务有所变化，部件转运车采购包已撤销；第一壁部件和材料与中子屏蔽包层合并；增加了CC和Feeder导体、无功补偿和滤波系统等，今后还可能有变化。中国采购包分配见表9-2。每个PA基本上由主文件、附录A管理规范、附录B技术规范和附录C资金分配协议组成。PA主文件说明了知识产权、时间安排等事项；附录A确定了管理某协议的成员方应承担的角色和职责；附录C规定了资金分配情况。特别要说明的是，PA附录B技术规范是采购包的技术核心部分，它规定了研制和定型生产某个采购物项的设计、采购、研制、过程合格性评定、制造控制点的设置、文件、检验和试验、见证样品和归档样品以及所依据的规范和标准等要求。

表 9-2　中国采购包分配情况

采购包		签约时间	国内主要承担单位
1.1 磁体系统	磁体支撑系统(support)	2010-05-11	核工业西南物理研究院
	校正场超导线圈(CC)	2010-05-11	中科院等离子体物理研究所
	超导磁体系统馈线(Feeder)	2010-05-01	中科院等离子体物理研究所

续表

采购包		签约时间	国内主要承担单位
1.1 磁体系统	环向场线圈(TF)导体	2008-06-30	中科院等离子体物理研究所
	极向场线圈(PF)导体	2008-10-10	中科院等离子体物理研究所
	CC 和 Feeder 导体	2010-05-11	中科院等离子体物理研究所
1.6 包层系统	屏蔽包层(SB)	未签约	核工业西南物理研究院
3.1 真空泵及充气系统	气体加料系统(GIS)和辉光放电清洗系统(GDC)	未签约	核工业西南物理研究院
4.1 电源系统	磁体电源系统	已签约	中科院等离子体物理研究所
	无功补偿和滤波系统	已签约	中科院等离子体物理研究所
	400 kV 高压变电站材料	未签约	中科院等离子体物理研究所
5.5 等离子体诊断系统	1)中子通量监测仪 2) 朗谬尔探针 3) 12 号水平窗口插件 4) 软 X 射线相机	中子通量监测仪签订了 PA，其余未签约	核工业西南物理研究院 中科院等离子体物理研究所

9.3.2　中国采购包的标准化

9.3.2.1　一般工业产品制造涉及的标准

这里所说的一般工业产品是指那些技术成熟，已经制定了产品标准，在工厂能够稳定生产的产品。这类产品制造涉及的标准是以产品标准为主线，再辅之相应的标准。由点到线，由线到面就构成了产品生产需要的标准网络，如图 9-2 所示。

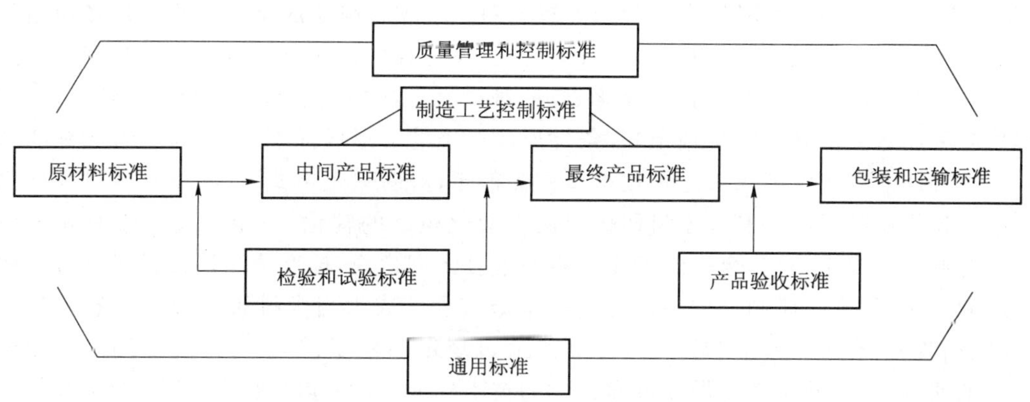

图 9-2　一般工业产品制造涉及的标准网络

在这个标准网络中包括以下几类标准：

1) 原材料标准：为了采购到合格的原材料，就必须对使用的各种原材料性能要求作出明确规定。

2) 生产的产品标准：包括中间产品标准和最终产品标准。最终产品是用户要验收的，对最终产品技术指标及其有关要求必须作出明确规定。由于很多产品是由几个单位合作完成的，出于交接和质量控制的需要，对中间产品也必须作出明确规定。

3）制造工艺控制标准：对制造工艺过程参数进行控制，例如，对电镀、热处理、焊接等过程参数的控制。

4）检验、试验和验收标准：为了对原材料和中间产品的性能进行检验和试验，对最终产品性能进行验收，检查产品是否合格，必须有检验、试验和验收的方法和标准。

5）质量管理和质量保证标准：从原材料的采购直到产品交付使用方的所有环节，都必须满足质量管理和质量保证要求，包括质量计划中停工待检点（HP）的设置和检查以及见证样品等，确保研制产品生产的稳定性和可靠性，确保交付到用户手中是合格的产品。

6）包装、运输和贮存标准：为了保证交付使用方合格的产品，必须对具体产品的包装、运输和贮存作出明确规定。

7）通用标准：在产品生产的全过程中，必须符合通用标准要求，例如，计量单位、符号、代号、术语、缩略语、产品编码等要求。

2002 年国家科技部提出了中国科学技术的三大战略，即“人才战略、专利战略和技术标准战略”，第一次将技术标准提升到战略的重要高度。当前，标准竞争已成为继产品竞争、品牌竞争后又一种层次更深、水平更高、影响更大的竞争形式，标准已成为国家和地区核心竞争力和软实力的基本要素。激烈的市场竞争使企业领导逐渐认识到“三流企业卖苦力，二流企业卖产品，一流企业卖专利，超一流企业卖标准”的含意，在 ITER 部件标准化采购中，如果我国生产的工业产品质量过硬，满足 ITER 的使用要求，能够被 IO 所接受，这将打开一个很大的国际市场，给我国经济发展带来巨大的利益。

9.3.2.2 采购包产品研制的标准化

《中华人民共和国标准化法》第九条规定：“制定标准应当有利于……推广科学技术成果”，第十七条规定：“企业研制新产品、改进产品，进行技术改造，应当符合标准化要求”。目前，我国科技部门制定的《科研生产管理办法》，对工程项目科研成果验收要求是必须达到标准化的程度。这就是说，工程项目的科研课题在结束的时候，成果报告中对研制产品的技术指标和安全性能等要求必须达到标准化要求，对产品性能检验和试验方法、制造工艺参数、过程控制程序等方面必须明确规定，有条件形成标准的要形成标准，没有条件形成标准的要以技术文件的形式固定下来。这种技术文件类似于标准，只是格式不同，没有通过标准化程序而已。这样做的目的是有利于科研成果向工业化生产的转化，不至于过一段时间其他人接手的时候做不出来，也为今后的工作积累经验。人们常说，标准化是连接科研、生产、使用三者之间的桥梁，产品研制过程与标准化的紧密结合已成为当今科研试制的必然趋势。产品研制过程的所有技术环节和管理环节必须通过规定的程序、规范和标准来控制。如果一项产品的研制，从一开始就采用先进而科学的技术标准，按照标准规定的性能指标及技术要求去设计、制造和检验，进行质量管理和质量控制，最终就会生产出先进和可靠的产品。所以，标准化是产品研制的技术基础，是产品研制过程的组成部分。

在产品研制工作中及早引入标准化，不但能保证研制产品的质量，而且能避免研制过程的重复劳动，缩短研制时间，节约研制经费。例如，辉光放电清洗（GDC）课题组想进行“GDC 电极水冷不锈钢软管压力试验、疲劳寿命试验”，但没有现成的试验方法，无法进行。如果靠自己摸索，从确定直径软管的打压限值、搭建试验平台做起，不知要花费多少人力、物力和时间。经过调研，发现国际标准 ISO 10380：2003《Pipework—Corrugated metal hoses and hose assemblies》可以满足试验要求，直接开展测试工作。如果测试结果理想，可将该标准的应用情况推荐给 IO。

还有，GDC 系统冷却水回路中金属陶瓷封接组件的机械拉伸试验没有试验方法，经调研，找到了中国电子行业标准 SJ/T 3326—2001《陶瓷—金属封接抗拉强度测试方法》和美国材料试验协会 ASTM F19-1964《Standard test method for tension and vacuum testing metallized ceramic seals》标准，为开展相关测试找到了适用的方法，加快了产品研制进度。所以，发现一项有价值的标准所解决的问题就相当于进行了一次技术攻关。

标准化应用于产品设计，可以缩短设计周期，降低成本；应用于定型生产，可以使生产科学有序；应用于管理，可以提高产品质量，保证协调统一，提高研制效率。技术的先进性最终以技术标准的形式体现，一项科研成果，一旦制定成标准发布，就能迅速得到推广和应用。因此，标准化可以促进技术进步。

正像前面所讲的，中国采购包基本上属于研制产品的采购，从采购包方案的制订、采购包协议的确定、产品研制直到定型生产的各个阶段，都需要标准化支持。通过对 PA"附录 B 技术规范"的分析，我们不难看出，每个 PA 技术规范就是一个大的产品标准，它包含了原材料标准、设计标准、中间产品标准、制造工艺标准、检验和试验方法标准、最终产品验收标准、质量管理和质量保证标准以及产品的包装、运输和贮存标准等，采购包附录 B 中引用了大量的国外标准。

通过中国采购包产品的研制，我们至少要解决下列标准化问题：

1）该产品的设计标准是什么？

2）确定研制产品的原材料、中间产品和最终产品的技术要求，查找适用的国内外标准？

3）原材料、中间产品和最终产品性能采用哪些检验和试验方法？找出适用的国内外标准？

4）制造工艺及其控制使用了哪些标准？

5）包装、运输和贮存使用了哪些标准？

6）规范中引用了哪些国外标准？引用的这些国外标准有没有对应的中国国家标准或行业标准。如果有对应的中国标准，弄清楚是等同采用(IDT)、修改采用(MOD)还是非等效采用(NEQ)。如果是等同采用或修改采用，没有实质的技术内容差别，研制单位就可以直接使用中国标准。如果没有中国标准，就要与标准使用单位一起，准确翻译引用标准，仔细研究其适用性。如果发现问题，应该及时与 IO 联系，尽快解决。如果没有发现问题，就要严格执行引用的国外标准。

7）质量管理和质量保证标准：包括质量保证大纲、质量计划、知会点（NP）、授权开始点（ATPP）、停工待检点（HP）的设置和检查、工艺合格评定、见证样品和存档样品的制备等。

8）通过采购包任务的完成，找出为了产品研制和我国磁约束核聚变需要制定的标准，包括具有知识产权的新制定标准、应转化为中国标准的国际标准和国外先进标准。

9）根据上述分析，每个中国采购包应能形成一个小的标准体系。

9.3.2.3　TF 线圈导体研制标准化

附录 C 以"TF 线圈导体研制标准化"为例，介绍了小型标准体系建立过程。

通过配合中国采购包产品的研制，及时提供标准化技术支持，做好标准化指导和服务。

经过一年的探索我们体会到，标准化人员只有和研制人员紧密结合，才能把标准融入到产品研制和定型生产的全过程。随着中国采购包协议的实施，必然会得到一批具有中国自主知识产权的成果。例如，316LN 不锈钢，是我国科研单位与钢厂联合研制的，不但申请了专利，而且要制定标准。通过实践人们逐渐认识到，知识产权比知识本身重要，技术标准比技术本身重要，而含有知识产权的技术标准就更重要。

9.4 设计标准化

9.4.1 ITER 的目标

ITER 计划实现的目标如下：

物理目标：

1）产生和研究燃烧等离子体；

2）总聚变功率 500 MW、700 MW(短脉冲)；

3）感应驱动氘-氚等离子体，聚变增益因子 $Q \geqslant 10$，长脉冲运行；

4）非感应驱动，聚变增益因子 $Q \geqslant 5$，稳态运行；

5）等离子体感应燃烧时间 300～500 s；

6）具有研究可控点火($Q > 30$)的可能性；

7）等离子体大半径(R)6.2 m；

8）等离子体小半径(a)2.0 m；

9）等离子体电流(I_p)15 MA；

10）6.2 m 半径环向场强度(B_T)5.3 T。

工程技术目标：

1）演示聚变堆技术的可行性和集成(如，超导磁体和远距离维修等)；

2）试验聚变堆部件(如，从等离子体排出功率和粒子系统等)；

3）试验氚增殖包层模块，在平均 14 MeV 中子照射下第一壁的载荷 $\geqslant 0.5\ MW/m^2$。

安全目标：

1）保护工作人员、公众和环境免受损害；

2）确保设施内有害照射处于正常水平，有害物质的释放受控，保持在规定限值以下和合理可行尽量低的水平(ALARA 原则)；

3）确保发生事故的可能性最小，且后果是受限制的；

4）确保较多频次事件(若有)的后果是很小的；

5）演示聚变堆优异的安全特性；

6）放射性废物危害最小，体积最小。

ITER 的设计就是按照上述目标进行的。同样，标准化工作也是围绕实现上述目标开展的，它贯穿在选址、设计、采购、建造、运行、维修和退役的各个阶段，是实现上述目标不可缺少的组成部分。

9.4.2　安全和环境标准

ITER 有固有的安全性，停堆后衰变热小于 11 MW，停堆一天后小于 0.6 MW，再加上多重保护、放射性存量小和非能动排热手段，因此，ITER 比较安全。

ITER 的安全和环境标准涉及内容很多，包括放射性排放限值、人员剂量限值、现场最小氚存量限值、铍的排放和污染限值、地震、洪水、真空、压力容器、消防、放射性分区等，下面简单介绍几个方面的安全和环境标准。

9.4.2.1　运行工况和放射性排放限值

为了把 ITER 和裂变堆核电厂的运行工况和放射性排放限值进行对比，这里先介绍一下裂变堆核电厂的情况。在裂变堆核电厂中，根据反应堆事故出现的预计概率和对广大居民可能带来的放射性后果，一般把运行工况分为以下四类：

1）工况Ⅰ：正常运行工况。正常运行工况是核电厂经常性或定期出现的各种状态和过程，只要依靠控制系统在反应堆设计裕量范围内进行调节，即可把反应堆调节到要求的状态，重新稳定运行，使全年累计放射性排放量不超过规定的排放限值。工况Ⅰ中物理参数变化不会达到触发保护动作的阈值。

2）工况Ⅱ：中等频率事件。中等频率事件是偏离正常运行的工况，但由于设计时已采取了适当措施，预计不会发生燃料棒破损或反应堆冷却剂回路系统超压，不应扩大到引起工况Ⅲ和工况Ⅳ，这种事件预计每年出现一次或几次。厂址范围内每次事件放射性后果排放量不超过批准的年排放水平。

3）工况Ⅲ：稀有事故或称低频率事故。稀有事故是可能会使燃料发生损伤并使反应堆在一个长的停堆时间内不能恢复运行，但是燃料棒的破损仅为一个小的份额，不会扩大成工况Ⅳ。处理这类事故时，需要投入专设安全设施。发生稀有事故，厂址边界处放射性后果排放限值为：全身剂量＜5 mSv（事故发生后 2 小时内接受的剂量）；甲状腺剂量＜15 mSv。

4）工况Ⅳ：假想严重事故或称极限事故。单一的极限事故不会使应对这类事故所需的系统丧失功能，但会释放大量放射性物质。发生假想严重事故，厂址边界处放射性后果排放限值为：全身剂量＜150 mSv（事故发生后 2 小时内接受的剂量）；甲状腺剂量＜450 mSv。

ITER 的三类运行工况和排放限值见表 7-3。众所周知，聚变堆对比裂变堆安全得多，如果把这三类运行工况与裂变堆相对比，可给出这样的概念：聚变堆正常运行（normal operation）包括由于 ITER 实验性质引发的某些故障、事件或工况，相当于裂变堆核电厂的工况Ⅰ和工况Ⅱ；聚变堆突发事件（incidents）相当于裂变堆核电厂的工况Ⅲ；非常事故（accidents）相当于裂变堆核电厂的工况Ⅳ。

ITER 设计的基本要求是：在出现上述三类运行工况时，放射性物质的排放量要满足本书第 7 章表 7-3 的排放限值；当出现非常事故时，专设安全装置能够保证第一封闭系统和第二封闭系统结构完整，安全停堆，并对事故加以控制。

9.4.2.2　人员剂量限值

表 9-3 给出了设计基准情况下的工作人员、公众和环境的剂量限值，是设计人员设计和环境影响评价的标准。

表 9-3 设计基准情况内的剂量限值

	设计基准情况内的安全目标	
	工作人员	公众和环境
正常情况	ALARA 原则，任何情况下应做到： 每人每年最大剂量 ≤10 mSv/a； 人均年剂量 ≤2.5 mSv/a	排放量应低于批准的年排放限值； 合理可行尽量低的影响； ≤0.1 mSv/a
事件情况	ALARA 原则，任何情况下每次事件应： ≤10 mSv/事件	每次事件的排放量应低于批准的排放限值： ≤0.1 mSv/事件
事故情况	考虑事故和事故后管理的相关约束规定	未立即采取应对措施（限制，撤离），<10 mSv 未限制肉类或蔬菜产品的消费（对未规定氚污染限值的情况，待确认）

9.4.2.3 现场最小氚存量的安全原则

ITER 的放射性危害主要是放射性氚和活化产物造成的，大量氚还存在着火和爆炸的危险，因此，控制现场的氚总量就显得格外重要。ITER 现场的氚总量控制在 3 kg 以内，其分布及其限值见表 9-4。

表 9-4 ITER 现场氚存量分布及其限值

氚存量分布	限　值
真空室及其延伸管	1 kg（包括连接真空室的低温真空泵中的 120 g）
燃料循环系统	700 g（许可证允许的最大值是 1 kg）
长期贮存	≤450 g/独立贮存区（许可证允许的最大值是 1 kg）
热室	≤250 g
真空室冷却系统的水	<0.000 1 g/m³（约 37 MBq/kg）
真空室内部件冷却系统的水	<0.005 g/m³（约 1.8 GBq/kg）

9.4.2.4 放射性分区

ITER 的放射性主要集中在托卡马克大厅、氚工厂、热室和废物处理系统，ITER 系统总体布局如图 9-3 所示。对这些放射性区域分成三个独立的控制区：第一控制区，指真空室及其延伸部分（包括中性束、射频和诊断）；第二控制区，指真空室临近设施（包括装置大厅、一回路冷却水系统、外部热室等）；第三控制区，指潜在危险区（包括低放废物贮存区等）。

9.4.2.5 非核排放物的控制（铍、低温、冷却水排放热等）

9.4.3 分级标准

ITER 系统、建构筑物、部件至少有以下几种分级：安全分级、质量分级、抗震分级、真空分级和远距离操作分级；另外，对载荷工况还有载荷分类。

（1）载荷分类

ITER 载荷工况分为下列四类：

Ⅰ类：运行载荷工况；

Ⅱ类：可能载荷工况；

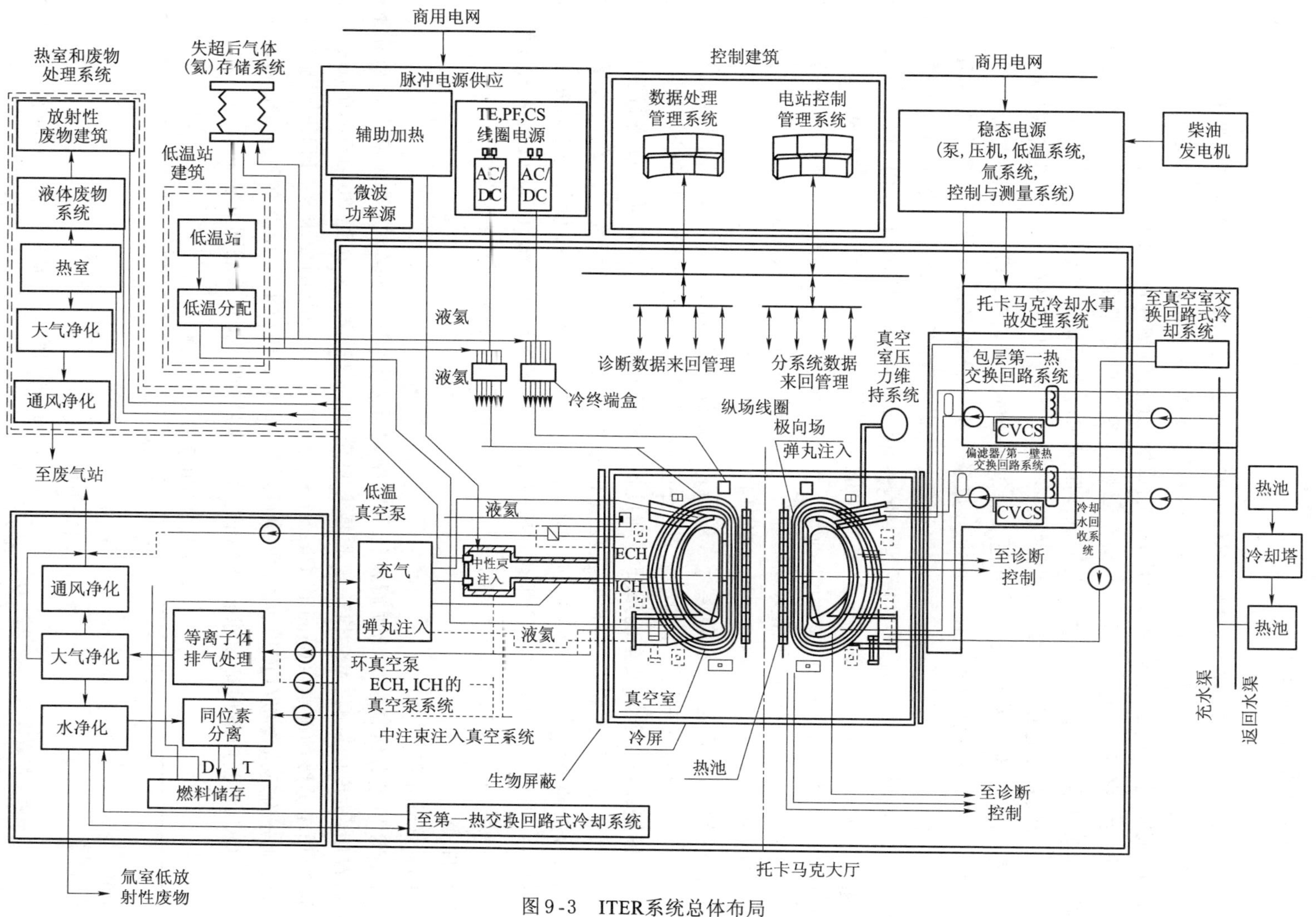

图 9-3　ITER系统总体布局

Ⅲ类：不太可能载荷工况；

Ⅳ类：极不可能载荷工况。

(2) 安全分级

构成ITER的系统、建构筑物和部件(SSC)，其安全重要性不完全相同。根据它们执行安全功能的重要程度进行分级，不同等级的系统、建构筑物和部件在设计、制造、材料、检验等方面应该规定不同的要求，所以，ITER的系统、建构筑物和部件的安全分级是质量分级、抗震分级、真空分级和远距离操作分级的基础。安全重要部件(SIC)是指部件功能失效后会直接引发事件或事故，能导致重大放射性照射和污染后果的部件。

安全分级首先是设备分级。合适的设备等级应能保证设备的质量与设备在安全中所起的作用是相适应的。然而，安全分级是一件很复杂的工作，有些ITER设备的分级还正在评价之中。ITER设备分为机械设备和电气设备。机械设备又分为承压设备和非承压设备。承压设备又分为核承压设备和非核承压设备。依据2005年12月12日《法国核承压设备命令》(ESPN)或欧盟《核承压设备指令》(Pressure Equipment Directive, PED 97/23/EC)和2010年5月4日IO公布的《安全重要功能和部件分级准则和方法》(Safety Important Functions and Components Classification Criteria and Methodology)，对核承压设备有两种并存的分级方法：一种是按照压力危险性分为：安全Ⅰ级(SIC-1)、安全Ⅱ级(SIC-2)、安全相关级(SR)和非安全级(non-SIC)；另一种是按照放射性水平分为：N1级、N2级、N3级。确定安全等级时应充分考虑：设备运行失效是否会直接导致事故或重大核污染风险；设备正常运行是否可有效降低事故产生的影响；设备正常运行是否能确保SIC设备的正常工作。所以，应该根据设备功能对安全的重要性和设备失效后所产生后果的严重程度进行安全分级。N1级设备是指功能失效后，会出现无法使设施回到安全状态的设备；N2级设备是指功能失效后，放射性释放大于370 GBq，而又不属于N1级的设备；N3级设备是N1级、N2级以外的设备。根据ITER初步安全报告(RPrS)的分析，ITER设施没有N1级设备。目前，完成初步分级的ITER核承压部件有：真空室及其端口、托卡马克冷却水系统、氚工厂和燃料循环部件等。

(3) 质量分级

ITER质量分级是根据物项所执行的安全功能对设施运行影响、对环境安全和健康影响、对费用/进度的影响、对法律法规或要求的符合性来确定的。按照2010年10月4日IO发布的《质量分级的确定》(Quality Classification Determination)要求，将ITER设施的物项质量级别分为质量1级(QC1)、质量2级(QC2)、质量3级(QC3)和没有质量保证要求的质量4级(QC4)，其质量保证要求依此降低。ITER物项质量分级准则见表9-5。

表9-5 ITER质量分级准则

风险类型	质量1级 重大影响	质量2级 不利影响	质量3级 一定影响
功能	故障可能造成ITER装置运行时间停止3周以上	故障可能造成： (1) ITER装置运行时间停止3周以下。或 (2) 托卡马克装置重要运行数据丢失	故障不会造成ITER装置运行时间减少，或托卡马克装置重要运行数据丢失

续表

风险类型	质量 1 级 重大影响	质量 2 级 不利影响	质量 3 级 一定影响
环境、安全和健康	故障可能造成: (1) 死亡或彻底致残或对工作人员或公众的健康或安全产生严重不利影响。或 (2) 超出规定承受范围内的环境破坏或涉及巨大清理费用	故障可能造成: (1) 需要住院治疗的伤害或疾病,临时性或局部残疾。或 (2) 对环境、工作人员或公众健康和安全产生一定的不利影响	故障可能造成: (1) 对公众或工作人员的健康和安全产生很小的影响。例如,需要简单处理但不用住院的伤害或疾病。或 (2) 可以忽略的环境影响
符合性	故障可能造成违反国家、联邦或国际法律、法规或要求	故障可能造成违反 ITER 组织已制定的管理实践和程序	故障可能造成较小的违反 ITER 组织已制定的管理实践
经费或进度影响	故障可能造成对经费和进度产生重大影响	事故可能造成: (1) 50 万欧元以上的经济损失。或 (2) 对 ITER 建造进度产生重要影响	事故可能造成 50 万欧元以下的经济损失

注:故障对 ITER 装置安全、运行、进度、经费等不造成直接影响的物项一般定为质量 4 级。

(4) 抗震分级

抗震分级的目的是对设备的设计和评定提出抗震要求。按照 Abstract of ITER Seismic Safety approach (ITER_D_2DRVPE)的要求,将 ITER 物项抗震级别分为抗震 1 级(SC1,相当于 SL-1 级地震动)、抗震 2 级(SC2,相当于 SL-2 级地震动)和非抗震级(NSC,无抗震要求)。抗震 2 级也就是安全停堆地震载荷(SSE),地震时设备能够保持其全部安全功能。对部件抗震的设计要求如下:

1) 在 SL 1、SL-2 级地震期间或者之后,SIC 部件必须能确保执行设计的安全功能;

2) 坍塌、坠落、移位或者任何其他地震引起的部件空间反应不会危害其他提供安全功能的部件(需要考虑地震载荷组合和其他载荷事件);

3) SL-0/SL-1 地震的结果不会损害 SIC 部件。

(5) 真空分级

按照《ITER 真空手册》(ITER Vacuum Handbook)中真空分级系统(Vacuum Classification System,VQC)的要求,将真空部件分为以下 5 级:

VQC1X:指环形线圈主真空部件以及运行期间开启阀门与其高真空连接的部件。

VQC2X:低温杜瓦主真空部件以及运行期间开启阀门与低温杜瓦连接的部件。

VQC3X:连接到在役真空系统或粗管线的空隙和辅助真空系统。

VQC4X:低温保护真空系统或与低温保护真空系统连接的物项。

VQCN/A:不连接真空环境的部件。

这里,X=A 指边界部件;

X=B 指真空内部件,但不构成真空边界组成部分。

(6) 远距离操作分级

远距离操作是指在 ITER 范围内,ITER 设备部件的远距离安装和移动以及它们在托卡马克大厅和热室建筑物之间的转移。远距离维修操作是指在ITER范围内，对中性束室或热室内的ITER部件进行远距离维修/整修/处置作业。按照远距离操作维修活动的难易程度和可能性，将ITER远距离操作(RH)维修物项分为RH-1级、RH-2级、RH-3级和非RH级。

9.4.4 材料标准

聚变反应的环境极为苛刻，制约核聚变发展的关键问题之一是材料问题，尤其是面向等离子体材料、结构材料、包层模块和高性能核探测器材料。最突出的是要承受核聚变反应放出的14 MeV能量的中子辐照；另一方面，中子嬗变反应在材料中产生大量的氢、氦以及聚变反应使用的氘、氚，对材料性能也会产生巨大影响。随着ITER工程项目的建造将会研制出许多新材料，例如：

面向等离子体材料(第一壁/偏滤器/限制器)：铍、碳纤维、钨(钼)合金、316LN不锈钢、钒基合金、铜基合金、铌合金；

结构材料：316型不锈钢、316LN不锈钢、低活性奥氏体钢、铁素体钢和马氏体钢的合金；

氚增殖材料/包层模块：锂、$LiAlO_2$、固态氚增殖剂和液态氚增殖剂，金属基液体包层模块、陶瓷基固态包层模块；

超导材料：Nb_3Sn、NbTi股线等；

中子屏蔽和增殖材料：铍、铅；

高性能核探测器材料：探测器级极高质量的金刚石膜材料。

表9-6给出了ITER真空室和端口部件设计时推荐的材料清单。我国部分高等院校和科研单位十几年前就开展了核聚变材料研究，取得了一定的成果。在ITER中国采购包协议的实施过程中，已经开发出了超导材料和改良的316LN不锈钢等材料，由316提升到316L，碳含量控制在小于0.03%，改进了不锈钢的腐蚀性能；由316L提升到316L(N)，氮含量控制在0.06%～0.08%，改进了不锈钢的机械性能；由316L(N)提升到316L(N)IG(ITER级)，钴含量控制在小于0.05%，减少了中子活化放射性强度。在辐射环境下使用的含硼钢304B7、304B4、铜合金、铁素体钢430、316L等也要求钴含量低($<0.05\%$)。这些具有自主知识产权的成果不但要申请专利，在不泄密的前提下还可以写入标准。

表9-6 真空室和端口部件材料清单

EN和RCC-MR指定	常见指定(AISI,ASTM等)	形态
X2CrNiMo17-12-2控制氮	奥氏体钢316L(N)-IG	板,锻件,棒
X5CrNi18-10,No. 1.4301	奥氏体钢304型	板
X2CrNiMo17-12-2,No. 1.4404	奥氏体钢316L型	板,锻件,棒,管
X2CrNi18-9,No. 1.4307	奥氏体钢304L型	板,锻件,棒,管
X6NiCrTiMoVB25-15-2,No. 1.4980	时效硬化钢660(A286合金)	螺栓
NiCr19FeNb5Mo3,No. 2.4668	718合金	螺栓
n/e	含硼钢304B7和304B4	板
n/e	铁素体钢430	板
n/e	XM-19	螺栓

9.4.5 设计文件

ITER 的设计是集物理设计、概念设计、工程设计、技术设计、环境评价、经济评价于一体的综合过程，在 ITER 项目设计时又分为总体设计、系统设计、部件设计等。设计工作是艰巨而复杂的，特别需要规范和标准的支持，这是需要技术文件数量最多的阶段。

经过多年设计，ITER 项目逐步形成了一套比较成熟的设计文件，包括总体设计要求、通用技术标准、各个子系统和部件的详细技术规范等。图 9-4 给出了 ITER 项目主要的规范和技术文件，共分三个层次。顶层是 ITER 项目规范，由理事会批准。第二级包括项目要求（PR）、电厂结构分解（PBS）、电厂描述（PD）、安全文件，由 IO 项目部批准；手册（handbook）和细则（manual）由主管机构批准。第三级为系统级文件，包括系统要求文件（SRDs）、设计描述文件（DDDs）；相关技术状态控制文件：包括系统接口控制，增加了“ITER 项目管理与质量大纲（MQP）”，把项目背景文件（PBD）细化为计算机辅助设计细则（CAD）、物理导则（PG）、载荷规范（LS）、远距离操作细则（RHM）、材料性能手册（MPH）、电磁和超导设计准则（SEC）、规范和标准（C&S）、真空设计手册（VDH）、电气设计手册（EDH）、电厂

第一级：理事会批准

项目规范（PS）

第二级：IO 项目部批准（DG/SSG）

项目要求（PR）　电厂结构分解（PBS）　电厂描述（PD）　安全文件

手册与细则——主管机构批准

项目背景文件（PBD）	项目评估文件（PAD）
计算机辅助设计细则（CAD）	控制系统设计和评价（CSD）
物理导则（PG）	建造调试和运行计划（COP）
荷载规范（LS）	通用厂址安全报告（GSSR）
远距离操作细则（PHM）	远距离操作程序（RHP）
材料性能手册（MPH）	等离子体性能评价（PPA）
电磁和超导设计准则（SEC）	组装计划和程序（AP）
规范和标准（C&S）	退役程序（DP）
真空设计手册（VDH）	托卡马克结构评价和地震分析（TSA）
电气设计手册（EDH）	核分析报告（NAR）
电厂控制设计手册（PCH）	材料评价报告（MAR）
辐照硬度细则（RAD）	费用分析报告（CAR）
项目管理计划（PMP）	
质量保证细则（QAM）	
风险管理计划（RMP）	

第三级：系统级文件——部门级批准（DDG）

系统要求文件（SRDs）　设计描述文件（DDDs）

相关技术状态控制文件：

系统接口控制文件（S-ICD）　采购包接口控制文件

采购包：技术文件

图 9-4　ITER 项目规范和技术文件

控制设计手册(PCH)、辐照硬度细则(RAD)、项目管理计划(PMP)、质量保证细则(QAM)、风险管理计划(RMP)等。项目评估文件(PAD)包括控制系统设计和评价(CSD)、通用场址安全报告(GSSR)、托卡马克结构评价和地震分析(TSA)等,还有系统要求文件、采购包文件等。这些技术文件中都有"规范和标准"的专门章节,引用了编写该文件所依据的已发布标准,例如,"ITER 机械部件规范和标准"中给出了 ITER 部件结构设计适用标准清单,见表 9-7。ITER 建筑物设计应根据"ITER 建筑物结构设计规范,第Ⅰ部分:设计准则"和"第Ⅱ部分:技术规范";ITER 磁体设计应根据"ITER 磁体超导和电设计准则"等。另一方面,这些技术文件本身又包含着很多规范或标准的内容,从中可以提炼制定出我们自己的标准,例如,安全标准、物项分级(载荷分类、安全分级、质量分级、抗震分类、真空分级、远距离操作维修分级等)。可以说,没有规范和标准就没有设计的依据和基础,就无法完成 ITER 的科学设计。

表 9-7 WBS 部件结构设计适用准则清单

WBS	名 称	选用标准
1.1	环向场线圈	结构设计准则,Vol.2 磁体 (SDC-MC)
1.2	极向场线圈	结构设计准则,Vol.2 磁体 (SDC-MC)
1.3	中心螺线管	结构设计准则,Vol.2 磁体 (SDC-MC)
1.5	真空室	ASME 第Ⅷ卷第 2 册 ASME 第Ⅲ卷 NC 分卷的Ⅲ&Ⅳ类工况 支承件:ASME 第Ⅷ卷第 2 册 结构设计准则,Vol.1 真空室内部件 (SDC-IC)
1.6	包层系统	结构设计准则,Vol.1 真空室内部件 (SDC-IC)
1.7	偏滤器	结构设计准则,Vol.1 真空室内部件 (SDC-IC)
1.8	燃料加注和壁调节系统	辐照物项:结构设计准则,Vol.1 真空室内部件 (SDC-IC) 非辐照物项:容器,ASME 第Ⅷ卷第 2 册 管道:ASMEB31.3
2.2	主机	未指定
2.3	遥控设备	未指定
2.4	低温杜瓦	容器:ASME 第Ⅷ卷第 2 册 管道:B31.3 支承件:ASME 第Ⅷ卷第 2 册 波纹管:B31.3 附录 X/EJMA ASME 第Ⅲ卷 NC 分卷的Ⅲ&Ⅳ类工况
2.6	冷却水	容器:ASME 第Ⅷ卷第 2 册 管道:B31.3,M 类流体工况 泵:ASME B73.1M/B73.2M 阀:B16.34 支承件:ASME 第Ⅷ卷第 2 册 波纹管:B31.3 附录 X/EJMA ASME 第Ⅲ卷 NC 分卷的Ⅲ&Ⅳ类工况

续表

WBS	名　称	选用标准
2.7	隔温系统	ASME 第Ⅷ卷第 2 册 ASME 第Ⅲ卷 NC 分卷的Ⅲ&Ⅳ类工况
3.1	真空泵	容器：ASME 第Ⅷ卷第 2 册 管道：B31.3
3.2	氚生产与除氚系统	容器：ASME 第Ⅷ卷第 2 册 管道：B31.3，M 类流体工况 泵：ASME B73.1M/B73.2M 阀：B16.34 支承件：ASME 第Ⅷ卷第 2 册 波纹管：B31.3 附录 X/EJMA
3.4	制冷厂与冷量分配系统	容器：ASME 第Ⅷ卷第 2 册 管道：B31.3，M 类流体工况 泵：ASME B73.1M/B73.2M 阀：B16.34 支承件：ASME 第Ⅷ卷第 2 册 波纹管：B31.3 附录 X/EJMA
5.1	离子回旋加热与电流驱动（ICH&CD）系统	辐照物项：结构设计准则，Vol. 1 真空室内部件（SDC-IC） 非辐照物项：容器，ASME 第Ⅷ卷第 2 册 管道：B31.3 支承件：ASME 第Ⅷ卷第 2 册 波纹管：B31.3 附录 X/EJMA ASME 第Ⅲ卷 NC 分卷的Ⅲ&Ⅳ类工况
5.2	电子回旋加热与电流驱动（ECH&CD）系统	辐照物项：结构设计准则，Vol. 1 真空室内部件（SDC-IC） 非辐照物项：容器，ASME 第Ⅷ卷第 2 册 管道：B31.3 支承件：ASME 第Ⅷ卷第 2 册 波纹管：B31.3 附录 X/EJMA ASME 第Ⅲ卷 NC 分卷的Ⅲ&Ⅳ类工况
5.3	中性束加热与电流驱动（NBH&CD）系统	辐照物项：结构设计准则，Vol. 1 真空室内部件（SDC-IC） 非辐照物项：容器，ASME 第Ⅷ卷第 2 册 管道：B31.3 支承件：ASME 第Ⅷ卷第 2 册 波纹管：B31.3 附录 X/EJMA ASME 第Ⅲ卷 NC 分卷的Ⅲ&Ⅳ类工况

续表

WBS	名　称	选用标准
5.4	低混杂波(low hybrid)加热与电流驱动(LHH&CD)系统	辐照物项:结构设计准则,Vol. 1 真空室内部件 (SDC-IC) 非辐照物项:容器,ASME 第Ⅷ卷第 2 册 管道:B31. 3 支承件:ASME 第Ⅷ卷第 2 册 波纹管:B31. 3 附录 X/EJMA ASME 第Ⅲ卷 NC 分卷的Ⅲ&Ⅳ类工况
5.5	诊断系统	辐照物项:结构设计准则,Vol. 1 真空室内部件 (SDC-IC) 非辐照物项:容器,ASME 第Ⅷ卷第 2 册 管道:B31. 3 支承件:ASME 第Ⅷ卷第 2 册 波纹管:B31. 3 附录 X/EJMA ASME 第Ⅲ卷 NC 分卷的Ⅲ&Ⅳ类工况
5.6	测试包层系统	辐照物项:结构设计准则,Vol. 1 真空室内部件 (SDC-IC) 非辐照物项:容器,ASME 第Ⅷ卷第 2 册 管道:B31. 3 支承件:ASME 第Ⅷ卷第 2 册 波纹管:B31. 3 附录 X/EJMA ASME 第Ⅲ卷 NC 分卷的Ⅲ&Ⅳ类工况
6.2	钢筋混凝土结构建筑	混凝土(通常):ACI 318,215R,117 砖石:ACI 520 混凝土(安全相关):ACI 349 钢结构:IBC,AISC
6.3	钢结构建筑	钢结构:IBC,AISC 基础与混凝土墙:ACI
6.5	液体与气体分配系统	容器:ASME 第Ⅷ卷第 1 册 管道:ASME B31. 3

图 9-5 是 2009 年 9 月 22 日由 IO 更新的 ITER 基线文件,竖向包括四种不同批准文件的层次级别:理事会级、ITER 管理层级、ITER 部门级和 DA 级。横向包括四种不同的文件:技术文件、进度文件、经费文件和管理文件。图 9-6 是较早公布的 ITER 设计文件,其中包含的文件与基线文件相类似。

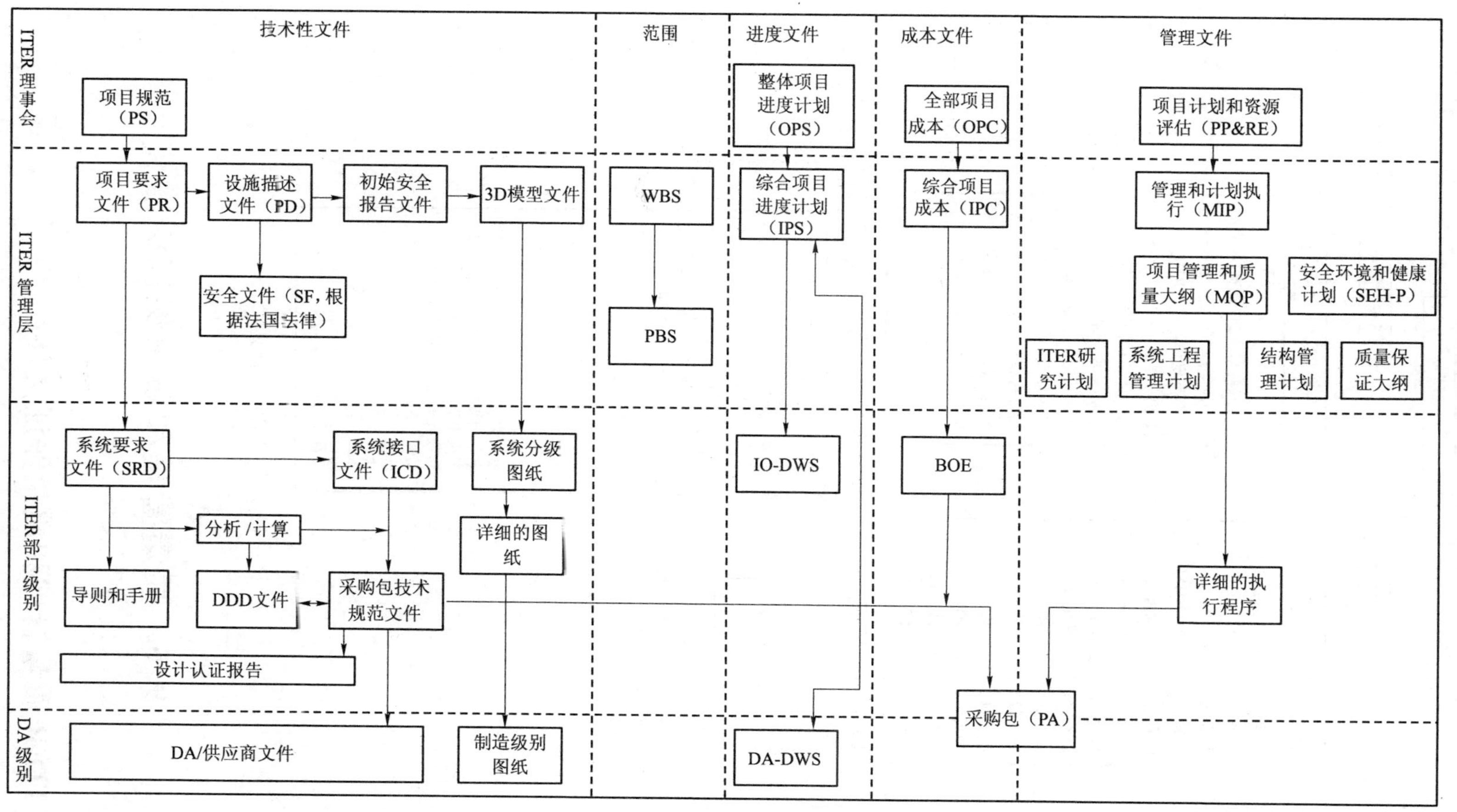

图9-5　ITER基线文件架构

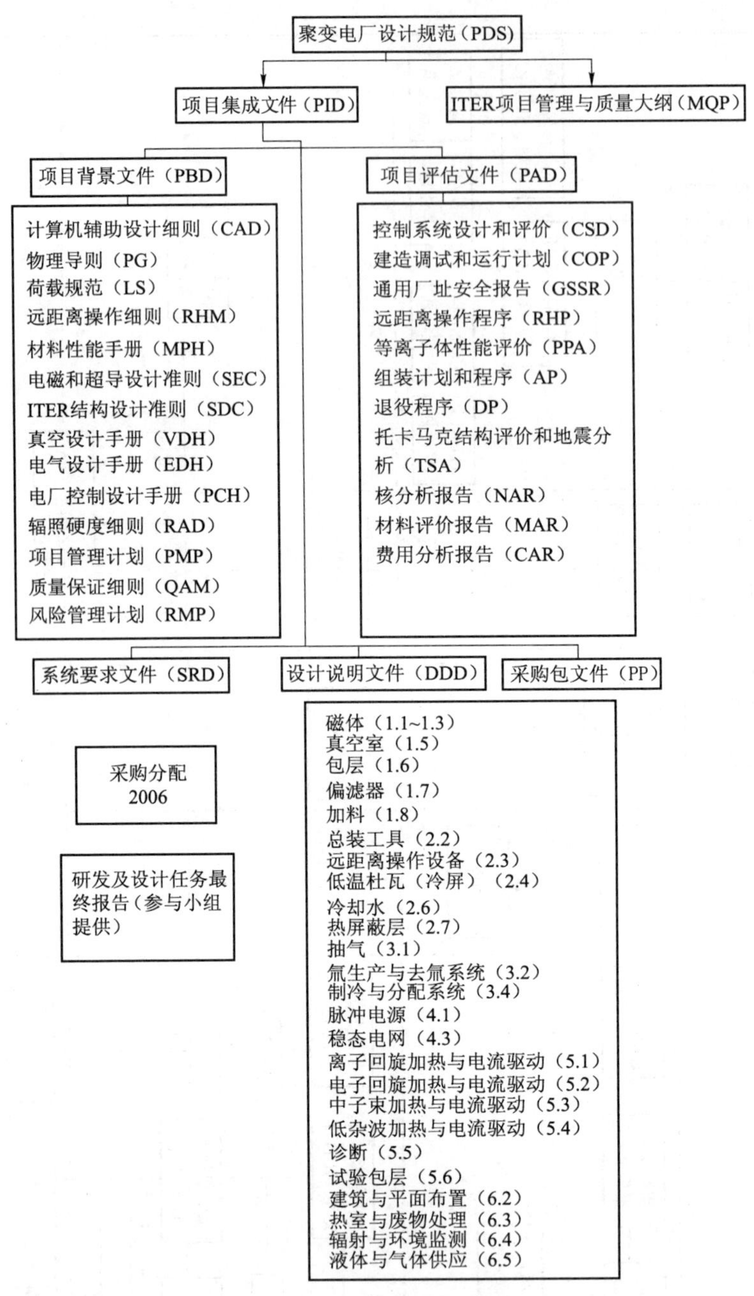

图 9-6 ITER 设计文件

9.5 质量管理和质量保证标准化

9.5.1 ITER 质量管理和质量保证文件

最近，IO 陆续发布了《管理和质量大纲》（Management and Quality Program，MQP）一

系列文件，取代了原来的质量保证手册（ITER QA Manual）和项目管理计划（The ITER Project Management Plan）。这套文件有些已经发布，有些正在制定，发布的文件又可能修订，承担 ITER 任务的单位应及时跟踪最新版本，了解新旧版本的变化，有利于贯彻落实。在《管理和质量大纲》中对 ITER 质量保证（QA）的内容又进行了详细分解，如图 9-7 所示。

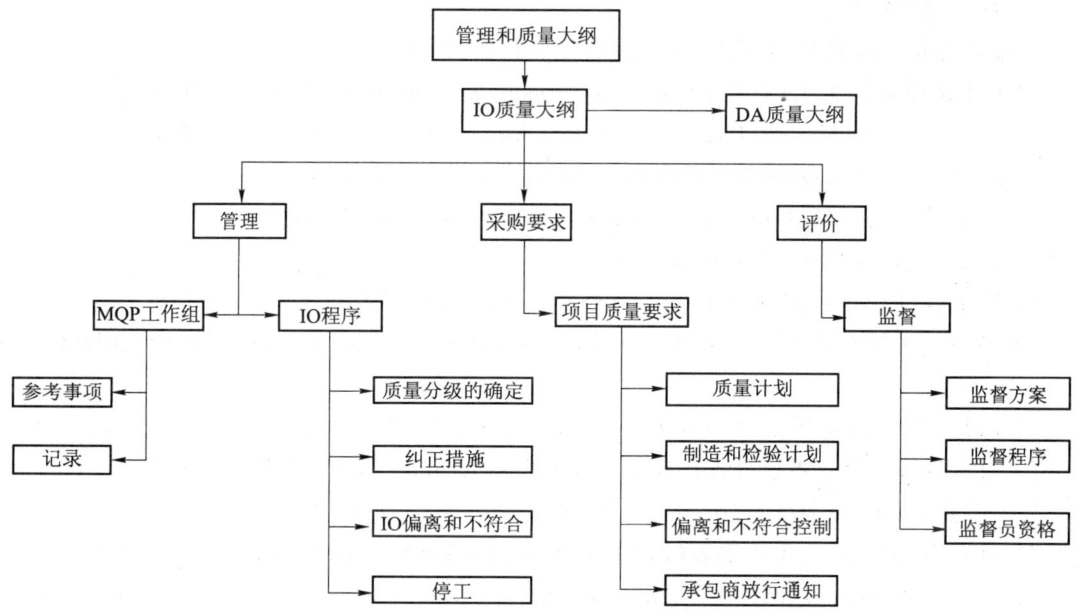

图 9-7　管理和质量大纲（MQP）中质量保证（QA）部分

"质量保证（QA）"的定义是"质量管理的一部分，致力于提供质量要求会得到满足的信任"，对核设施来说是"为使物项和服务与规定的质量要求相符合，并提供足够的置信度，所必需的一系列有计划的系统的活动"。

质量保证是与项目的目标、阶段和内容密切相关的。ITER 设施从厂址选择、采购、设计、制造、检验、试验、包装、运输、贮存、建造、组装、安装、调试、运行，直至退役的全过程的每个阶段都有其自身的质量保证活动。所以，ITER 的质量保证就是保证 ITER 设施在寿命周期每个阶段的所有物项和服务的质量符合规定的质量要求而采取的一整套质量管理措施。

ITER 管理和质量大纲（MQP）的目标是：

1）保证 ITER 设施的安全运行；

2）以有效的方式利用 ITER 资源；

3）确保能够规定并实施被认为对实现 ITER 目标所必需的质量等级；

4）确保保持足够的文件以证明要求的目标已实现。

管理和质量大纲（MQP）应：

1）涵盖所有与 ITER 设施安全性、可靠性及性能重要相关的物项或活动；

2）包括所有为验证已达到要求的质量和验证已产生质量影响的客观证据所必要的活动。

尤其应包括那些出现故障将会导致下列重大问题的物项：

1）对公众和/或员工的安全问题；

2）时间和投资的损失；

3）计划外的停机；

4）运行期间获取数据质量下降；

5）对环境的影响。

目前发布的ITER质量管理和质量保证文件主要有：

1）ITER质量保证大纲(ITER Quality Assurance Program)2007-01-20；

2）ITER组织分解结构(Organization Breakdown Structures)2008-01-18；

3）质量保证监督(Quality Assurance Surveillance)2007-08-30；

4）质量分级的确定(Quality Classification Determination)2009-06-17；

5）质量计划(Quality Plan)2009-03；

6）质量保证纠正措施(Quality Assurance Corrective Action)2007-10-05；

7）采购技术规范中的质量要求(Quality Requirements in Procurement Specifications)2005-02-25；

8）ITER采购质量规范(ITER Procurement Quality Specification)2008-03-13；

9）ITER采购质量要求(Procurement Quality Requirements)2009-02，正修订；

10）ITER采购规则(Procurement Rules)2005-09-30，正修订；

11）ITER承包商采购计划表(ITER Contractor Procurement Schedule)2007-11-22；

12）ITER承包商实施计划(ITER Contractors Implementation Plan)2005-02-25；

13）承包商放行通知(Contractors Release Note)2007-11-21；

14）ITER文件编制计划表(ITER Documentation Schedule)；

15）承包商工作进度表(Contractor Work Schedule)；

16）设计中的质量(Quality in Design)2005-03-10；

17）设计评审程序(Design Review Procedure)2008-10-24；

18）项目更改程序(Project Change Procedure)2008-09-30；

19）停工权(Stop Work Authority)2006-11-21；

20）ITER偏离和不符合(ITER Deviations and Non-Conformances)2009-05-20；

21）制造和检验计划(Manufacturing and Inspection Plan)2009-04-01；

22）检验和试验人员资格要求(ITER Project MQP：Requirements for Qualification of Inspection and Testing Personnel)；

23）审核员和审核组长的资格和保持要求(Requirements for Qualification and Maintenance of Auditors and Lead Auditor)2007-11-21；

24）ITER技术状态管理计划(Configuration Management Plan)2008-12-15；

25）文件和记录控制(ITER Project MQP：Document and Record Control)；

26）不符合控制(ITER Project MQP：Nonconformity Control)；

27）纠正和预防措施(ITER Project MQP Corrective and Preventive Actions)；

28）分析和计算(MQP：Analyses and Calculations)2005-07-01；

29）ITER远距离操作兼容性程序(MQP：ITER Remote Handling Compatibility Procedure)，待批准2009-07-17；

30) ITER 远距离维修管理系统(ITER Remote Maintenance Management System, IRMMS)2009-02-23;

31) 检验和试验(ITER Project:Inspection and Testing);

32) 现场检验大纲(ITER project MQP:Site Inspection Program);

33) MQP 程序样板(MQP Procedure Template)2009-05-05;

34) 术语(MQP Glossary)2005-02-25;

…………

这些文件的一部分可以形成质量管理标准。为了更好地完成中国采购包的任务,承担 ITER 任务的单位必须正确翻译这些文件,全面理解其内容,并在各自的工作中贯彻实施。

9.5.2　ITER 质量保证大纲

2007 年 1 月 20 日,IO 发布了《ITER 质量保证大纲》(ITER Quality Assurance Program)。对于实施 ITER 项目的质量保证来说,这是一个纲领性的文件,是属于强制执行的法规性文件。该大纲参考了 IAEA 安全要求 GS-R-3(2006)的管理体系要求《设施和活动的管理体系》和 ASME NQA-1-2004《核设施应用的质量保证要求》以及 ISO 9001:2000《质量管理体系》中包含的质量管理要素。每个任务执行方可以自己制定质量保证大纲,但必须经过评审,证明其符合《ITER 质量保证大纲》的规定,或由任务执行方直接选择使用《ITER 质量保证大纲》作为他们的质量保证大纲,开展 ITER 项目质量管理工作。该大纲的目录如下:

前言
术语和定义
1 目的和组织机构
1.1 指定和委派的工作
1.2 项目机构
2 ITER 管理职责
2.1 ITER 管理
2.2 物项标识和控制
2.3 搬运、贮存和运输
2.4 监视和数据采集设备的校准
2.5 设计控制
2.6 技术状态管理
2.7 计算机代码和模型开发
2.8 采购过程
2.9 质量处
2.10 质量分级
3　管理和质量大纲目标
3.1 角色和职责
3.2 停工权
3.3 持续质量改进
3.4 不符合报告
3.5 人员培训和资格评定
3.6 文件和记录
3.7 工作过程
3.8 程序
3.9 制造、组装和安装过程
3.10 检验和试验活动
3.11 研究和开发
4 大纲监察和评价
4.1 准备状态评审
4.2 管理者自我评价
4.3 监察
4.4 独立评价
4.5 评价响应
4.6 将结果形成文件

根据《ITER 质量保证大纲》编制我国“磁约束核聚变设施质量保证大纲”,既满足 ITER 采购包任务的要求,又为中国磁约束核聚变设施的质量保证积累经验,这是个很重要的规范。

9.5.3 ITER中国代理机构发布的质量保证文件

截至2008年年底,ICDA制定并发布了下列质量保证文件。

1个质量保证大纲:

ICDA QAPD 001:质量保证大纲概述(C版)QUALITY ASSURANCE PROGRAM DESCRIPTION FOR ITER CHINA DOMESTIC AGENCY (Edition C)。

17个程序文件清单:

1) ICDA QAPP 01 物项和服务分级程序(Procedure for Grading of ITEMS and Services);

2) ICDA QAPP 02 管理评审程序(Procedure for Management Review);

3) ICDA QAPP 03 人员培训和资格评定程序(Procedure for personnel Training and Qualification);

4) ICDA QAPP 04 接口控制程序(Procedure for Interface Control);

5) ICDA QAPP 05 文件控制程序(Procedure for Document Control);

6) ICDA QAPP 006 ITER组织输入评审程序(Procedure for Review of Inputs from ITER Organization);

7) ICDA QAPP 007 采购文件控制程序(Procedure for Procurement Document Control);

8) ICDA QAPP 008 供方和承包方评价和选择程序(Procedure for Evaluation & Selection of Suppliers and Contractors);

9) ICDA QAPD 009 日常监督程序(Procedure for Daily Surveillance);

10) ICDA QAPP 010 内部审核程序(Procedure for External Audit);

11) ICDA QAPP 011 设计评审程序(Procedure for Design Review);

12) ICDA QAPP 012 设计更改控制程序(Procedure for Design Change Control);

13) ICDA QAPP 013 内部审核程序(Procedure for Internal Audit);

14) ICDA QAPP 014 供方质量计划W和H点见证程序(Procedure for Witnessing of W & H Points of Quality Plan of Suppliers);

15) ICDA QAPP 015 不合格控制程序(Procedure for Non-conformance Control);

16) ICDA QAPP 016 纠正措施程序(Procedure for Corrective Actions);

17) ICDA QAPP 017 记录控制程序(Procedure for Records Control)。

其中,ICDA QAPD 001:质量保证大纲概述(C版)已得到IO批准并备案。

9.5.4 IO对采购包的质量保证要求

IO对采购包提出下列质量保证要求:

1) DA应确保所有部件和服务的质量满足PA附录A和附录B的全部要求。

2) PA附录A和附录B中规定的要求出现任何问题,应在开工前要求IO予以澄清。

3) DA的质量保证大纲(QAP)应符合ITER的QAP要求,并得到IO批准,DA的QAP应用于PA中的所有工作。ITER制定的QAP要满足“1984年8月10日法国质量命令”的要求。为此目的，DA 应确保供应商完成 PA 的合同要遵守有关质保分级的 QA 要求。

4）与 IO 质量要求有关的文件清单列于表 9-8。并且，投标过程结束时供应商的质量体系描述应提交给 IO。

表 9-8　IO 质量要求

IO 质量要求	ITER 质量文件
合同实施前： • 相关“ITER 承包商实施计划”得到 IO 认可 • 相关“ITER 文件编制一览表”得到 IO 认可	ITER 承包商实施计划 ITER 文件编制一览表
采购或分包前： • “ITER 文件编制一览表”中确定的相关文件得到 IO 认可	ITER 文件编制一览表
设计、制造、检验和试验前： • 相关的“承包商工作进度计划表”得到 IO 认可 • “ITER 文件编制一览表”中确定的相关文件得到 IO 认可	承包商工作进度计划表 ITER 文件编制一览表
设计、制造、检验和试验期间： • 向 ITER 代表通知任何 H 点或 N 点 • 按照工作进度，在“承包商工作进度计划表”中完成相关输入	承包商工作进度计划表
验收或交付前 • 填写“承包商放行通知”	承包商放行通知
合同实施期间： • 必要时，发布“偏离申请”和“不符合报告”	ITER 偏离和不符合

5）由 DA 和供应商制订实施计划，说明他们如何实施 IO 要求和合同要求。DA 实施计划由 IO 评审，供应商实施计划由 DA 评审。用于监视质量控制（QC）和验收检验的工作进度计划由每个供应商制定，由 DA 批准，并提交 IO 供评审和控制价格。

6）DA 应确保供应商只有在具备由 DA 批准并得到足够重视的实施计划的前提下才能开始实施任何合同。

7）DA 应按照 IO 批准的 DA-QAP 实施监视活动，包括质量监察和证实符合大纲要求的任何检验。

8）IO 应指派适当的合格查督员进行质量监察，以证明符合 DA 的 QAP。监察组可以由 IO 工作人员和/或签订合同的专家组成。

9）IO 应指派适当的监察员对 DA 的供应商进行监察，以验证与质量有关的活动的符合性。这些监察应按照工作进度计划进行。根据监察目的，监察员可以是 IO 工作人员和/或签订合同的专家式监察员。

9.5.5　ISO 9001 质量管理体系在 ITER 项目的应用

IO 和 ICDA 要求：所有 ITER 采购包任务承担单位及其供应商必须通过国际标准 ISO 9001 质量管理体系认证，这是个很好的决定。图 9-8 是将 ISO 9001 过程方法应用于 ITER

项目过程管理。在图9-8中将ITER的过程分为管理过程、实施过程和支持过程。实施过程包括研究开发实施过程和工程实施过程。工程实施过程又包括设计、采购、建造、调试、运行和退役(减活)等过程。过程识别的目的是控制过程,而控制这些过程的重要手段就是采用标准化的方法。在设计、采购、建造、调试、运行和退役(减活)等过程都需要大量的规范和标准予以支持。

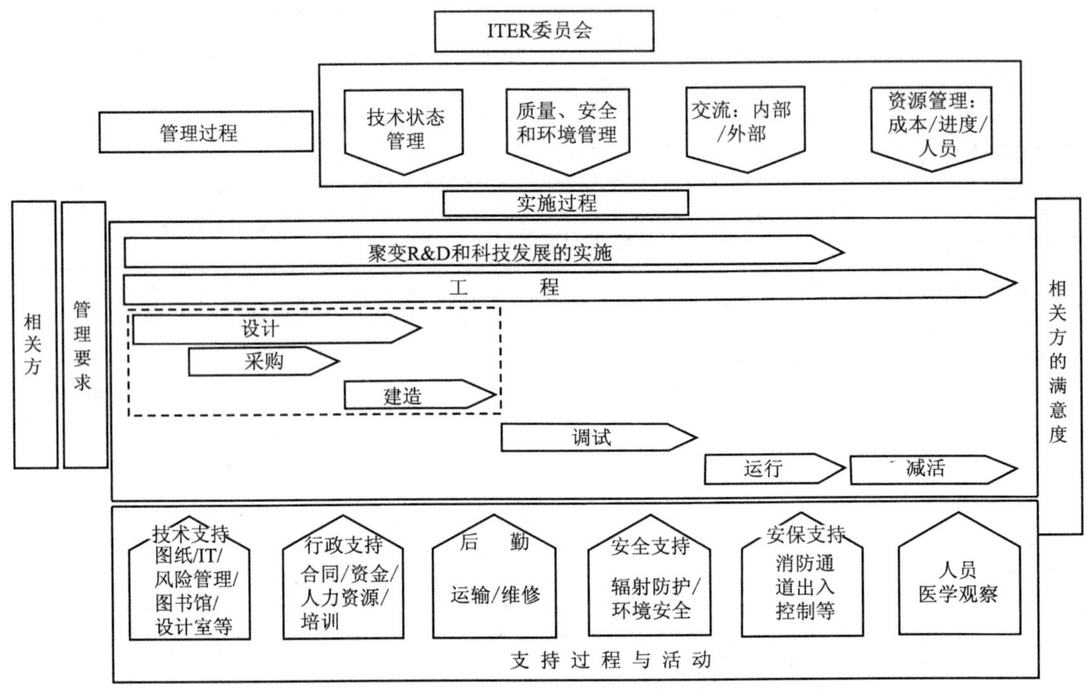

图9-8 将ISO 9001过程方法应用于ITER项目管理

图9-9给出了ISO 9001质量管理体系文件结构和核安全质量保证体系文件结构的关系。从文件结构上看,ISO 9001质量管理体系文件涵盖了核安全质量保证体系文件。现在,许多核工业单位建立管理体系时,上层编写《质量管理手册》和《质量保证大纲》,而下层

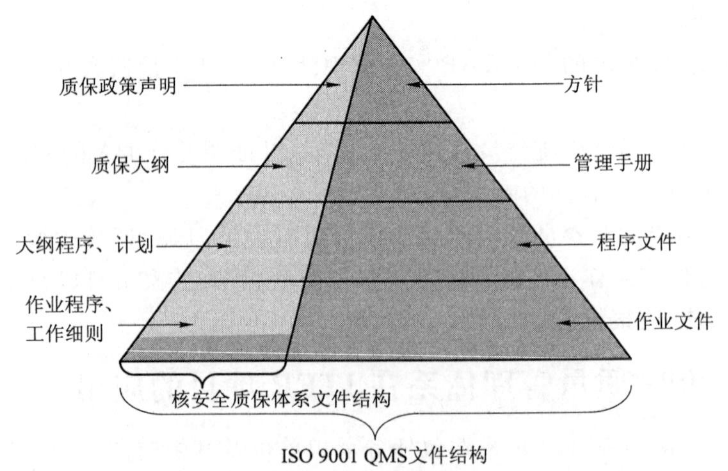

图9-9 ISO 9001质量管理体系文件结构和核安全质保体系文件结构

支持性文件是通用的。

9.6 ITER的规范和标准

这里所说的规范和标准(C&S)中的code(规范),与PA附录B的specification(技术规范),虽然都叫“规范”,但两者间是有差别的。Code可以指“法规”,例如,美国联邦法规(Code of Federal Regulations,CFR)中的“code”,或被一国或多国认可的带有法规色彩的技术规范,例如,ASME的“锅炉与压力容器规范BPVC”。而specification是产品的技术要求、技术规格或技术指标的意思。

ITER项目选用规范和标准的原则是:

(1) 尽量采用现有的工业规范和标准

ITER项目使用现有规范和标准情况:机械类主要采用ASME标准以及法国RCC-MR 2007;电气类主要采用IEC标准;建筑类标准主要采用美国混凝土学会(ACI)标准、国际建筑规范(IBC)及美国钢结构学会(AISC)标准;建造现场环境和安全主要采用法国和欧盟的有关标准;安全和辐射防护主要采用国际原子能机构(IAEA,例如,IAEA 50-C-QA)、国际辐射防护委员会(ICRP)标准;材料及测试方法主要采用ASTM、ISO的标准。其他还有法国/欧洲标准(EN、NF EN、NF PA、NF C)、日本标准(JIS)、德国标准(DIN)等。

(2) 必须满足法国或欧盟的规范和标准

根据IO制定的“ITER项目联合实施协议”第14条规定:“在公众和职业健康安全、核安全、辐射防护、许可证申请、核物质、环境保护和安保方面,IO应遵守东道主适用的法律法规”。ITER设施建造和运行在法国,选址、许可证申请和安全分析报告必须得到法国核设施安全局的批准,因此,ITER设施必须满足法国或欧盟的安全法规和标准的要求,例如,2006年颁布的《核设施透明度法令》(à law on transparency for nuclear facilities)、1963年颁布的法令《核设施许可证申请程序和听证会》(à what is a nuclear facility, licensing process and public hearing)、1995年颁布的法令《排放和用水(听证会)》[à releases and water intakes(public hearing)]、1999年颁布的法令《设计规定》(à design prescriptions)和2006年颁布的法令《CEE规则对放射性分区和工作人员操作辐射照射的应用》(à application of CEE rules for radiological zoning and workers Operational Radioactive Exposure)。按照IO的要求,ITER部件设计和分类应按照美国ASME标准进行,参与各方可以使用自己的标准制造,但必须得到ITER的许可,同时要与法国和欧盟的标准进行比较,确定其一致性,包括与《承压设备指令》(Pressure Equipment Directive, PED)、2006年颁布的法令《CEE规则对核承压容器的应用》(à application of CEE rules on nuclear pressure vessels)和《法国核承压设备指令》(Équipements Sous Pression Nucléaires, ESPN)比较其一致性,要满足RCC-MR 2007的要求。由IO制定的《ITER质量保证大纲》也要求满足1984年8月10日颁布的《法国质量命令》(Order from 1984 à Quality in nuclear facilities)的要求。

(3) 现有规范和标准不能满足ITER要求时制定新的规范和标准

对于ITER的超导磁体和真空室内部件采用ITER制定的新标准:《ITER结构设计准

则—通则》、《ITER 结构设计准则一磁体部件》(Structure Design Criteria for Magnets Components,SDC-MC)和《ITER 结构设计准则一真空室内部件》(Structure Design Criteria for In-vessel Components,SDC-IC)等。

9.7 磁约束核聚变标准体系和重要标准的制定

9.7.1 磁约束核聚变标准体系

中国参与 ITER 项目的目的是通过成果共享,掌握建造磁约束核聚变反应堆的关键技术和工程经验,在十几年乃至几十年的时间内使我国在磁约束核聚变领域达到世界先进水平,设计、建造出我国磁约束核聚变示范堆,最终目标是独立建造中国的磁约束核聚变反应堆电厂。这项巨大工程的实现离不开标准化。

目前,核工业标准化研究所遵循科技部的部署,正在开展《ITER 中国采购包标准化研究》。通过该研究项目的完成,一定会沉淀出中国磁约束核聚变标准化的部分经验,但这只是开始,今后的工作任重道远,要将标准化工作做得系统深入,核工业标准化研究所还必须会同业内技术专家开展中国磁约束核聚变标准体系研究。

由于聚变堆和裂变堆原理不同、堆体结构不同、燃料不同、积存的放射性物质种类和数量也有很大差别,因此,潜在的风险也不同。从总体来看,聚变反应堆的安全性比裂变反应堆好得多,因为它没有铀钚链式反应,不存在核材料临界问题,也就没有堆芯熔化问题;堆芯积存的放射性物质是有限的,即使出现最坏的事故工况,所造成的事故后果也是有限的。但是,聚变堆和裂变堆毕竟都是反应堆,两者之间又存在共性,都有活化产物和放射性腐蚀产物,尤其是大量放射性氚,存在燃烧爆炸的危险。

研究建立磁约束核聚变标准体系时,已有的裂变堆核电站标准体系可以作为参考。从实际情况来看,建立磁约束核聚变标准体系可以考虑通过自下而上和自上而下两种途径来实现。通过 ITER 项目的标准化研究,一方面为中国采购包提供标准化支持和服务;另一方面,作为核聚变技术成果的积累,会形成中国采购包 12 个小的标准体系。同时,尽量收集非中国采购包的技术规范,对所涉及的标准进行分析研究,形成非中国采购包的小标准体系。汇总所有采购包小标准体系就会沉积出 ITER 项目大的标准体系,这就是自下而上。

但是,ITER 采购包涉及的大都是部件,也会涉及子系统,但对于 ITER 总体考虑不多,例如,选址、环评、安评、安全、建筑等,这就需要开展磁约束核聚变标准化的顶层设计研究,自上而下全面考虑磁约束核聚变的标准化。通过自下而上和自上而下的标准化研究,就会得到比较科学的磁约束核聚变标准体系。不过说起来简单,实际上,非中国采购包的技术规范不那么容易全部得到,顶层设计研究也缺乏大量上层 ITER 资料的积累,具体实现起来会有很大的难度,但这是非做不可的事。

9.7.2 磁约束核聚变重要标准的研究和制定

通过磁约束核聚变的标准化研究,会得到标准体系表,涉及具体的标准,从中找出磁约束核聚变反应堆需要的重要标准,开展重要标准的研究,并根据轻重缓急列入计划,逐步制定。需要制定磁约束核聚变反应堆需要的重要标准包括我国的科研成果固化得到的标准和从国外标准转化形成的中国标准，这些标准可以是国家标准和行业标准，也可以是专项标准和企业标准，具有自主知识产权的标准往往是专项标准或企业标准。磁约束核聚变标准的制定是个庞大的系统工程，需要很多年去完成，而且，需要国家主管部门首先制定出相应的法规，逐渐形成中国磁约束核聚变法规标准体系。

参考文献

[1] ITER Organization. Project Specification，ITER 理事会批准，2008 年 6 月.
[2] ITER Organization. Quality Classification Determination，2010 年 10 月 4 日.
[3] ITER Organization. Safety Important Functions and Components Classification Criteria and Methodology，2010 年 5 月 4 日.
[4] ITER Organization. PROJECT REQUIREMENTS(PR)，2009 年 8 月 6 日.
[5] ITER Organization. ITER Vacuum Handbook，2009 年 6 月 12 日.
[6] ITER Organization. ITER Quality Assurance Program，2007 年 1 月 20 日.
[7] 邱励俭. 聚变及其应用，2008 年 1 月.
[8] ITER Organization. Structural Design Criteria for ITER——General Section(SDC-G)，Version 1，2004 年 5 月.
[9] ITER Organization. ITER RAMI ANALYSIS PROGRAMME，2009 年 10 月 17 日.
[10] TF 采购包安排协议，附录 B 技术规范. 2008 年 3 月.
[11] FRENCE. Classification of the ITER Nuclear Pressure Equipment in accordance with the requirements of the French Order dated 12th December 2005.
[12] FRENCE. Concerning Nuclear Pressure Equipment，2008 年 6 月 17 日.
[13] ITER Organization. Summary of Material Data For Structural Analysis of the ITER Vacuum Vessel and Ports，2008 年 8 月 12 日.

附录A 全国标准化技术委员会一览表

表 A-1 全国标准化技术委员会一览表

序号	技术委员会名称	对口 ISO/IEC 的 TC	主管部门或秘书处单位
TC1	全国电压电流等级和频率标准化技术委员会	IEC/TC8	国标委
TC2	全国微电机标准化技术委员会		中国电器行业协会
TC3	全国液压气动标准化技术委员会	ISO/TC131	中国机械工业联合会
TC4	全国信息和文献标准化技术委员会	ISO/TC46	国标委
TC5	全国涂料和颜料标准化技术委员会	ISO/TC35	中国石油和化学工业协会
TC6	全国集装箱标准化技术委员会	ISO/TC104	国标委
TC7	全国人类工效学标准化技术委员会	ISO/TC159	国标委
TC8	全国电工电子产品环境条件与环境试验标准化技术委员会	IEC/TC104,TC89	中国电器行业协会
TC9	全国防爆电气设备标准化技术委员会	IEC/TC104	中国机械工业联合会
TC10	全国医用电器设备标准化技术委员会	IEC/TC62	国家食品药品监督管理局
TC11	全国食品添加剂标准化技术委员会		国标委
TC12	全国海洋船标准化技术委员会	ISO/TC8 的部分 SC	中国船舶工业集团公司
TC15	全国塑料标准化技术委员会	ISO/TC61	中国石油和化学工业协会
TC16	全国量和单位标准化技术委员会	ISO/TC12,IEC/TC25	国标委
TC17	全国声学标准化技术委员会	ISO/TC43	中国科学院
TC18	全国真空技术标准化技术委员会	ISO/TC112	中国机械工业联合会
TC19	全国轮胎轮辋标准化技术委员会	ISO/TC31	中国石油和化学工业协会
TC20	全国能源基础与管理标准化技术委员会	ISO/TC203 ISO/TC180	国标委
TC21	全国统计方法应用标准化技术委员会	ISO/TC69	国标委
TC22	全国金属切削机床标准化技术委员会	ISO/TC39	中国机械工业联合会
TC23	全国电声学标准化技术委员会	IEC/TC29	工业和信息化部
TC24	全国电工电子产品可靠性与维修性标准化技术委员会	IEC/TC56	工业和信息化部
TC25	全国电气安全标准化技术委员会		国标委
TC26	全国旋转电机标准化技术委员会	IEC/TC2	中国电器行业协会
TC27	全国电气信息结构文件编制和图形符号标准化技术委员会	IEC/TC2	国标委
TC28	全国信息技术标准化技术委员会	ISO/IEC/JTC1	国标委
TC30	全国核仪器仪表标准化技术委员会	IEC/TC45	工业和信息化部

续表

序号	技术委员会名称	对口 ISO/IEC 的 TC	主管部门或秘书处单位
TC31	全国气瓶标准化技术委员会		
TC32	全国农业分析标准化技术委员会		
TC33	全国模具标准化技术委员会	ISO/TC29/SC8	中国机械工业联合会
TC34	全国电工电子设备结构综合标准化技术委员会	IEC/TC48/SC48D	国标委
TC35	全国橡胶与橡胶制品标准化技术委员会	ISO/TC45	中国石油和化学工业协会
TC36	全国带电作业标准化技术委员会	IEC/TC78	中国电力企业联合会
TC37	全国农作物种子标准化技术委员会		农业部
TC38	全国微束分析标准化技术委员会	ISO/TC201,TC202	中国科学院
TC39	全国纤维增强塑料标准化技术委员会		中国建筑材料工业协会
TC40	全国压力容器标准化技术委员会		
TC41	全国木材标准化技术委员会	ISO/TC218	国家林业局
TC42	全国煤炭标准化技术委员会		中国煤炭工业协会
TC43	全国导航设备标准化技术委员会	IEC/TC80	工业和信息化部
TC44	全国变压器标准化技术委员会	IEC/TC14,TC96	中国电器工业协会
TC45	全国电力电容器标准化技术委员会	IEC/TC33	中国电器工业协会
TC46	全国家用电器标准化技术委员会	IEC/TC59,TC61	中国轻工业联合会
TC47	全国印制电路标准化技术委员会	IEC/TC91	工业和信息化部
TC48	全国塑料制品标准化技术委员会	ISO/TC138,TC61	中国轻工业联合会
TC49	全国包装标准化技术委员会	ISO/TC122	国标委
TC50	全国风力机械标准化技术委员会	IEC/TC88	中国机械工业联合会
TC51	全国绝缘材料标准化技术委员会	IEC/TC10,TC15	中国电器工业协会
TC52	全国齿轮标准化技术委员会	ISO/TC60	中国机械工业联合会
TC53	全国机械振动与冲击标准化技术委员会	ISO/TC108	中国机械工业联合会
TC54	全国铸造标准化技术委员会	ISO/TC17/SC11, ISO/TC25	中国机械工业联合会
TC55	全国焊接标准化技术委员会	ISO/TC44	中国机械工业联合会
TC56	全国无损检测标准化技术委员会	ISO/TC135	中国机械工业联合会
TC57	全国金属与非金属覆盖层标准化技术委员会	ISO/TC107	中国机械工业联合会
TC58	全国核能标准化技术委员会	ISO/TC85	中国核工业集团公司
TC59	全国图形符号标准化技术委员会	ISO/TC145	国标委
TC60	全国电力电子学标准化技术委员会	IEC/TC22	中国电器工业协会
TC61	全国林业机械标准化技术委员会	ISO/TC23/SC15,SC17	国家林业局
TC62	全国术语标准化技术委员会	ISO/TC37	国标委
TC63	全国化学标准化技术委员会	ISO/TC47	中国石油和化学工业协会
TC64	全国食品工业标准化技术委员会		中轻食品工业管理中心
TC65	全国高压开关设备标准化技术委员会	IEC/TC17/SC17A, SC17C,SC32A	中国电器工业协会

续表

序号	技术委员会名称	对口 ISO/IEC 的 TC	主管部门或秘书处单位
TC66	全国人造板机械标准化技术委员会		国家林业局
TC67	全国电器附件标准化技术委员会	IEC/TC23	中国电器工业协会
TC68	全国电动工具标准化技术委员会	IEC/TC61,SC61F	中国电器工业协会
TC69	全国铅酸蓄电池标准化技术委员会	IEC/TC21	中国电器工业协会
TC70	全国电焊机标准化技术委员会	IEC/TC26, ISO/TC44/SC6	中国电器工业协会
TC71	全国橡胶塑料机械标准化技术委员会		中国石油和化学工业协会
TC72	全国搪玻璃设备标准化技术委员会		中国石油和化学工业协会
TC73	全国锅炉标准化技术委员会		
TC74	全国锻压标准化技术委员会		中国机械工业联合会
TC75	全国热处理标准化技术委员会		中国机械工业联合会
TC76	全国饲料工业标准化技术委员会	ISO/TC34/SC10	国标委
TC77	全国碱性蓄电池标准化技术委员会	IEC/TC21/SC21A	工业和信息化部
TC78	全国半导体器件标准化技术委员会	IEC/TC47	工业和信息化部
TC79	全国无线电干扰标准化技术委员会	IEC/CISPR	国标委
TC80	全国绝缘子标准化技术委员会	IEC/TC36/SC36A, 36B,36C	中国电器工业协会
TC81	全国避雷器标准化技术委员会	IEC/TC37/SC37A, 37B	中国电器工业协会
TC82	全国电力系统控制及其通信标准化技术委员会	IEC/TC57	中国电力企业联合会
TC83	全国电子业务标准化技术委员会	ISO/TC154,UN/CEFACT, ISO/IECJTC1/SC32/WG1	国标委
TC84	全国木工机床与刀具标准化技术委员会		中国机械工业联合会
TC85	全国紧固件标准化技术委员会	ISO/TC2	中国机械工业联合会
TC86	全国文献影像技术标准化技术委员会	ISO/TC171	国标委
TC88	全国矿山机械标准化技术委员会		中国机械工业联合会
TC89	全国磁性元件与铁氧体材料标准化技术委员会	IEC/TC51	工业和信息化部
TC90	全国太阳光伏能源系统标准化技术委员会	IEC/TC82	工业和信息化部
TC91	全国刀具标准化技术委员会	ISO/TC29	中国机械工业联合会
TC92	全国分离机械标准化技术委员会		中国机械工业联合会
TC93	全国国土资源标准化技术委员会	ISO/TC82	国土资源部
TC94	全国外科器械标准化技术委员会	ISO/TC170	国家食品药品监督管理局
TC95	全国医用注射器(针)标准化技术委员会	ISO/TC84	国家食品药品监督管理局
TC96	全国石油钻采设备和工具标准化技术委员会	ISO/TC67	中国石油天然气集团公司
TC97	全国衡器标准化技术委员会		中国轻工业联合会
TC98	全国滚动轴承标准化技术委员会	ISO/TC4	中国机械工业联合会

续表

序号	技术委员会名称	对口 ISO/IEC 的 TC	主管部门或秘书处单位
TC99	全国口腔材料和器械设备标准化技术委员会	ISO/TC106	国家食品药品监督管理局
TC100	全国安全防范报警系统标准化技术委员会	IEC/TC79	公安部
TC101	全国轻工机械标准化技术委员会		中国轻工业联合会
TC102	全国感光材料标准化技术委员会	ISO/TC42	中国石油化学工业联合会
TC103	全国光学和光学仪器标准化技术委员会	ISO/TC172	中国机械工业联合会
TC104	全国电工仪器仪表标准化技术委员会	IEC/TC13,TC85	中国电器工业协会
TC105	全国肥料和土壤调理剂标准化技术委员会	ISO/TC134	中国石油化学工业联合会
TC106	全国医用输液器具标准化技术委员会	ISO/TC76	国家食品药品监督管理局
TC107	全国照相机械标准化技术委员会		中国机械工业联合会
TC108	全国螺纹标准化技术委员会	ISO/TC5/SC5	国标委
TC109	全国机器轴与附件标准化技术委员会	ISO/TC14	国标委
TC110	全国外科植入物和矫形器械标准化技术委员会	ISO/TC150	国家食品药品监督管理局
TC111	全国商业机械标准化技术委员会		中国机械工业联合会
TC112	全国个体防护装备标准化技术委员会	ISO/TC94	国家安全生产监督管理局
TC113	全国消防标准化技术委员会	ISO/TC21,ISO/TC92	公安部
TC114	全国汽车标准化技术委员会	ISO/TC22,ISO/TC177,IEC/TC69	中国汽车工业协会
TC115	全国林木种子标准化技术委员会		国家林业局
TC116	全国麻醉和呼吸设备标准化技术委员会	ISO/TC121	国家食品药品监督管理局
TC117	全国陶瓷机械标准化技术委员会		
TC118	全国标准样品标准化技术委员会	ISO/REMCO	国标委
TC119	全国制冷标准化技术委员会	ISO/TC86	中国商业联合会
TC120	全国颜色标准化技术委员会		国标委
TC121	全国工业电热设备标准化技术委员会		中国电器工业协会
TC122	全国试验机标准化技术委员会		中国机械工业联合会
TC123	全国户外严酷条件下电气装置标准化技术委员会		
TC124	全国工业过程测量和控制标准化技术委员会	ISO/TC30,IEC/TC65	中国机械工业联合会
TC125	全国教学仪器标准化技术委员会		教育部
TC126	全国服装洗涤机械标准化技术委员会		中国轻工业联合会
TC127	全国油墨标准化技术委员会		中国轻工业联合会
TC128	全国乳品机械标准化技术委员会		
TC129	全国船舶舾装标准化技术委员会	ISO/TC8/SC1,SC4	中国船舶工业集团公司
TC130	全国内河船标准化技术委员会	ISO/TC8/SC7	交通部
TC131	全国劳动定额定员标准化技术委员会		劳动和社会保障部
TC132	全国量具量仪标准化技术委员会		中国机械工业联合会
TC133	全国农药标准化技术委员会	ISO/TC81	中国石油和化学工业协会

续表

序号	技术委员会名称	对口 ISO/IEC 的 TC	主管部门或秘书处单位
TC134	全国染料标准化技术委员会		中国石油和化学工业协会
TC135	全国制酒饮料机械标准化技术委员会		
TC136	全国医用临床检验实验室和体外诊断系统标准化技术委员会	ISO/TC212	国家食品药品监督管理局
TC137	全国船用机械标准化技术委员会	ISO/TC8/SC2,3,4	中国船舶工业集团公司
TC138	全国水质标准化技术委员会		
TC139	全国磨料磨具标准化技术委员会	ISO/TC23/SC4	中国机械工业联合会
TC140	全国拖拉机标准化技术委员会	ISO/TC23/SC4	中国机械工业联合会
TC141	全国造纸工业标准化技术委员会	ISO/TC6	中国轻工业联合会
TC142	全国涂装作业安全标准化技术委员会		国家安全生产监督管理局
TC143	全国暖通空调及净化设备标准化技术委员会	ISO/TC116,TC86/SC6	住房和城乡建设部
TC144	全国烟草标准化技术委员会	ISO/TC126	国家烟草专卖局
TC145	全国压缩机标准化技术委员会	ISO/TC118/SC4	中国机械工业联合会
TC146	全国技术产品文件标准化技术委员会	ISO/TC10	国标委
TC147	全国复印机械标准化技术委员会		中国机械工业联合会
TC148	全国残疾人康复和专用设备标准化技术委员会	ISO/TC173 和 168	民政部
TC149	全国烟花爆竹标准化技术委员会		中国轻工业联合会
TC150	全国地毯标准化技术委员会	ISO/TC219	中国轻工业联合会
TC151	全国质量管理和质量保证标准化技术委员会	ISO/TC176	国标委
TC152	全国缝纫机标准化技术委员会	ISO/TC148	中国轻工业联合会
TC153	全国电子测量仪器标准化技术委员会		工业和信息化部
TC154	全国量度继电器和保护设备标准化技术委员会	IEC/TC95	中国电器工业协会
TC155	全国自行车标准化技术委员会	ISO/TC149/SC1,SC2	中国轻工业联合会
TC156	全国水产标准化技术委员会		农业部
TC157	全国渔船标准化技术委员会		
TC158	全国医用体外循环设备标准化技术委员会		国家食品药品监督管理局
TC159	全国工业自动化系统与集成标准化技术委员会	ISO/TC184	中国机械工业联合会
TC160	全国钟表标准化技术委员会	ISO/TC114	中国轻工业联合会
TC161	全国特种加工机床标准化技术委员会		中国机械工业联合会
TC162	全国非金属化工设备标准化技术委员会		中国石油和化学工业协会
TC163	全国高电压试验技术和绝缘配合标准化技术委员会	IEC/TC28,TC42	中国电器工业协会
TC164	全国链传动标准化技术委员会	ISO/TC100	中国机械工业联合会
TC165	全国电子设备用阻容元件标准化技术委员会	IEC/TC40	工业和信息化部
TC166	全国电子设备用机电元件标准化技术委员会	IECTC48/SCB	工业和信息化部
TC167	全国电真空器件标准化技术委员会	IEC/TC39	工业和信息化部
TC168	全国筛网筛分和颗粒分检方法标准化技术委员会	ISO/TC24	国标委

续表

序号	技术委员会名称	对口 ISO/IEC 的 TC	主管部门或秘书处单位
TC169	全国计划生育器械标准化技术委员会	ISO/TC157	国家食品药品监督管理局
TC170	全国印刷标准化技术委员会	ISO/TC130	国家新闻出版总署
TC171	全国粉尘防爆标准化技术委员会	IEC/TC5	国家安全生产监督管理局
TC172	全国汽轮机标准化技术委员会	ISO/TC118/SC3	中国电器工业协会
TC173	全国凿岩机械与气动工具标准化技术委员会	ISO/TC118/SC3	中国机械工业联合会
TC174	全国五金制品标准化技术委员会	ISO/TC186ISO/TC29/SC10	中国轻工业联合会
TC175	全国水轮机标准化技术委员会	IEC/TC4	中国电器工业协会
TC176	全国原电池标准化技术委员会	IEC/TC35	中国轻工业联合会
TC177	全国内燃机标准化技术委员会	ISO/TC70	中国机械工业联合会
TC178	全国玻璃仪器标准化技术委员会	ISO/TC48	中国轻工业联合会
TC179	全国刑事技术标准化技术委员会		公安部
TC180	全国金融标准化技术委员会	ISO/TC68	中国人民银行
TC181	全国动物检疫标准化技术委员会		农业部
TC182	全国频率控制和选择用压电器件标准化技术委员会	IEC/TC49	工业和信息化部
TC183	全国钢标准化技术委员会	ISO/TC17	中国钢铁工业协会
TC184	全国水泥标准化技术委员会	ISO/TC74	中国建筑材料工业协会
TC185	全国胶粘剂标准化技术委员会	ISO/TC59/SC8	中国石油化学工业协会
TC186	全国铸造机械标准化技术委员会		中国机械工业联合会
TC187	全国风机标准化技术委员会	ISO/TC117， ISO/TC118/SC1	中国机械工业联合会
TC188	全国阀门标准化技术委员会	ISO/TC153/SC2	中国机械工业联合会
TC189	全国低压电器标准化技术委员会	IEC/TC17/SC17B， TC32/SC32B， TC109，TC23/SC23E	中国电器工业协会
TC190	全国电子设备用高频电缆及连接器标准化技术委员会	IEC/TC46	工业和信息化部
TC191	全国绝热材料标准化技术委员会	ISO/TC163	中国建筑材料工业协会
TC192	全国印刷机械标准化技术委员会		中国机械工业联合会
TC193	全国耐火材料标准化技术委员会	ISO/TC33	中国建筑材料工业协会
TC194	全国工业陶瓷标准化技术委员会	ISO/TC206	中国建筑材料工业协会
TC195	全国轻质与装饰装修建筑材料标准化技术委员会		中国建筑材料工业协会
TC196	全国电梯标准化技术委员会	ISO/TC178	国标委
TC197	全国水泥制品标准化技术委员会	ISO/TC77	中国建筑材料工业协会
TC198	全国人造板标准化技术委员会	ISO/TC89	国家林业局
TC199	全国水文标准化技术委员会	ISO/TC113	水利部
TC200	全国消毒技术与设备标准化技术委员会	ISO/TC198	国家食品药品监督管理局
TC201	全国农业机械标准化技术委员会	ISO/TC23	中国机械工业联合会

续表

序号	技术委员会名称	对口 ISO/IEC 的 TC	主管部门或秘书处单位
TC202	全国电力架空线路标准化技术委员会	IEC/TC11	中国电力企业联合会
TC203	全国 SEMI 中国标准化委员会标准化技术委员会		
TC204	全国防尘防毒工程标准化技术委员会		
TC205	全国建筑物电气装置标准化技术委员会	IEC/TC64	中国电器工业协会
TC206	全国气体标准化技术委员会	ISO/TC158	中国石油化学工业协会
TC207	全国环境管理标准化技术委员会	ISO/TC207	国标委
TC208	全国机械安全标准化技术委员会	ISO/TC199	国标委
TC209	全国纺织品标准化技术委员会	ISO/TC38	中国纺织工业协会
TC210	全国旅游标准化技术委员会		国家旅游局
TC211	全国泵标准化技术委员会	ISO/TC115	中国机械工业联合会
TC212	全国家用自动控制器标准化技术委员会	IEC/TC72	中国电器工业协会
TC213	全国电线电缆标准化技术委员会	IEC/SC18A,TC7,TC20,SC46C,TC55	中国电器工业协会
TC214	全国饮食服务业标准化技术委员会		中国商业联合会
TC215	全国纺织机械与附件标准化技术委员会	ISO/TC72	中国机械工业联合会
TC216	全国电子陶瓷标准化技术委员会		
TC217	全国有或无电器继电器标准化技术委员会	IEC/TC94	工业和信息化部
TC218	全国防伪标准化技术委员会		国标委
TC219	全国服装标准化技术委员会		中国轻工业联合会
TC220	全国锻压机械标准化技术委员会		中国机械工业联合会
TC221	全国医疗器械质量管理和通用要求标准化技术委员会	ISO/TC210	国家食品药品监督管理局
TC222	全国互感器标准化技术委员会	IEC/TC38	中国电器工业协会
TC223	全国交通工程设施(公路)标准化技术委员会		国标委
TC224	全国照明电器标准化技术委员会	IEC/TC34	中国轻工业联合会
TC225	全国地震标准化技术委员会		中国地震局
TC226	全国高电压安全标准化技术委员会	IEC/TC99	中国电力企业联合会
TC227	全国起重机械标准化技术委员会	ISO/TC96,ISO/TC111	中国机械工业联合会
TC228	全国电工合金标准化技术委员会	IEC/TC68	中国电器工业协会
TC229	全国稀土标准化技术委员会		国家发展改革委员会
TC230	全国地理信息标准化技术委员会	ISO/TC211	国家测绘局
TC231	全国工业机械电气系统标准化技术委员会	IEC/TC44	中国机械工业联合会
TC232	全国电工术语标准化技术委员会	IEC/TC1	国标委
TC233	全国地名标准化技术委员会		民政部
TC234	全国农用运输车标准化技术委员会		中国机械工业联合会
TC235	全国弹簧标准化技术委员会		

续表

序号	技术委员会名称	对口 ISO/IEC 的 TC	主管部门或秘书处单位
TC236	全国滑动轴承标准化技术委员会	ISO/TC123	中国机械工业联合会
TC237	全国管路附件标准化技术委员会	ISO/TC5/SC5,SC10	中国机械工业联合会
TC238	全国冷冻设备标准化技术委员会	ISO/TC86/SC1,SC4	中国机械工业联合会
TC239	全国广播电视标准化技术委员会	IEC/TC100D 以及 IEC/TC100,100A,100B,100C 中涉及广播电视技术内容的标准化工作	国家广播电影电视总局
TC240	全国产品尺寸和几何技术规范标准化技术委员会	ISO/TC213	国标委
TC241	全国小艇标准化技术委员会	ISO/TC188 但不包括 ISO/TC8 的救生艇和救生设备	中国船舶工业集团公司
TC242	全国音频、视频及多媒体系统与设备标准化技术委员会	IEC/TC100	工业和信息化部
TC243	全国有色金属标准化技术委员会	ISO/TC18,26,119,155,183,79,TC47/SC7	中国有色金属工业协会
TC244	全国天然气标准化技术委员会	ISO/TC193	中国石油天然气集团公司
TC245	全国玻璃纤维标准化技术委员会	I+ SO/TC61/SC13	中国建筑材料工业协会
TC246	全国电磁兼容标准化技术委员会	IEC/TC77/SC77A,77B,77C,ACEC	国标委
TC247	全国汽车维修标准化技术委员会		交通部
TC248	全国医疗器械生物学评价标准化技术委员会	ISO/TC194	国家食品药品监督管理局
TC249	全国建筑卫生陶瓷标准化技术委员会	ISO/TC189	中国建筑材料工业协会
TC250	全国索道、游艺机及游乐设施标准化技术委员会		国标委
TC251	全国危险化学品管理标准化技术委员会		国标委
TC252	全国皮革标准化技术委员会	ISO/TC120/SC1,2,3	中国轻工业联合会
TC253	全国玩具标准化技术委员会	ISO/TC181	中国轻工业联合会
TC254	全国商业自动化标准化技术委员会		中国商业联合会
TC255	全国建筑用玻璃标准化技术委员会	ISO/TC160/SC1,SC2	中国建筑材料工业协会
TC256	全国首饰标准化技术委员会	ISO/TC174	中国轻工业联合会
TC257	全国香料香精化妆品标准化技术委员会	ISO/TC54 和 217	中国轻工业联合会
TC258	全国雷电防护标准化技术委员会	IEC/TC81	国标委
TC259	全国燃气轮机标准化技术委员会	ISO/TC192	中国电器工业协会
TC260	全国信息技术安全标准化技术委员会	ISO/IEC/JTC1/SC27	国标委
TC261	全国认证认可标准化技术委员会	ISO/CASCO	国标委

续表

序号	技术委员会名称	对口 ISO/IEC 的 TC	主管部门或秘书处单位
TC262	全国标准化锅炉压力容器技术委员会	ISO/TC11	国标委
TC263	全国竹藤标准化技术委员会		国家林业局
TC264	全国服务标准化技术委员会	ISO/TC230,ISO/TC233	国标委
TC265	全国超导标准化技术委员会	IEC/TC90	中国科学院
TC266	全国低压成套开关设备和控制设备标准化技术委员会		中国电器工业协会
TC267	全国物流信息管理标准化技术委员会		国标委
TC268	全国智能运输系统标准化技术委员会	ISO/TC204	国标委
TC269	全国物流标准化技术委员会		国标委
TC270	全国粮油标准化技术委员会	ISO/TC34/SC4,SC11	国家粮食局
TC271	全国植物检疫标准化技术委员会		国标委
TC272	表面活性剂和洗涤用品	ISO/TC91	中国日用化学工业研究院
TC273	环境监测方法	ISO/TC147,ISO/190,TC146(TC/146/SC5 气象分委会除外)	中国环境监测总站
TC274	畜牧业		全国畜牧兽医总站
TC275	环保产品	ISO/TC224	中国标准化研究院
TC276	农业转基因生物安全管理	CAC/CX-802	农业部科技发展中心
TC277	植物新品种测试	UPOV	农业部科技发展中心
TC278	牵引电气设备与系统	IEC/TC9	株洲电力机车研究所
TC279	纳米技术		国家纳米科学中心
TC280	石油产品和润滑剂	ISO/TC28	中国石油化工股份有限公司石油化工科学研究院
TC281	实验动物		中国医学科学院实验动物研究所
TC282	花卉		中国花卉协会
TC283	海洋		国家海洋标准计量中心
TC284	光辐射安全和激光设备	IEC/TC76	中国电子科技集团公司第十一研究所
TC285	墙体屋面及道路用建筑材料		中国建材西安墙体材料研究设计院
TC286	标准化原理与方法		中国标准化研究院
TC287	物品编码		中国物品编码中心
TC288	安全生产		中国安全生产科学研究院
TC289	文物保护		中国文物研究所
TC290	城市轨道交通产品		建设部地铁与轻轨研究中心

续表

序号	技术委员会名称	对口 ISO/IEC 的 TC	主管部门或秘书处单位
TC291	体育用品		中国体育用品联合会
TC292	人力资源服务		中国人才交流协会
TC294	废弃化学品处置		天津化工研究设计院
TC295	盐业		中国盐业总公司
TC296	电力监管		国家电力监管委员会输电监管部
TC297	电工电子产品与系统的环境	IEC/TC111	中国质量认证中心
TC298	珠宝玉石		国土资源部珠宝玉石首饰管理中心
TC299	紫外线消毒		深圳市海川实业股份有限公司
TC300	电工电子产品着火危险试验	IEC/TC89	广州电器科学研究院
TC301	电气绝缘材料与绝缘系统评定	IEC/TC112	机械工业北京电工技术经济研究所
TC302	家用纺织品		江苏省纺织产品质量监督检验研究院
TC303	云锦产品		南京云锦研究所有限公司
TC304	发制品		河南瑞贝卡发制品股份有限公司
TC305	制鞋	ISO/TC216	中国皮革和制鞋工业研究院
TC306	潜水器		中国船舶重工集团公司第702研究所
TC307	减灾救灾		民政部国家减灾中心
TC308	婚庆婚介		中国社会工作协会
TC309	氢能	ISO/TC197	中国标准化研究院
TC310	风险管理	ISO/TMB/RM	中国标准化研究院
TC311	家用卫生杀虫用品		北京市轻工产品质量监督检验一站
TC312	空间科学及其应用		中国科学院光电研究院
TC313	食品安全管理技术		中国标准化研究院
TC314	城市临时性社会救助		民政部社会福利和社会事务司
TC315	社会福利服务		民政部社会福利和社会事务司
TC316	民用装饰镜		浙江和合控股集团有限公司

续表

序号	技术委员会名称	对口 ISO/IEC 的 TC	主管部门或秘书处单位
TC317	铁矿石与直接还原铁	ISO/TC102	冶金工业信息标准研究院
TC318	生铁及铁合金	ISO/TC132，ISO/TC25/SC4	冶金工业信息标准研究院
TC319	洁净室与相关受控环境	ISO/TC209	中国标准化协会
TC320	市场、民意与社会调查	ISO/TC225	中国标准化研究院
TC321	电力设备状态维修与在线监测		中国电力科学研究院
TC322	电气化学		西安热工研究院有限公司
TC323	电磁屏蔽材料		上海市计量测试技术研究院
TC324	高压直流输电工程		中国电力科学研究院
TC327	遥感技术		中国科学院光电研究院
TC328	建筑施工机械与设备	ISO/TC195	北京建筑机械化研究院
TC328	建筑施工机械与设备		北京建筑机械化研究院
TC329	移动电站		兰州电源车辆研究所
TC330	高原电工产品环境技术		昆明电器科学研究院
TC331	连续搬运机械	ISO/TC101	北京起重运输机械研究所
TC332	工业车辆	ISO/TC110	北京起重运输机械研究所
TC333	高压直流输电设备		西安电力机械制造公司
TC334	土方机械	ISO/TC127	天津工程机械研究院
TC335	升降工作平台	ISO/TC214	北京建筑机械化研究院
TC336	微机电技术		机械科学研究院中机生产力促进中心
TC337	绿色制造技术		机械科学研究院中机生产力促进中心
TC338	测量、控制和实验室电器设备安全	IEC/TC66	机械工业仪器仪表综合技术经济研究所
TC339	茶叶		中华全国供销合作总社
TC340	熔断器	IEC/TC32	上海电器科学研究所(集团)有限公司
TC341	审计信息化		审计署信息中心
TC342	燃料电池	IEC/TC105	机械工业北京电工技术经济研究所
TC343	项目管理		中国标准化协会
TC344	四轮全地形车		上海机动车检测中心
TC345	气象防灾减灾		国家气象中心
TC346	气象基本信息		国家气象信息中心

续表

序号	技术委员会名称	对口 ISO/IEC 的 TC	主管部门或秘书处单位
TC347	卫星气象与空间天气		国家卫星气象中心
TC348	会展业	ISO/TMB/ET,ISOTC237	上海市标准化研究院
TC349	变性燃料乙醇和燃料乙醇		河南天冠企业集团有限公司
TC350	填料与静密封		合肥通用机械研究院
TC351	公共安全基础	ISO/TMBSAG-S,TC223	中国标准化研究院
TC352	中文新闻信息		新华通讯社技术局
TC353	信息分类与编码		中国标准化研究院
TC354	殡葬		中国殡葬协会
TC355	石油天然气		中国石油天然气集团公司标准化研究所
TC355	石油天然气	ISO/TC67/WG10	中海石油天然气及发电有限责任公司
TC356	制药装备		中国制药装备行业协会
TC357	减速机		江苏泰隆减速机股份有限公司
TC358	白酒		中国食品发酵工业研究院
TC359	航空货运及地面设备	ISOTC20/SC9	中国民用航空总局航空安全技术中心
TC360	森林可持续经营与森林认证		国家林业局科技发展中心
TC361	米面食品		北京市海淀区产品质量监督检验所
TC362	森林工程		国家林业局哈尔滨林机所
TC363	森林公园		国家林业局场圃总站
TC364	机动车运行安全技术检测设备		中国测试技术研究院
TC365	防沙治沙		中国林科院
TC366	拍卖		中国拍卖协会
TC367	机床数控系统		武汉华中数控股份有限公司
TC368	刷类		北京轻工产品质量监督检验一站
TC369	野生动物保护管理与经营利用		黑龙江省野生动物研究所
TC370	森林资源		国家林业局规划院
TC371	乐器		北京乐器研究所
TC372	往复式内燃燃气发电设备		济南柴油机股份有限公司
TC373	制糖		广东甘蔗糖业研究所

续表

序号	技术委员会名称	对口 ISO/IEC 的 TC	主管部门或秘书处单位
TC374	质量监管重点产品检验方法		中检华纳质量技术中心
TC375	糖果和巧克力		中国商业联合会
TC376	电站过程监控及信息		西安热工研究院有限公司
TC377	日用玻璃		东华大学
TC378	制笔		上海市制笔工业研究所/贝发集团有限公司
TC379	黄金		长春黄金研究院
TC380	生物基材料及降解制品		轻工业塑料加工应用研究所
TC381	防腐蚀		中国工业防腐蚀技术协会
TC382	分离膜		天津膜天膜工程技术有限公司
TC383	饮食加工设备		北京市服务机械研究所
TC384	饲料机械		江苏牧羊集团有限公司
TC385	营造林		国家林业局规划院
TC386	林业信息数据		国家林业局调查规划设计院
TC387	生化检测		中国测试技术研究院
TC388	剧场		中国艺术科学研究所
TC389	图书馆	ISO/TC46	国家图书馆
TC390	文化馆		中国艺术科技研究所
TC391	网络文化服务		文化部文化市场发展中心
TC392	文化娱乐场所		中国艺术科技研究所
TC393	社会艺术水平考级服务		全国考级管理中心
TC394	文化艺术资源		文化部民族民间文艺发展中心
TC395	食品用洗涤消毒产品		中国日用化学工业研究院
TC396	燃料喷射系统		无锡油泵油嘴研究所
TC397	食品直接接触材料及制品		轻工业联合会综合业务部
TC398	调味品		中国调味品协会
TC399	肉禽蛋制品		中国商业联合会
TC400	纽扣		嘉善华亿达服装辅料有限公司
TC401	丝绸		浙江丝绸科技有限公司(浙江丝绸科学研究院)

续表

序号	技术委员会名称	对口 ISO/IEC 的 TC	主管部门或秘书处单位
TC402	太阳能	ISO/TC180	中国标准化研究院/湖北省产品质量监督检验所/江苏省产品质量监督检验中心所/佛山市顺德区质量技术监督标准与编码所/中国科学院广州能源研究所/北京鉴衡认证中心
TC403	参茸产品		国家参茸产品质量监督检验中心
TC404	土壤质量	ISO/TC190	中科院南京土壤所/江苏省标准化研究院
TC405	日用陶瓷	ISO/TC166	中国轻工业陶瓷研究所
TC406	非金属矿产品及制品		咸阳非金属矿研究设计院
TC407	棉花加工		中国棉花协会棉花加工分会
TC408	辛香料	ISO/TC34/SC7	南京野生植物综合利用研究院
TC409	冶金设备		中国重型机械研究院/北京冶金设备研究设计总院
TC410	金属餐饮及烹饪器具		中国日用五金技术开发中心
TC411	电器设备网络通信接口		上海电器科学研究所(集团)有限公司
TC412	电工专用设备		机械工业北京电工技术经济研究所
TC413	输配电用电力电子器件		西安电力电子技术研究所
TC414	醇醚燃料		山西省醇醚清洁燃料行业技术中心
TC415	产品回收利用基础与管理		中国标准化研究院
TC416	林业生物质材料		中国林业科学研究院木材工业研究所
TC417	低压设备绝缘配合	IEC/TC109	上海电器科学研究所(集团)有限公司
TC418	小型电力变压器、电抗器、电源装置及类似产品	IEC/TC96	沈阳变压器研究所有限公司
TC419	仪表功能材料		重庆仪表材料研究所

续表

序号	技术委员会名称	对口 ISO/IEC 的 TC	主管部门或秘书处单位
TC421	生物芯片		生物芯片北京国家工程研究中心
TC422	裸电线	IEC/TC7	上海电缆研究所
TC423	设备监理工程咨询		中国设备监理协会
TC424	短路电流计算	IEC/TC73	中国电力科学研究院
TC425	宇航技术及其应用	ISO/TC20/SC13,SC14	中国航天标准化研究所
TC425	宇航技术及其应用	ISO/TC20/SC14/WG4	中国科学院空间科学与应用研究中心
TC426	智能建筑及居住区数字化	ISO/TC205/WG3	建设部信息中心/机械工业仪器仪表综合技术经济研究所
TC427	航空电子过程管理	IEC/TC107	中国航空综合技术研究所
TC428	带轮与带	ISO/TC41	机械科学研究院中机生产力促进中心
TC428	带轮与带	ISO/TC41/SC3	青岛科技大学
TC429	化工机械与设备		天华化工机械及自动化研究设计院
TC430	磁记录材料		保定乐凯磁信息材料有限公司
TC431	光学功能薄膜材料		合肥乐凯科技产业有限公司
TC432	数码影像材料与数字印刷材料		乐凯集团第二胶片厂
TC433	乳制品	ISO/TC34/SC5,IDF	黑龙江省乳品工业技术开发中心
TC434	城镇给水排水		中国建筑金属结构协会给水排水设备分会
TC435	航空器	ISO/TC20	中国航空综合技术研究所
TC436	包装机械		合肥通用机械研究院
TC437	桑蚕业		中国农业科学院蚕业研究所
TC438	批发与零售市场		中国商业联合会行业发展部
TC439	连锁经营		中国连锁经营协会
TC440	二手货		中国旧货业协会
TC441	燃烧节能净化		中国科学技术大学

续表

序号	技术委员会名称	对口 ISO/IEC 的 TC	主管部门或秘书处单位
TC442	工业节水		中国标准化研究院
TC443	教育服务	ISO/TC232	中国标准化研究院
TC444	食品进出口检验及认证体系	食品法典委员会(CAC)食品进口与出口检查及验证系统委员会	国家认证认可监督管理委员会
TC445	进出口食品安全检测		中国检验检疫科学研究院
TC446	电网运行与控制		国家电力调度通信中心
TC447	工业玻璃和特种玻璃		中国建筑材料科学研究总院
TC448	建筑幕墙门窗	ISO/TC162	中国建筑科学研究院/中国建筑标准设计研究院
TC449	城镇风景园林		城市建设研究院
TC451	城镇环境卫生		上海市环境工程设计科学研究院
TC452	建筑节能		中国建筑科学研究院
TC453	建筑节水产品		上海市建筑科学研究院(集团)有限公司
TC454	建筑构配件		中国建筑标准设计研究院
TC455	城镇供热		城市建设研究院
TC456	体育		北京体育大学
TC457	电池材料		轻工业化学电源研究所
TC458	混凝土	ISO/TC71	中国建筑科学研究院建筑材料研究所
TC459	能量系统	ISO/TC203	中国标准化研究院
TC460	石材	ISO/TC196	北京中材人工晶体有限公司/中材人工晶体研究院
TC461	人工晶体		中材人工晶体有限公司/东海县产品质量监督检验所/中材人工晶体研究院
TC462	邮政业	国际邮政联盟(IPU)	国家邮政局政策法规司
TC463	产品缺陷与安全管理	ISO/COPOLCO/WG4	中国标准化研究院
TC464	航空运输		中国航空运输协会
TC465	建材装备		中国建材装备有限公司
TC466	特殊膳食	食品法典委员会(CAC)营养与特殊膳食食品委员会	中国食品发酵工业研究院

续表

序号	技术委员会名称	对口 ISO/IEC 的 TC	主管部门或秘书处单位
TC467	蔬菜		中国农业科学研究院蔬菜研究所
TC468	湿地保护		国家林业局规划院
TC468	湿地保护		中国水产科学研究院
TC469	煤化工		国家煤及煤化工产品质量监督检验中心/煤炭科学研究总院北京煤化工研究分院/西南化工研究设计院
TC470	社会信用		国家质量监督检验检疫总局质量司
TC470	社会信用		中国商业联合会行业发展部
TC471	酿酒		中国食品发酵工业研究院
TC472	饮料		中国食品发酵工业研究院
TC473	食品标签	食品法典委员会(CAC)食品标签委员会	中轻食品管理中心
TC474	社会保险		社会保险事业管理中心
TC480	家具	ISO/TC136	上海市质量监督检验技术研究所/广东省产品质量监督检验中心
TC481	仪器分析测试		中国计量科学研究院
TC482	激光修复技术		沈阳大陆激光技术有限公司
TC483	保健服务		北京生熳橄榄企业管理有限公司
TC485	通信		中国通信标准化协会
TC486	科技平台		国家科技基础条件平台中心
TC487	光电测量		中国科学院光电研究院
TC488	焙烤制品		广州市产品质量监督检验所/青岛市产品质量监督检验所
TC491	机械密封		合肥通用机械研究院
TC493	喷射设备		合肥通用机械研究院
WG2	蜂产品标准化工作组		
WG3	工程材料/纳米材料标准化工作组		

续表

序号	技术委员会名称	对口 ISO/IEC 的 TC	主管部门或秘书处单位
WG4	原产地域产品标准化工作组		
WG5	白度标准样品标准化工作组		
WG9	银耳标准化工作组		

注:从 TC272 开始,第四列给出的是技术委员会秘书处挂靠单位。

附录 B 示例——ITER 磁体系统环向场线圈电缆导体生产的标准化

本附录只是提供了一种可选择规则和格式的演示，不可作为 ITER 实际采购/生产的依据。

B.1 背景

为建造核聚变实验装置，ITER 组织安排在中国采购部分设备，其中包括磁体系统环向场(TF)线圈电缆导体(CICC)，简称“TF 线圈导体”。

TF 线圈导体的主要构成如下：

1）镀铬 Nb_3Sn 基股线；

2）镀铬铜线；

3）子缆不锈钢包覆带；

4）子缆或花瓣(包括子缆包覆带)；

5）不锈钢中心冷却螺线管；

6）电缆不锈钢包覆带；

7）电缆(包括电缆包覆带)；

8）不锈钢套管。

TF 线圈导体的采购方是联合实施 ITER 项目的国际热核聚变组织 IO。IO 通过中国国内代理 DA 向国内供应商采购。国内供应商包括 TF 线圈导体供应商、电缆供应商、Nb_3Sn 基股线和铜股线供应商以及各级分包商，制造流程及涉及供应商如图 B-1 所示。

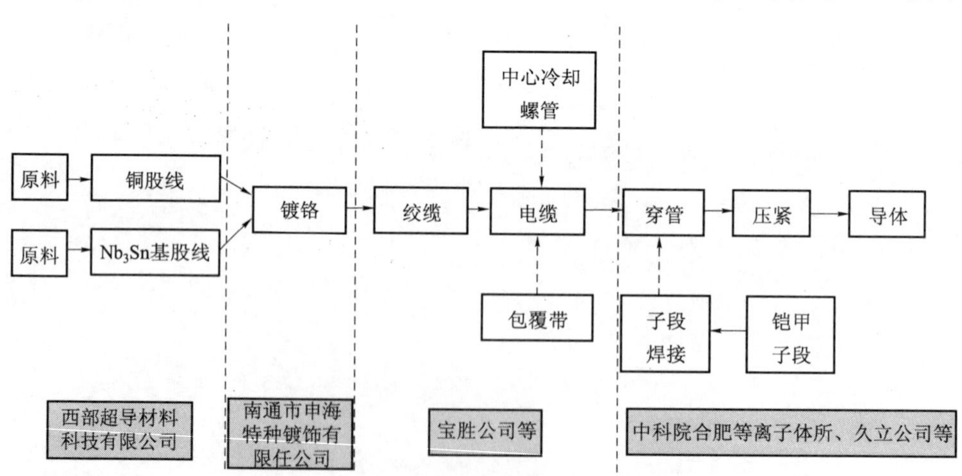

图 B-1 TF 线圈导体制造流程与供应商示意图

B.2　采购方提交技术规范

技术规范又称为采购技术规格书，由采购方 IO 提供，它给出了供应商在完成 TF 线圈导体供货合同过程中必须满足的要求和标准。TF 线圈导体的技术规范的主要内容覆盖：

1）引言，包括设备的描述，采购方对采购包的跟踪；

2）各方的职责；

3）采购协议范围；

4）技术接口；

5）技术要求；

6）监控点的设置；

7）招标；

8）供应商向采购方发通知并递交资料；

9）工艺评定；

10）预生产；

11）生产；

12）可追溯性和文件需求；

13）交付；

14）技术性附录，包括各种测试方法。

B.3　供应商组织生产

TF 线圈导体制造涉及的每个供应商都必须认真研究采购方提出的技术规范，并在此基础上准备企业遵循的标准或实施程序。企业标准或实施程序必须满足或高于采购方的技术规范要求，且应涵盖：

1）技术要求；

2）监控点要求；

3）工艺评定要求；

4）可追溯性和文件要求；

5）其他要求。

B.3.1　技术要求

技术要求至少应包括所供应产品以下各方面的规定：

1）主要特性；

2）设计；

3）材料；

4）生产；

5）验收；

6）文档和见证样品；

7）可追溯性；

8）包装。

以下是 Nb_3Sn 股线技术要求的举例：

1）Nb_3Sn 股线特性见表 B-1：该表仅作为格式举例，不作为技术依据。

表 B-1　Nb_3Sn 特性汇总表

项　　目	要　　求
超导体类型	Nb_3Sn
单根线的最小长度	1 000 m
未反应的、镀铬股线直径	(0.820 ± 0.005)mm
扭绞节距	(15 ± 2)mm
扭转方向	右旋
铬层厚度	2.0_{-1}^{0} μm
热处理前、镀铬股线的铜与非铜区体积比	1.0 ± 0.1
镀铬后股线的剩余电阻比值 (20～273 K)	> 100 (热处理后)
4.22 K，12 T 时的最小临界电流值 (在 ITER 骨架上测试)	采购的初始股线至少为 190 A， 其他阶段另有规定
4.22 K，12 T 时的电阻转变指数 (在 ITER 线圈骨架上测试)	> 20 在 (0.1～1)μV/cm
4.22 K，经过一个±3 T 循环时的股线单位体积的最大磁滞损耗	500 mJ/cm^3

2）Nb_3Sn 股线设计：详细坯料设计图，包括芯丝的公称数量、芯丝的公称直径、阻隔层的类型和尺寸、芯丝排列和间距等。

3）Nb_3Sn 股线材料：对坯料原材料（Nb 或 Nb-X 合金棒，阻隔层，铜，青铜和锡）建立详细的跟踪系统，以便所有完成的股线制造、检测和检验记录可以进行追溯。

4）Nb_3Sn 股线生产：建立生产计划；最终单元长度导体不允许有接头；股线要经过扭绞，以保证芯丝统一按右旋扭转；在其整长上采用涡流方法进行连续的检查，以确定其中是否存在夹杂、气孔、裂纹和阻隔层缺陷；电镀前的股线表面应该没有表面缺陷、裂缝、折叠、分层或夹杂；记录相关参数。

5）Nb_3Sn 股线验收：表 B-2 是验收项目，该表仅作为格式举例，不作为验收依据。供应商应根据技术规范和通用标准，建立自身的验证程序、验收标准。

6）Nb_3Sn 股线文档和见证样品：除了 3 m 长、与股线供应商提供的样品相邻的股线验证样品之外，还应提供一个取自于已准予授权的每个坯料上稳定区，长度至少为 25 m 的股线归档样品。

7）Nb_3Sn 股线可追溯性：每个坯料，单根镀铬股线，股线鉴定样品，股线归档样品和股线验证样品都应采用 IO 规定的条形码识别符进行标识。

8）Nb_3Sn 股线包装：单根股线应绕在线轴上，每个线轴只允许绕一根股线。线圈应包装在密封塑料袋里，袋里要有非卤化盐的防潮气积聚的干燥剂。在线轴和包装袋上要用条形码标识每根股线。在运输和储存时，线轮的轴应水平放置。Nb_3Sn 股线归档和鉴定样品应包装在密封塑料袋里，每个袋里只能存放一个样品。样品标志应以条形码标在袋上。

表 B-2 Nb_3Sn 股线验收项目

验证项目	取　样	验证程序	验收准则	记　录
基材料	每个最终坯料			通过/不通过[M]
股线长度	每根股线			实际值[M]
未热处理的股线直径	每根股线并在整长上进行			通过/不通过[M]
扭转节距	最少:每根股线的头部和尾部			通过/不通过[m]
扭转方向	最少:每根股线的头部和尾部			通过/不通过[M]
铬层厚度	最少:每根股线镀铬工序的开始和结束			通过/不通过[m]
铬层黏附性	最少:每根股线镀铬工序的开始和结束			通过/不通过[M]
热处理前的镀铬后的铜与非铜比	最少:每个坯料的头部和尾部			实际值[M]
镀铬后股线的剩余电阻比(在 273 K 和 20 K 之间)	最少:每个坯料的头部和尾部			实际值[M]
4.22 K,12 T 的临界电流	Ⅱ & Ⅲ阶段:每个坯料的头和尾 + 每个断口一个样品 Ⅳ阶段:每个坯料的头和尾+统计抽样			实际值[M]
4.22 K,12 T 的抵抗转换指数	Ⅱ & Ⅲ阶段:每个坯料的头和尾 + 每个断口一个样品 Ⅳ阶段:每个坯料的头和尾+统计抽样			实际值[M]
4.22 K,一个±3 T 循环的磁滞损耗	每个坯料			实际值[m]
清洁度	每根股线			通过/不通过[M]
探伤检验	每根股线并在整长上进行			通过/不通过[M]
标识和记录	每根股线			通过/不通过[M]

注:[M]和[m]指主要和次要验收准则。

B.3.2 监控点

供应商的质量计划(或类似的其他文件)中应列出监控点,包括采购方在其技术规范中提出的监控点,以及供应商自身确定的监控点。TF 线圈导体采购方的监控点有 3 类,即通知点(NP)、授权点(ATPP)和停工点(HP)。这些监控点中有的是一次性的,有的是反复循环的。

通知点:需要供应商通知 DA(DA 再通知 IO)的一个里程点。此时供应商已完成了约定任务或供货,正着手进行下一项任务或供货行动。借助于通知点,DA 和 IO 的人员可以到供应商的现场进行见证。供应商应至少提前 14 日(日历日,下同)通知 DA。DA 和 IO 应在 10 日之内决定是否到现场,并反馈给供应商。通知点不影响供应商的生产进程。

授权点:需要供应商通知 DA(DA 再通知 IO)的一个里程点。此时供应商已完成了约定任务或供货,必须等待允许进行下一项任务或供货行动的 DA 授权。DA 的授权必须依据供应商通过数据库提供的质量控制数据和验收结果。DA 应当用 4 天审查供应商数据的审查,IO 用 3 天审查 DA 的决定。在 7 天之后如果 IO 无回应,则 DA 可将自己的决定通知供应商,决定可能是授权进行下一项任务或供货行动,也可能是拒收。

停工点:需要供应商通知 DA(DA 再通知 IO)的一个里程点。此时供应商已完成了约定任务或供货,必须停止相关的进程,直至放行的签发。放行的签发必须依据供应商通过数据库提供的质量控制数据和验收结果。DA 最多用 7 天审查供应商的数据并将自己的决定通知 IO,IO 最多用 7 天审查 DA 的决定并最后核准或拒绝。

以下是此项供货中监控点的例子:

1) 坯料授权点:在每个最终坯料拉伸完成时,镀铬后,检查和测量由该坯料生产的所有股线后,将相关数据录入导体数据库后,以及运输股线给电缆供应商前。

2) 电缆图授权点:在第五级绞缆开始之前,一旦即将应用于最后绞缆的 6 个四级子缆被标识和相关数据已输入导体数据库之后。

3) 电缆授权点:在向电缆供应商运输股线之前,一旦 5 级电缆绞缆完成,电缆包覆和电缆压紧、相关数据录入到导体数据库之后。

4) 套管段授权点:在收到经过同一热处理的一批套管段,在完成验收测试后和开始对接焊之前。

5) 套管组装授权点:在套管段焊接完成和相关数据录入到导体数据库之后,组装后的套管被发运给电缆供应商之前。

6) 穿管操作通知点:在开始任何包套操作前,一经确认电缆和套管匹配,相关数据已录入导体数据库,以及导体供应商已确定实施操作日期后发出。

7) 导体停工点:对于不需要进行全尺寸导体测试的导体单元长度,导体待检点应发生在压紧和卷绕完成之后和向 TF 线圈生产商发运之前。对于需要进行全尺寸导体测试的导体单元长度,导体待检点应发生在导体测试完成之后和向 TF 线圈生产商发运之前。

供应商在其制造过程中应设置足够的监督控制点,以确保过程的控制。

B.3.3 工艺评定

为了确认所采用的生产工艺能够生产出满足要求的产品,应当进行工艺评定。工艺评定包括:

1) 模拟件评定;

2) 100 m[sDP]导体单元长度的生产和合格性评定;

3) 预生产准备就绪评审。

模拟件评定采用的方法:用已编制的工艺生产一个模拟的(无超导材料)rDP 单元长度导体铜导体,测试该铜导体是否合格,评定的工艺程序包括绞缆程序、焊接程序、股线穿入程序、压紧和绕线程序。评定中应当按照程序进行实际生产操作,应满足式样量要求,满足验收准则,编写工艺评定报告,放行停工点,最后达到确认程序的合格性。

100 m[sDP]导体单元长度的生产和合格性评定采用的方法:遵循已编制的工艺,针对选定的股线类型、绞缆/包套设计和工艺组合,进行绞缆、制造包套和穿管生产 100m 或 sDP 导体单元长度。

预生产准备就绪评审采用的方法:由 IO 组织,IO 指定的代表参加。被评价的 DA 及供应商应提交情况回顾,而评审组应向 ITER 磁体部门负责人提交报告。制造预生产阶段应包括每一股线/电缆/套管组合的第一个 rDP 导体单元长度。

B. 3. 4 可追溯性和文件要求

所要求的文件见表 B-3。该表仅提供格式举例。

表 B-3 制造 TF 线圈导体所要求的文件

	文 件	依 据	具体要求				
1	质量手册						
2	供应商实施计划						
3	供应商文件进度表						
4	供应商采购进度表						
5	供应商工作进度表						
6	策划和进度编制						
7	报告						
8	不合格项报告						
9	放行通知						
10	Sc 股线						
11	铜股线						
12	电缆包覆、子缆包覆						
13	中心螺旋管						
14	绞缆程序规范						
15	绞缆程序合格评定报告						
16	Cable stage 1 Cable stage 2 Cable stage 3 Cable stage 4 Cable stage 5 绞缆图						
17	绞缆照片						
18	套管段 材料 机械性能 尺寸						
19	套管组装 套管组装图						
20	焊接程序						
21	焊接程序评审报告						
22	焊接修补程序						
23	焊接修补程序评审报告						
24	焊接操作者						
25	焊接 NDE： 尺寸核对						

续表

	文　件	依　据	具体要求				
26	焊接 NDE： 目视检查						
27	射线/超声探伤程序						
28	射线/超声探伤工艺评定报告						
29	焊接 NDE： 焊缝射线/超声检验						
30	局部氦泄露检测程序						
31	局部氦泄露工艺评定报告						
32	焊接 NDE： 焊接局部氦泄露气密性检测						
33	染色渗透检测程序						
34	染色渗透检测合格评定报告						
35	焊接 NDE： 染色渗透检测						
36	电缆插入程序						
37	电缆插入程序合格评审报告						
38	电缆插入拉力曲线						
39	压紧和绕线规范						
40	导体最终尺寸						
41	整体氦泄露检测程序						
42	整体氦泄露检测合格评审报告						
43	整体氦泄露检测						
44	静压检测程序						
45	静压检测合格评审报告						
46	静压检测						
47	流动试验程序						
48	流动压降试验合格评审报告						
49	压降检测						
50	染色渗透检测						
51	导体性能检测						

B.3.5　其他要求——试验方法

为了进行性能测试和验收，整个生产过程中用到的试验方法包括：

1）清洁度试验；

2）Nb_3Sn 股线和铜线的室温性能测试；

3）Nb_3Sn 和铜股线的低温测量；

4）缆线附加测量；

5）导体几何尺寸特性测试；

6）导体在低温下的测量；

7）氦漏测试；

8）导体静压测试和压降测试。

试验方法应当尽可能详尽，给出测试项目、方法、验收标准。以清洁度试验为例，简要试验步骤如下：

① 股线清洁度

- 剪一段超过 1 m 的股线（如用钳子）；
- 测量该段股线的重量；
- 清洁该股线（如用丙酮超声波清洗 5 min＋自然烘干 10 min）；
- 测量股线减少的重量。

验收标准：污染物重量（减少重量）不超过 0.2 mg/m。

② 螺线管和包覆带的清洁度

- 剪一段超过 100 mm 的螺线管或超过 1 m 的包覆带；
- 测量该样品的重量；
- 清洁该样品；
- 测量重量的减少。

验收标准：重量的减少不超过 10 mg/m。

③ 电缆清洁度

- 切割 1.2 m 长的电缆样品并避免产生金属粉尘；
- 测量样品重量；
- 进行清洁；
- 测量重量的减少。

验收标准：重量的减少不超过 500 mg/m。

④ 套管和导体的清洁度

最终导体应无粉尘、污垢、水汽、油、润滑油和有机物。为了符合这些要求，供应商应制定一套在穿管过程中的详细的清洁程序，以维护适当的清洁度。比如在对焊之前应用干净的白布在每节套管中拉曳穿过，材料不能沾有丝线和细毛，白布上应没有任何可见的油污和颗粒痕迹，应留存取穿管前后白布的照相记录。该程序适用于导管节的运输、端部机加工、对焊、穿管、套管压紧、氦泄漏试验和导体单元长度的包装。

附录C 示例——TF线圈导体研制标准化

C.1 背景

ITER磁体系统由18个环向场线圈(TF线圈)、中心螺线管(CS,中国未承担)、6个极向场线圈(PF线圈)和校正线圈(CC)四个子系统组成。

每一个TF线圈由5个主双饼(叫做rDP)和2个侧双饼(叫做sDP)组成,且每个双饼由单根TF线圈导体绕成。

TF线圈导体是一个管内电缆导体(CICC),由Nb_3Sn超导股线与纯铜线混合扭绞而成。股线绕在一个敞口的中心冷却螺旋管上形成多级电缆。电缆和螺旋管插入一个不锈钢套管。套管用于提供液氦封闭系统。

TF线圈导体采购包是中国政府与IO正式签订采购包安排协议的中国采购包,采购包"附录B技术规范"是TF线圈导体研制的依据。TF线圈导体主要由下列几个部件构成:

1) 镀铬Nb_3Sn股线;

2) 镀铬铜线;

3) 子缆不锈钢包覆带;

4) 子缆或花瓣(包括子缆包覆带);

5) 不锈钢中心冷却螺旋管;

6) 电缆不锈钢包覆带;

7) 电缆(包括电缆包覆带);

8) 不锈钢套管。

TF线圈导体研制过程:由西部超导材料科技有限公司将Nb或Nb-X合金棒、阻隔层、铜、青铜和锡等原材料制成铜股线和Nb_3Sn股线,由南通市申海特种镀饰有限责任公司镀铬,再由宝胜公司或甘肃长通电缆科技股份公司进行绞缆,用TF线圈穿管电缆导体(CICC)制作时的六个花瓣(绞缆第四级)和最终电缆(绞缆第五级)用不锈钢带包覆,管电缆导体中心是由不锈钢螺线管制成的冷却通道。由太钢、宝钢等提供不锈钢材和不锈钢管(包括316LN),包括内圆外方的不锈钢管;由中科院合肥等离子体所等单位进行铠甲装配、穿管、辊轧压紧,形成TF线圈导体。中科院理化技术研究所对316L不锈钢进行低温力学性能测试;西北有色金属监督检验站和西航理化检验中心参与导体理化性能检验。TF线圈导体制造工艺流程示意图见本书第9章图9-2。

C.2 采用标准情况介绍

TF线圈导体研制过程中采用的标准情况简单介绍如下。

(1) 镀铬Nb_3Sn股线

1) 原材料标准

① 锡锭:采用GB/T 728—1998《锡锭》,此标准是参考欧洲标准EN 610-95《锡锭》、

ASTM B339-93《锡锭》和 JIS H2108-96《金属锡》编写的；分析方法可选用：GB/T 3260《锡化学分析方法》。

② 铌棒：采用 ASTM B392-03《铌及铌合金棒材、线材标准规范》，可参照使用 GB/T 14842—2007《铌及铌合金棒材》；分析方法可使用 GB/T 15076.1—16《钽铌化学分析方法》。

③ 铌及铌锆合金丝标准：GB/T ××××《铌及铌锆合金丝》正在编制中。

④ 钽板：采用 ASTM B708-05《钽和钽合金中厚板、薄板及带材规范》，可参照使用 GB/T 3629—2006《钽及钽合金板材、带材和箔材》(ASTM B708—00，NEQ)。

2）产品标准

镀铬 Nb_3Sn 股线技术要求见采购包附录 B 中表 4.2.2.1，镀铬后 Nb_3Sn 股线的验收要求见采购包附录 B 中表 4.2.6.1。

3）测量方法标准

TF 采购包超导股线超导性能测试标准见表 C-1。

表 C-1 TF 采购包超导股线超导性能测试标准

序号	测试项目	引用国际标准	国内标准情况	备 注
1	股线直径	双轴激光测径仪		技术规范附录 2
2	铜与非铜区体积比	IEC 61788-12:2002	国内未制定类似标准	技术规范附录 2
3	热处理后剩余电阻比(RRR)	IEC 61788-11:2003	国内未制定类似标准	技术规范附录 3
4	磁滞损耗	IEC 61788-13:2003	GB/T 21227—2007，IEC 61788-13:2003 IDT	技术规范附录 3
5		IEC 61788-8:2003	国标计划号：20080586-T-491，IEC 61788-8:2003Ed.1 IDT	技术规范附录 3
6	临界电流	IEC 61788-2:2006	国标计划号：20080587-T-491，IEC 61788-2:2006 Ed.2.0 IDT	技术规范附录 3

4）制造工艺标准

Nb_3Sn 导体热处理控制见采购包附录 B4.2.2.3 节。超导股线连续电镀工艺质量控制已由南通市申海特种镀饰有限责任公司编制了标准。铬镀层的厚度和结合强度测量方法有：

① 铬镀层厚度

- GB/T 16921—2005 金属覆盖层 覆盖层厚度测量 X 射线光谱法；
- ASTM B568-98 (2004) Standard Test Method for Measurement of Coating Thickness by X-Ray Spectrometry。

② 铬层附着强度

- GB/T 5270—2005 金属基体上的金属覆盖层 电沉积和化学沉积层 附着强度试验方法评述。

Nb_3Sn 超导股线生产采用的国外标准和企业标准见表 C-2。

表 C-2 Nb_3Sn 超导股线生产使用标准

序号	标准编号	标准名称
1	BS EN 13604-2002	铜及铜合金 电子管、半导体装置和真空装置用高导电性铜产品
2	ASTM B187-00	铜棒、铜母线、铜杆及铜型材的标准技术要求
3	ASTM B188-00	无缝铜导电管及管材标准
4	ASTM B392-03	铌及铌合金棒材、杆材和线材标准规范
5	ASTM B393-05	铌及铌合金带材、薄板和板材标准
6	ASTM B708	钽及钽板材、薄板和带材标准
7	Q/WST 1001-2009	超导用铌片技术条件
8	N/WST 6201-2009	超导用铌钛棒技术条件
9	Q/WST 2001-2009	Nb_3Sn 股线用 NbTa 合金棒技术条件
10	Q/WST 2002-2009	内锡法 Nb_3Sn 用锡钛中间合金技术条件
11	Q/WST 2003-2009	青铜法生产 Nb_3Sn 股线用高锡青铜棒、管技术条件
12	N/WST 2001-2009	内锡法 Nb_3Sn 复合超导材料用 SnTi 合金锭和棒标准
13	N/WST 2002-2009	内锡法 Nb_3Sn 复合超导材料用阻隔层钽管标准
14	N/WST 2003-2009	内锡法 Nb_3Sn 超导线用铌棒坯标准
15	N/WST 2004-2009	Nb_3Sn 用纯铌锻造棒坯
16	X/WST 2001-2009	Nb_3Sn 超导线用铌板协议技术条件
17	X/WST 2002-2009	Sn-1.5Cu 合金棒材协议技术条件
18	N/WST 1501-2009	超导线材的包装及贮存
19	N/WST 1601-2009	超导线材涡流检验规范
20	N/WST 2801-2009	多芯 Nb_3Sn 复合超导中铜与非铜体积比测试方法

5）包装和运输标准

包装和运输技术要求见采购包附录 B 中 4.2.9 节。

（2）镀铬铜线

1）原材料标准

无氧铜（CEN CW009A，UNS C10100）。对应中国牌号为：TU0。TU0 级无氧铜对应的化学成分参见 GB/T 5231—2001《加工铜及铜合金化学成分和产品形状》。西部超导材料科技有限公司采用的无氧铜标准为 ASTM B187-00《铜棒、铜母线、铜杆及铜型材标准规范》。还可以参考 GB/T 3952—2008《电工用铜线坯》，该标准修改采用 ASTM B49-98《电气用铜线杆盘条》和英国 BS 6926-1988《电工用铜 高导铜线坯》。铜的化学分析方法可参见 GB/T 5121《铜及铜合金化学分析方法》。

2）产品标准

镀铬铜线技术要求见采购包附录 B 中表 4.3.2，镀铬铜线验收要求见采购包附录 B 中表 4.3.6。TF 线圈导体采购包规定镀铬铜线应满足商业规范为 ASTM B2《中等硬度冷拉铜丝标准规范》或者等同标准的要求。

3）制造工艺标准

① 过程控制铬层厚度测量方法

• GB/T 16921—2005 金属覆盖层 覆盖层厚度测量 X 射线光谱法；

• ASTM B568-98（2004）Standard Test Method for Measurement of Coating Thickness by X-Ray Spectrometry。

② 过程控制铬层结合强度试验方法

• GB/T 5270—2005 金属基体上的金属覆盖层 电沉积和化学沉积层 附着强度试验方法评述。

4）包装和运输标准

包装和运输见采购包附录 B 中 4.3.9 节，也可参考 GB/T 3953—2009《电工圆铜线》中的包装要求。

（3）电缆和子缆包覆带

电缆包覆带指用于最终电缆的包覆带，子缆包覆带指用于花瓣的包覆带。

1）原材料标准

中国的 316L（UNS S31603）不锈钢，相关成分要求参见 GB/T 20878—2007《不锈钢和耐热钢 牌号及化学成分》。

2）产品标准

子缆包覆带技术要求见采购包附录 B 中 4.4.2(a)节，电缆包覆带技术要求见采购包附录 B 中 4.4.2(b)节。可参考 GB/T 3280—2007《不锈钢冷轧钢板和钢带》（参照 ASTM A 240-2005 和 ISO 9445：2002 制定）。电缆和子缆包覆带技术要求见采购包附录 B 中 4.4.6 节。

3）测量方法标准

清洁度测量方法见采购包附录 B 的附录 1。

4）包装和运输标准

包装和运输标准见采购包附录 B 中 4.4.9 节。可参考 GB/T 247—2008《钢板和钢带检验、包装、标志及质量证明书的一般规定》，该标准非等效采用 ASTM A700-90。

（4）中心冷却螺线管

1）原材料标准

中国实际生产中使用 316L（UNS S31603）不锈钢，相关成分要求参见 GB/T 20878—2007《不锈钢和耐热钢 牌号及化学成分》。

2）产品标准

中心冷却螺线管技术要求见采购包附录 B 中表 4.5.2，验收要求见采购包附录 B 中表 4.5.6。但存在下列两个问题：

① 验收要求中对带宽度没有要求，而技术要求中对带宽度有要求。

② 验收要求中要求冷却螺旋管内径，而技术要求中要求的是冷却螺旋管外径。

3）测量方法标准

PA 在验收要求中要求供应商制订验收程序。清洁度测量方法见采购包附录 B 的附录 1。

4）包装标准

包装标准见采购包附录 B 中 4.5.9 节。

(5) 电缆

1) 原材料标准

前面加工得到的 Nb_3Sn(超导)股线、镀铬铜线、子缆包覆带、电缆包覆带和中心冷却螺管,通过绞缆等程序制成电缆。

2) 产品标准

子缆和最终电缆技术要求见采购包附录 B 中表 4.6.2.1(a)和表 4.6.2.1(b)。最终电缆验收要求见采购包附录 B 中表 4.6.6.1(a)和表 4.6.6.1(b)。

3) 测量方法标准

验收程序由供应商制定。加强过程质量控制,要求编制绞缆程序规范。

4) 包装标准

包装标准见采购包附录 B 中 4.6.9 节。

(6) 不锈钢铠甲

1) 原材料标准

采用 ITER 级 316LN 不锈钢,其化学成分见采购包附录 B 中表 4.7.4。我国自行研制出的 ITER 级 316LN 不锈钢,满足采购包附录 B 表 4.7.4 要求。

2) 产品标准

不锈钢铠甲子段技术要求见采购包附录 B 中表 4.7.2,铠甲子段验收要求见采购包附录 B 中表 4.7.9.1。全部铠甲装配的验收要求见采购包附录 B 中表 4.7.9.1(b)。

3) 测量方法标准

TF PA 附录 B 4.7.6 节铠甲子段验收检验方法引用了 ASTM A 484M《不锈钢耐热锻钢棒、钢坯及锻件的规格》,要求"供应商应按照 ASTM A 484M,对由抽样得到的样品进行钢水/产品分析"。ASTM A 484M 用作铠甲钢水/产品检验标准可操作性不强。因为 ASTM A 484M 中没有具体分析方法,ASTM A 484M 中引用了 ASTM A751《钢制品化学分析的实验方法、操作和术语》,而 ASTM A751 也没有实质性的分析方法。我国已经发布了大量钢铁分析方法国家标准可供使用。

4) TF PA 附录 B 4.7.6.2 节引用的国外标准

TF PA 附录 B 4.7.6.2 节引用了日本标准 JIS Z3119《奥氏体和奥氏体-铁素体不锈钢熔敷金属中铁素体含量的测定方法》,要求"材料应当处在 JIS Z3119 中详细列出的 Delong 相图中的 0%的铁素体线上方的奥氏体区域"。经查 JIS Z3119-2006 是修改采用 ISO 8249:2000。我国 GB/T 1954—2008《铬镍奥氏体不锈钢焊缝铁素体含量测量方法》也是修改采用 ISO 8249:2000,但 GB/T 1954—2008 中没有出现 Delong 相图。所以,如果纯粹要查 Delong 相图可以直接使用 JIS Z3119-2006。若要使用标准的其他技术内容,可参考 GB/T 1954—2008。

TF PA 附录 B 4.7.6.2 节引用了 ASTM E45《评定钢中夹杂物含量的试验方法》,要求"按照 ASTM E45 的方法 A,用板 I 进行检查后,对于夹杂物类型 A,B,C 和 D 的夹杂含量不得超过视场直径 3"。ASTM E45 应准确翻译,严格执行。执行时可参考 GB/T 10561—2005/ISO 4967:1998(E)《钢中非金属夹杂物含量的测定 标准评级图显微检验法》(ISO 4967:1998,IDT)。

TF PA 附录 B 4.7.6.2 节引用了 ASTM E1450《结构合金在液氦中拉伸试验方法》,要求“张力测试将在液氦的环境中按照 ASTM E1450 或者 E8M 的要求执行”。ASTM E8M 是室温下《金属材料拉伸试验方法》,应准确翻译,研究其适用性。执行时可参考 GB/T 13239—2006《金属材料 低温拉伸试验方法》(ISO 15579:2000,MOD)和修改采用 ISO 19819:2004《金属材料 液氦拉伸试验》新制定的 GB/T ××××《金属材料 液氦拉伸试验方法》。

TF PA 附录 B 4.7.6.2 节引用了欧盟标准 EN 10233:1994《金属材料 管材压扁试验》,要求“供应商应按照 EN 10233 的要求对一段从经历过老化的管子一端截取下来的样品进行扁率测试。这个测试段不得有裂缝和破损”。经查证,EN 10233:1994 已经被 EN ISO 8492:2004 代替,而 EN ISO 8492:2004 就是 ISO 8492:1998。我国等同采用 ISO 8492:1998(IDT)制定了 GB/T 246—2007《金属管 压扁试验方法》。经比较,两个标准没有差别,可以直接采用 GB/T 246—2007 代替 EN 10233。

TF PA 附录 B 4.7.6.2 节引用了 ASTM E8M《金属材料拉伸试验方法》,要求“用于金属材料张力测试的 E 8M 标准测试方法。”ASTM E8M 适用于室温下金属材料的拉伸试验,而 PA 要求的拉伸测试需要在液氦下进行,因此该标准只能提供参考。

TF PA 附录 B 4.7.6.2 节引用了 ASTM A262《奥氏体不锈钢晶间腐蚀敏感度检测规范》,要求“用于探测奥氏体不锈钢中晶粒间腐蚀敏感性的 A262 标准惯例”。ASTM A262 包含 5 个实验方法,TF PA 中引用 ASTM A262 但指明是哪个具体方法。从标准内容来看,与 ISO 3651-2 中的方法 A 存在一致性。因此,执行时可参照 GB/T 4334—2008《金属和合金的腐蚀 不锈钢晶间腐蚀试验方法》。

TF PA 附录 B 4.7.6.2 节引用了 ASTM A370《钢制品机械试验方法和定义》,要求“用于钢产品机械测试的 A370 测试方法和定义”。ASTM A370,国内没有类似标准,应准确翻译,严格执行。

5) 制造工艺标准

TF PA 4.7.7 铠甲装配一节引用了 ASME Sec. Ⅷ,Div. 2:整长的铠甲用无填充物气体保护钨电弧焊(GTAW)由焊铠甲子段焊接而成。这些焊接接头应视为 ASME Sec. Ⅷ,Div. 2 中的 A 类,1 型接头,并且应按照 ASME Sec. Ⅷ Div. 2 进行设计、制造和检验。ASME 第 8 卷第 2 部分的第 4.2 节“焊接接头的设计规则”规定了焊接接头的设计要求,第 6 章“制造要求”中规定了焊接接头的制造要求,第 7 章“检验和检测要求”中规定焊接接头的检验。ASME 有中文译本。

铠甲对接焊缝的验收要求见采购包附录 B 中表 4.7.9.1(a)。目视检查采用 ASME section IX QW-190,核实:ASME section V Article 9。可采用 GB/T 20967—2007《无损检测 目视检测 总则》(该标准修改 EN 13018-2001《无损检验 目视检验 一般原则》)。染料渗透测试采用 ASME section IX QW-195,核实:ASME section V Article 6。X 光检测采用 ASME section IX QW-191 和 ASME section V Article 2。超声波检测采用 ASME section V Article 5。

(7) 导体

ITER TF 导体制作的最后一步操作是:① 牵引电缆穿入装配好的铠甲;② 压紧装铠电缆到最后的尺寸;③ 截取导体检验样品和存档样品;④ 在导体的两端焊接空的铠甲使之易

于卷绕装载;⑤ 做标识和收缆。

1) 产品标准

TF 导体技术要求见 PA 中表 4.8.2。电缆穿入的验收要求见 PA 中表 4.8.6.1(a);导体压紧的验收要求见 PA 中表 4.8.6.1(b);单位长度导体收缆的验收要求见 PA 中表 4.8.6.1(c);单元长度导体收缆后包装的验收要求见 PA 中表 4.8.6.1(d)。

2) 测量方法标准

1 m 长样品的破坏性检测见 PA 附录 5;全尺寸导体样品测试见 PA 附录 6。

电缆拉力测试可以参考 GB/T 4909.1—2009《裸电线试验方法　第 1 部分:总则》和 GB/T 4909.3—2009《裸电线试验方法　第 3 部分:拉力试验》。

3) 制造工艺标准

制造工艺可由供应商自行制定,但需上报 DA 和 IO,并满足 4.8.4 节的要求。供应商应制定电缆穿入程序和铠甲压紧和盘绕程序。

4) 包装和运输标准

包装的技术要求见 PA 的 4.8.9 节的包装要求。在运输期间要安装 8 个加速度计(4×5g,4×10g),以控制运输速度的突然变化对产品造成的影响。

通过上述分析,可以得出 TF 线圈导体定型生产的小标准体系。